高等数学

（上册）

韩淑芹　郑素华　戚永委　主　编
高洪国　刘红升　王维华　刘美娟　副主编

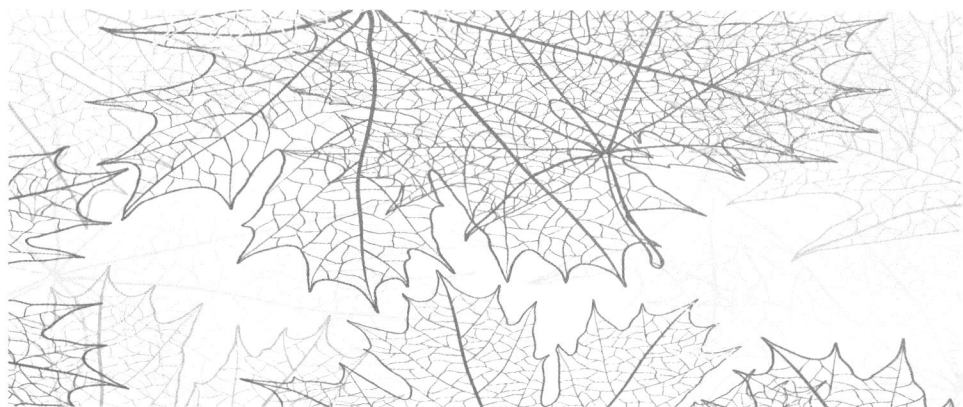

电子工业出版社

Publishing House of Electronics Industry

北京·BEIJING

图书在版编目（CIP）数据

高等数学. 上册 / 韩淑芹，郑素华，戚永委主编. —北京：电子工业出版社，2021.4

ISBN 978-7-121-40811-3

Ⅰ．①高⋯ Ⅱ．①韩⋯ ②郑⋯ ③戚⋯ Ⅲ．①高等数学－高等学校－教材 Ⅳ．①O13

中国版本图书馆 CIP 数据核字（2021）第 048256 号

责任编辑：吴宏丽

文字编辑：马　杰

印　　刷：三河市双峰印刷装订有限公司

装　　订：三河市双峰印刷装订有限公司

出版发行：电子工业出版社

　　　　　北京市海淀区万寿路 173 信箱　　　邮编：100036

开　　本：787×1092　1/16　　印张：11.25　　字数：270 千字

版　　次：2021 年 4 月第 1 版

印　　次：2022 年 9 月第 3 次印刷

定　　价：38.60 元

前言

　　本书作为培养应用型人才的本科高等数学教材，以教育部高等学校数学课程教学指导委员会规定的高等数学课程教学基本要求为依据，以"以应用为目的，以必须够用为度"为原则，在充分吸收编写教师多年来教学实践和教学改革成果的同时，博采近年来国内外诸多同类教材的特点，力求做到"精选内容、删繁就简、降低理论、突出应用"。

　　本书的特点是：体系结构严谨，阐述深入浅出，淡化烦琐理论及推导；突出重点，分散难点；以会用为本，注重满足专业学习需求，强调数学知识的应用；例题讲解详实，通过阐述解题思路与解题方法，解决学生常见的疑问，帮助学生提高解决问题、分析问题的能力，使教材更好地体现"应用型"特色。

　　全书共 12 章，分上、下两册。上册包括函数、极限与连续函数，导数与微分，微分中值定理与导数的应用，不定积分，定积分，定积分的应用，微分方程 7 章，下册包括空间解析几何与向量代数，多元函数及其微分学，重积分，曲线积分与曲面积分，无穷级数 5 章。本书可作为大学本科理工类各专业高等数学课程的教材或教学参考书，也可供数学爱好者自学。

　　限于编者的水平，书中难免有不足之处，敬请专家和读者批评指正。

编　者

2021 年 1 月

目录

第1章 函数、极限与连续函数

高等数学的重要研究对象是函数，所谓函数关系就是变量之间的关系，而极限就是将"变"的概念引入数学. 极限理论是描述变量变化趋势和函数变化性态的基本理论. 本章将主要介绍函数、极限和函数的连续性等基本概念以及它们的一些性质.

第1节 函 数

一、区间和邻域

区间是常用的一类数集，常用 I 表示. 设 a 和 b 都是实数，且 $a < b$，则常用的有限区间如下.

开区间：$(a, b) = \left\{ x \mid a < x < b \right\}$；

闭区间：$[a, b] = \left\{ x \mid a \leqslant x \leqslant b \right\}$；

半开半闭区间 $[a, b) = \left\{ x \mid a \leqslant x < b \right\}$，$(a, b] = \left\{ x \mid a < x \leqslant b \right\}$.

a 和 b 称为区间的端点，$b - a$ 称为区间的长度.

此外，还有下述 5 种无限区间.

$[a, +\infty) = \left\{ x \mid x \geqslant a \right\}$；$(a, +\infty) = \left\{ x \mid x > a \right\}$；$(-\infty, b] = \left\{ x \mid x \leqslant b \right\}$，

$(-\infty, b) = \left\{ x \mid x < b \right\}$；$(-\infty, +\infty) = \mathbf{R}$.

邻域是一个经常用到的概念，与区间一样，它是一种特殊的数集. 以 a 为中心的任何开区间称为 a 的邻域，记为 $U(a)$. 设 δ 是任一正数，则开区间 $(a - \delta, a + \delta)$ 是点 a 的一个邻

域，此邻域称为点 a 的 δ 邻域，记为 $U(a,\delta)$，即

$$U(a,\delta)=\{x\mid a-\delta<x<a+\delta\}=\{x\mid |x-a|<\delta\}$$

点 a 称为邻域的中心，δ 称为邻域的半径．在数轴上，$|x-a|$ 表示点 x 与点 a 的距离，所以 $U(a,\delta)$ 在数轴上表示到点 a 的距离小于 δ 的点的全体，如图 1-1-1 所示．

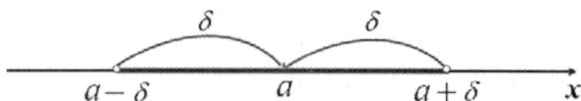

图 1-1-1

点 a 的 δ 邻域去掉中心 a 后，称为点 a 的去心 δ 邻域，记为 $\mathring{U}(a,\delta)$，即

$$\mathring{U}(a,\delta)=\{x\mid 0<|x-a|<\delta\}$$

开区间 $(a-\delta,a)$ 称为点 a 的左 δ 邻域，开区间 $(a,a+\delta)$ 称为点 a 的右 δ 邻域．

二、函数的概念

定义 设 D 和 R 是两个非空数集，如果按照某种确定的对应关系，使得对于集合 D 中的任意一个数 x，在集合 R 中都有唯一的数 $f(x)$ 和它对应，则称 $f:D\to R$ 为从集合 D 到集合 R 的一个函数，记为

$$y=f(x),x\in D$$

其中 x 称为自变量，y 称为因变量；D 称为定义域，记为 D_f，即 $D_f=D$；全体函数值构成的集合称为函数 f 的值域，记为 R_f 或 $f(D)$，也就是

$$R_f=f(D)=\{y\mid y=f(x),x\in D\}$$

平面点集 $\{(x,y)\mid x\in D,y=f(x)\}$ 称为函数 $y=f(x),x\in D$ 的图像（也称为函数 $y=f(x),x\in D$ 的图形或曲线）．

一般地，只提供解析式的函数的定义域由其解析式确定，而具有实际意义的函数的定义域由它的实际意义确定．

【例 1】 求 $y=\sqrt{4-x^2}+\ln(x^2-1)$ 的定义域．

【解】 由题意可知 $\begin{cases}4-x^2\geqslant 0\\x^2-1>0\end{cases}$，得 $\begin{cases}-2\leqslant x\leqslant 2\\x>1\ \text{或}\ x<-1\end{cases}$．

因此，函数的定义域为 $[-2,-1)\cup(1,2]$．

【例 2】 在自由落体运动中，设物体下落的距离为 s，下落的时间为 t，开始下落的时刻 $t=0$，在时刻 T 落地，则 s 与 t 之间的函数关系是

$$s=\frac{1}{2}gt^2,t\in[0,T]$$

这个函数的定义域是 $[0,T]$．

数学中，经常碰到一类特殊的函数，这就是**分段函数**．它在定义域不同的子集上用不同的解析式来表达．

【例 3】绝对值函数

$$y = |x| = \begin{cases} x, & x \geqslant 0 \\ -x, & x < 0 \end{cases}$$

的定义域 $D = (-\infty, +\infty)$ ，值域 $R_f = [0, +\infty)$ ，函数图像如图 1-1-2 所示.

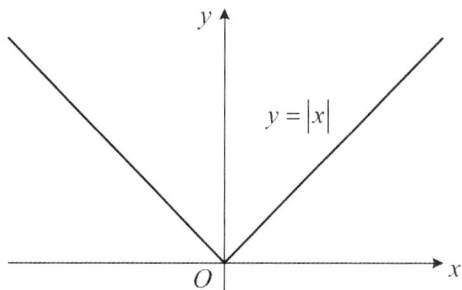

图 1-1-2

【例 4】符号函数

$$y = \operatorname{sgn} x = \begin{cases} 1, & x > 0 \\ 0, & x = 0 \\ -1, & x < 0 \end{cases}$$

的定义域 $D = (-\infty, +\infty)$ ，值域 $R_f = \{-1, 0, 1\}$ ，函数图像如图 1-1-3 所示.

对于任何实数 x 有下列关系：

$$x = \operatorname{sgn} x \cdot |x|$$

【例 5】取整函数 $y = [x]$ 的定义为不超过 x 的最大整数. 例如，$\left[\dfrac{5}{7}\right] = 0$ ，$[\sqrt{2}] = 1$ ，$[\pi] = 3$ ，$[-1] = -1$ ，$[-3.5] = -4$ ，函数图像如图 1-1-4 所示.

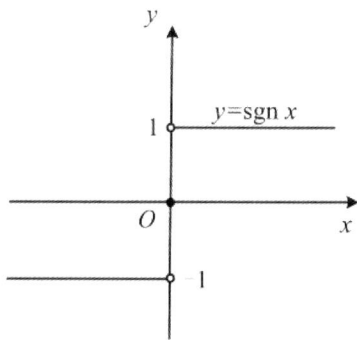

图 1-1-3

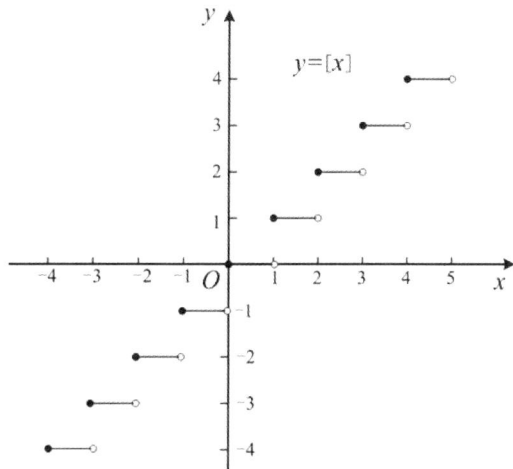

图 1-1-4

在日常生活和自然科学中，经常遇到分段函数.

【例 6】乘客乘坐飞机时，自理行李的质量不得超过 10 千克. 超过 10 千克的部分每千克收费 0.3 元，而超过 30 千克的部分，每千克再加收 0.2 元，试确定收费与自理行李质量之间的函数关系.

【解】设自理行李的质量为 x 千克，收费为 y 元. 根据题意可知

$$y = \begin{cases} 0, & 0 \leqslant x \leqslant 10 \\ 0.3(x-10), & 10 < x \leqslant 30 \\ 0.3(30-10)+0.5(x-30), & x > 30 \end{cases}$$

三、反函数和复合函数

定义 设函数 $y = f(x)$ 的定义域是 D_f，值域是 R_f. 若对 $\forall y \in R_f$，在 D_f 上有唯一一个 x 与之对应，并且满足 $y = f(x)$，这样，就得到了一个从 R_f 到 D_f 的新函数 f^{-1}，这个函数可记为

$$x = f^{-1}(y)$$

称此函数 $x = f^{-1}(y)$ 是原来的函数 $y = f(x)$ 的反函数,把原来的函数 $y = f(x)$ 称为直接函数.

由定义可知，直接函数的定义域是反函数的值域，直接函数的值域是反函数的定义域.

注：f, f^{-1} 互为反函数，且有 $f^{-1}[f(x)] \equiv x, x \in D_f, f[f^{-1}(y)] \equiv y, y \in R_f$.

我们习惯上用 x 表示自变量，用 y 表示因变量，因此，一般将 $x = f^{-1}(y)$，$y \in R_f$ 改记为

$$y = f^{-1}(x), x \in R_f$$

并不是所有的函数都有反函数. 例如函数 $y = x^2$，$x \in (-\infty, +\infty)$ 就不存在反函数.

定理 1 若 f 是定义在 D 上的单调函数,则其反函数 f^{-1} 必定存在,而且 f^{-1} 也是 $f(D)$ 上的单调函数.

例如，对于函数 $y = f(x) = \dfrac{3}{4}x + 3$，$x \in \mathbf{R}$，其反函数是

$$y = f^{-1}(x) = \frac{4}{3}(x-3), x \in \mathbf{R}$$

且 $f^{-1}[f(x)] = \dfrac{4}{3}\left[\left(\dfrac{3}{4}x+3\right)-3\right] = x, f[f^{-1}(y)] = \dfrac{3}{4}\left[\dfrac{4}{3}(y-3)\right]+3 = y$.

直接函数 $y = f(x)$ 与其反函数 $y = f^{-1}(x)$ 的图像关于直线 $y = x$ 对称.

定义 设函数 $y = f(u)$ 的定义域为 D_f，函数 $u = g(x)$ 的定义域为 D，且 $g(D) \subset D_f$，则函数

$$y = f[g(x)], x \in D$$

称为由函数 $u = g(x)$ 和函数 $y = f(u)$ 构成的复合函数,其定义域是 D,变量 u 称为中间变量.

函数 g 与 f 复合而成的函数通常记为 $f \circ g$，即 $(f \circ g)(x) = f[g(x)]$.

注：函数 g 与 f 能复合成函数 $f \circ g$ 的条件为：函数 g 的值域 $g(D)$ 是函数 f 的定义域 D_f 的子集，也就是 $g(D) \subset D_f$；否则，不能进行复合运算.

例如，函数 $y = f(u) = \arcsin u$ 的定义域为 $[-1, 1]$，函数 $u = g(x) = 2\sqrt{1-x^2}$ 在 $D = \left[-1, -\dfrac{\sqrt{3}}{2}\right] \cup \left[\dfrac{\sqrt{3}}{2}, 1\right]$ 上有定义，且 $g(D) \subset [-1, 1]$，则 g 与 f 可构成复合函数

$$y = \arcsin 2\sqrt{1-x^2}, \quad x \in D$$

但函数 $y = \arcsin u$ 和函数 $u = 2 + x^2$ 不能构成复合函数，这是因为对任一 $x \in \mathrm{R}$，$u = 2 + x^2$ 均不在函数 $y = \arcsin u$ 的定义域 $[-1, 1]$ 内.

另外，有时会遇到两个以上函数复合的情形，只要它们依次满足复合的条件即可. 例如，$y = \arctan 2^{\sqrt{x}}$ 可看作由 $y = \arctan u$，$u = 2^v$，$v = \sqrt{x}$ 复合而成的函数，其中 u 和 v 都是中间变量.

四、函数的几种性质

1. 有界性

定义　设函数 $f(x)$ 的定义域是 D，如果存在正数 M，对 $\forall x \in D$，都有

$$|f(x)| \leqslant M$$

则称函数 $f(x)$ 在 D 上有界，否则称函数 $f(x)$ 在 D 上无界.

例如，函数 $f(x) = \sin x$ 对 $(-\infty, +\infty)$ 上的任一实数 x 都有 $|\sin x| \leqslant 1$ 成立，故函数 $f(x) = \sin x$ 在 $(-\infty, +\infty)$ 上是有界的，而函数 $f(x) = \ln x$ 在其定义域上是无界的.

从定义可知，有界函数 $f(x)$ 在 D 上的界不唯一.

容易知道，函数 $f(x)$ 在 D 上有界，则它在 D 上既有上界又有下界. 反之，若 $f(x)$ 在 D 上既有下界 M_1，又有上界 M_2，则它在 D 上必有界 M，M 的值可取为 $\max\{|M_1|, |M_2|\}$.

从函数图像看，函数 $f(x)$ 在 D 上有界，即函数 $y = f(x)$ 在 D 上的图像位于直线 $y = M_1$ 和 $y = M_2$ 所构成的条形区域内.

2. 单调性

定义　设函数 $f(x)$ 的定义域是 D，$I \subset D$. 若对 $\forall x_1, x_2 \in I$，当 $x_1 < x_2$ 时，都有

$$f(x_1) < f(x_2) \qquad (\text{或} f(x_1) > f(x_2))$$

则称函数 $f(x)$ 在 I 上单调递增(或单调递减).

例如，函数 $f(x) = x^2$ 在 $(-\infty, 0]$ 上单调递减，在 $[0, +\infty)$ 上单调递增；函数 $f(x) = x^3$ 在 $(-\infty, +\infty)$ 上单调递增.

3. 奇偶性

定义　设函数 $f(x)$ 的定义域 D 关于原点对称，若对 $\forall x \in D$，都有

$$f(-x) = f(x) \qquad (\text{或} f(-x) = -f(x))$$

则称函数 $f(x)$ 为偶函数(或奇函数).

例如，函数 $f(x) = \sin x$ 是奇函数，函数 $f(x) = \cos x$ 是偶函数. 函数 $f(x) = \sin x + \cos x$ 是非奇非偶函数.

奇函数的图像关于原点对称，偶函数的图像关于 y 轴对称.

4. 周期性

定义　设函数 $f(x)$ 的定义域是 D，若存在一个正数 l，使得对 $\forall x \in D$，都有 $(x \pm l) \in D$，且

$$f(x+l) = f(x)$$

则称函数 $f(x)$ 为周期函数，l 称为 $f(x)$ 的周期.

例如，2π 是函数 $f(x) = \sin x$ 和函数 $f(x) = \cos x$ 的周期；π 是函数 $f(x) = \tan x$ 的周期.

通常，函数的周期指的是它的最小正周期，但并不是每一个周期函数都有最小正周期.

【**例 7**】狄利克雷（Dirichlet）函数

$$D(x) = \begin{cases} 1, & x \in \mathbf{Q} \\ 0, & x \in \complement_{\mathbf{R}}\mathbf{Q} \end{cases}$$

易验证，狄利克雷函数是周期函数，并且任何正有理数都是其周期. 由于没有最小的正有理数，故此函数没有最小正周期.

五、初等函数

(1) 幂函数：$y = x^{\mu}$（$\mu \in \mathbf{R}$，是常数）；

(2) 指数函数：$y = a^x$（$a > 0$ 且 $a \neq 1$），在工程技术中，常用 $y = \mathrm{e}^x$；

(3) 对数函数：$y = \log_a x$（$a > 0$ 且 $a \neq 1$），特别当 $a = \mathrm{e}$ 时，记为 $y = \ln x$；

(4) 三角函数：$y = \sin x$，$y = \cos x$，$y = \tan x$，$y = \cot x$，$y = \sec x$，$y = \csc x$；

(5) 反三角函数：由于三角函数是周期函数，所以它们在各自的定义域上不存在反函数，若将它们的定义域限制在某个单调区间上，就存在反函数了.

反正弦函数：$y = \arcsin x$，$-1 \leqslant x \leqslant 1$，$-\dfrac{\pi}{2} \leqslant y \leqslant \dfrac{\pi}{2}$，图像见图 1-1-5；

反余弦函数：$y = \arccos x$，$-1 \leqslant x \leqslant 1$，$0 \leqslant y \leqslant \pi$，图像见图 1-1-6；

反正切函数：$y = \arctan x$，$-\infty < x < +\infty$，$-\dfrac{\pi}{2} < y < \dfrac{\pi}{2}$，图像见图 1-1-7；

反余切函数：$y = \operatorname{arccot} x$，$-\infty < x < +\infty$，$0 < y < \pi$，图像见图 1-1-8.

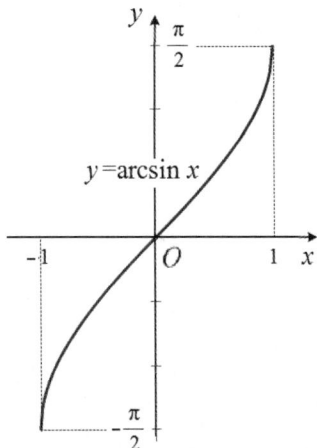

图 1-1-5

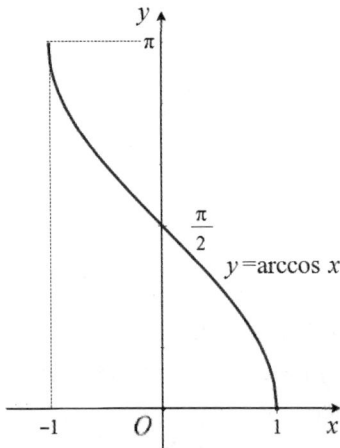

图 1-1-6

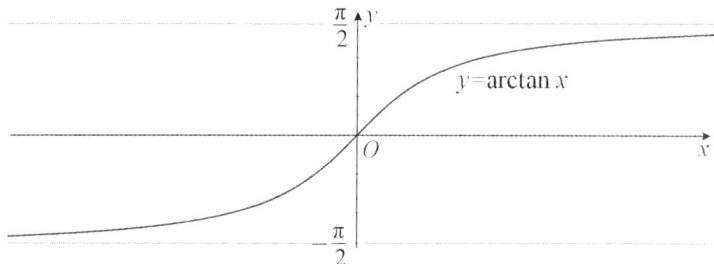

图 1-1-7

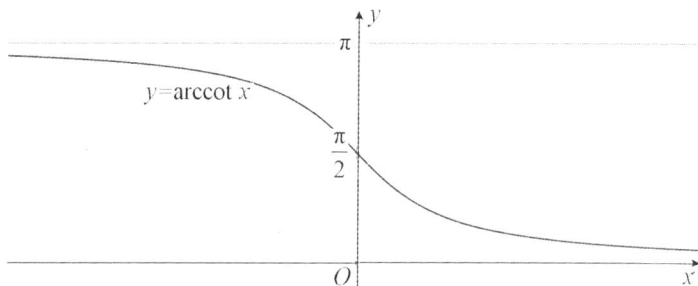

图 1-1-8

以上五类函数统称为基本初等函数.

由常数和基本初等函数经过有限次四则运算和复合运算得到的，并且可以用一个式子表示的函数称为初等函数.

例如，$y = \ln\left(\sin x + 4\right)$，$y = \mathrm{e}^{2x}\sin\left(3x+1\right)$，$y = \sqrt[3]{\sin x}$ 都是初等函数. 在本课程中所讨论的函数绝大多数都是初等函数.

下面主要对反三角函数的有关性质和三角函数有关的恒等式进行总结.

（1）反三角函数的有关性质

$$\arcsin x + \arccos x = \frac{\pi}{2}; \qquad \arctan x + \operatorname{arccot} x = \frac{\pi}{2}.$$

（2）三角函数有关的恒等式

两角和公式：

$$\sin\left(x+y\right) = \sin x \cos y + \cos x \sin y;$$

$$\sin\left(x-y\right) = \sin x \cos y - \cos x \sin y;$$

$$\cos\left(x+y\right) = \cos x \cos y - \sin x \sin y;$$

$$\cos\left(x-y\right) = \cos x \cos y + \sin x \sin y.$$

倍角公式：

$$\tan 2x = \frac{2\tan x}{1 - \tan^2 x};$$

$$\sin 2x = 2\sin x \cos x;$$

$$\cos 2x = \cos^2 x - \sin^2 x = 2\cos^2 x - 1 = 1 - 2\sin^2 x.$$

和差化积公式：

$$\sin x + \sin y = 2\sin\frac{x+y}{2}\cos\frac{x-y}{2};$$

$$\sin x - \sin y = 2\cos\frac{x+y}{2}\sin\frac{x-y}{2} ;$$

$$\cos x + \cos y = 2\cos\frac{x+y}{2}\cos\frac{x-y}{2} ;$$

$$\cos x - \cos y = -2\sin\frac{x+y}{2}\sin\frac{x-y}{2} .$$

特定的函数关系：

$$\tan x = \frac{\sin x}{\cos x} ; \quad \cot x = \frac{\cos x}{\sin x} ; \quad \sec x = \frac{1}{\cos x} ; \quad \csc x = \frac{1}{\sin x} ; \quad 1 + \tan^2 x = \sec^2 x ;$$

$$1 + \cot^2 x = \csc^2 x .$$

习题 1-1

1. 求下列函数的定义域.

(1) $y = \dfrac{1}{\sqrt{x+2}}$;

(2) $y = \ln(3x-2)$;

(3) $y = \sin\sqrt{x}$;

(4) $y = \sqrt{3-x} + \arctan\dfrac{1}{x}$;

(5) $y = e^{\frac{1}{x}}$;

(6) $y = \arcsin(x-3)$;

(7) $y = \dfrac{x-1}{x^2-5x+6}$;

(8) $y = \dfrac{1}{1-x^2} + \sqrt{x+2}$.

2. 判断下列函数在指定区间上的单调性.

(1) $y = \dfrac{x}{1-x}, x \in (-\infty, 1)$;

(2) $y = x + \ln x, x \in (0, +\infty)$.

3. 判断下列函数的奇偶性.

(1) $y = x(x-1)(x+1)$;

(2) $y = \dfrac{a^x + a^{-x}}{2}$ （$a > 0$ 且 $a \neq 1$）;

(3) $y = \ln\left(x + \sqrt{x^2+1}\right)$.

4. 求下列函数的反函数.

(1) $y = \dfrac{1-x}{1+x}$;

(2) $y = 2\sin 3x, -\dfrac{\pi}{6} \leqslant x \leqslant \dfrac{\pi}{6}$.

5. 求下列各题中由所给函数构成的复合函数，并求出复合后函数分别对应自变量 x_1 和 x_2 的函数值.

(1) $y = u^2, u = \sin x, x_1 = \dfrac{\pi}{6}, x_2 = \dfrac{\pi}{3}$;

(2) $y = \sin u, u = 2x, x_1 = \dfrac{\pi}{8}, x_2 = \dfrac{\pi}{4}$;

(3) $y = \sqrt{u}, u = 1 + x^2, x_1 = 1, x_2 = 2$;

(4) $y = e^u, u = x^2, x_1 = 0, x_2 = 1$.

第 2 节　数列与数列的极限

一、数列的概念

按照一定顺序排列的一列数

$$x_1, x_2, x_3, \cdots, x_n, \cdots$$

称为数列，简记为数列 $\{x_n\}$. 在几何上，数列 $\{x_n\}$ 可看作数轴上的一个点集.

数列中每一项的值都和它的序号有关，第 n 项 x_n 称为数列的一般项或通项.

例如

$$\frac{1}{2}, \frac{2}{3}, \frac{3}{4}, \cdots, \frac{n}{n+1}, \cdots$$

$$\frac{1}{2}, \frac{1}{4}, \frac{1}{8}, \cdots, \frac{1}{2^n}, \cdots$$

$$1, -1, 1, \cdots, (-1)^{n+1}, \cdots$$

都是数列，它们的一般项 x_n 分别为

$$\frac{n}{n+1}, \quad \frac{1}{2^n}, \quad (-1)^{n+1}$$

我们所关心的问题是：当 n 无限增大（即 $n \to \infty$）时，相应的 x_n 能否无限接近某个确定的常数？如果能的话，这个常数是多少？

二、数列的极限

定义　设 $\{x_n\}$ 为一个数列，如果存在常数 a，当 n 无限增大（即 $n \to \infty$）时，对应的 x_n 能无限接近 a，则称 a 为数列 $\{x_n\}$ 的极限，或称数列 $\{x_n\}$ 收敛，并称数列 $\{x_n\}$ 收敛于 a，记为

$$\lim_{n \to \infty} x_n = a \quad \text{或} \quad x_n \to a \quad (n \to \infty)$$

若不存在满足上述条件的常数 a，则称数列 $\{x_n\}$ 发散，或者称 $\lim_{n \to \infty} x_n$ 不存在.

数列 $\{x_n\}$ 的极限是 a，在几何上的反映，就是在数轴上存在 a 的一个任意小的邻域，在数列中总能找到一个分界项 x_N，数列中下标 n 大于 N 的那些项所对应的数轴上的点都落在 a 的这个任意小的邻域内.

【例 1】说明数列

$$2, \frac{1}{2}, \frac{4}{3}, \frac{3}{4}, \cdots, \frac{n + (-1)^{n-1}}{n}, \cdots$$

的极限是 1.

【解】数列的通项为 $x_n = \dfrac{n + (-1)^{n-1}}{n} = 1 + \dfrac{(-1)^{n-1}}{n}$，不难发现 $\dfrac{1}{n} \to 0 \ (n \to \infty)$，所以 $x_n \to 1 \ (n \to \infty)$.

三、收敛数列的性质

定理 1（唯一性） 如果数列 $\{x_n\}$ 收敛，则其极限唯一.

【例 2】 说明数列 $x_n = (-1)^{n+1}$ $(n=1,2,\cdots)$ 是发散的.

【解】 该数列可表示为 $x_n = \begin{cases} 1, & n\text{为奇数} \\ -1, & n\text{为偶数} \end{cases}$，在 $n\to\infty$ 的过程中，n 可能为奇数也可能为偶数，因此 x_n 不可能无限接近 1 和 -1 中的某一个数，当然更不可能无限接近其他值，故数列 $x_n = (-1)^{n+1}$ $(n=1,2,\cdots)$ 是发散的.

下面介绍数列有界的定义.

定义 对于数列 $\{x_n\}$，如果存在正数 $M>0$，对于一切 x_n 都有

$$|x_n| \leq M$$

则称数列 $\{x_n\}$ 有界；否则，称数列 $\{x_n\}$ 无界.

例如，数列 $x_n = \dfrac{n}{n+1}$ $(n=1,2,\cdots)$ 有界. 事实上，取 $M=1$，有

$$\left|\frac{n}{n+1}\right| \leq 1$$

对于所有正整数 n 都成立.

数列 $x_n = 2^n$ $(n=1,2,\cdots)$ 无界，事实上，当 n 无限增大时，2^n 可大于任何正数.

定理 2（有界性） 如果数列 $\{x_n\}$ 收敛，则数列 $\{x_n\}$ 一定有界.

有界是数列收敛的必要非充分条件. 如果数列 $\{x_n\}$ 有界，则它不一定收敛，例如，数列

$$1,-1,1,\cdots,(-1)^{n+1},\cdots$$

有界，但是由例 2 可知，该数列是发散的.

注：如果数列 $\{x_n\}$ 无界，则其一定发散. 例如，数列

$$1,2,3,\cdots,n,\cdots$$

无界，所以数列 $\{n\}$ 发散.

定理 3（保号性） 如果 $\lim\limits_{n\to\infty} x_n = a$，且 $a>0$（或 $a<0$），那么存在正整数 $N>0$，当 $n>N$ 时，$x_n>0$（或 $x_n<0$）.

推论 如果数列 $\{x_n\}$ 从某项起有 $x_n \geq 0$（或 $x_n \leq 0$），且 $\lim\limits_{n\to\infty} x_n = a$，那么 $a\geq 0$（或 $a\leq 0$）.

下面介绍子数列的定义和子数列收敛与原数列收敛之间的关系.

定义 从数列 $\{x_n\}$ 中任意取无穷多项，并且保持这些项相对位置不变，从而得到一个新数列

$$x_{n_1},x_{n_2},\cdots,x_{n_k},\cdots$$

由于此数列是原数列的子集，故称其为原数列的子数列，简称为原数列的子列，记为 $\{x_{n_k}\}$.

定理 4（收敛数列与其子数列间的关系） 如果数列 $\{x_n\}$ 收敛于 a，则其任一子列收敛，

并且极限也是 a.

由定理可知，如果数列 $\{x_n\}$ 有两个子列收敛于不同的值，则数列 $\{x_n\}$ 发散. 例如，例 2 中的数列

$$1, -1, 1, \cdots, (-1)^{n+1}, \cdots$$

的子列 $\{x_{2k-1}\}$ 收敛于 1，而子列 $\{x_{2k}\}$ 收敛于 -1，所以数列

$$x_n = (-1)^{n+1} \quad (n = 1, 2, \cdots)$$

发散. 另外，此例也说明，一个发散的数列也可以有收敛的子列.

习题 1-2

当 $n \to \infty$ 时，观察下述各数列中 x_n 的变化趋势，如果某个数列收敛，写出它的极限.

(1) $x_n = \dfrac{1}{2^n}$；

(2) $x_n = (-1)^n \dfrac{1}{n}$；

(3) $x_n = 2 + \dfrac{1}{n^2}$；

(4) $x_n = \dfrac{n-1}{n+1}$；

(5) $x_n = (-1)^n n$；

(6) $x_n = \dfrac{1 + (-1)^n}{2}$.

第 3 节　函数的极限

一、函数极限的概念

若把数列 $\{x_n\}$ 看作函数

$$x_n = f(n), x \in \mathbf{N}^+$$

则数列 $\{x_n\}$ 收敛于 a 表示当 $n \to \infty$ 时，$f(n)$ 无限接近确定的常数 a. 把数列极限定义中 n 一般化为实数 x，可得到函数极限的概念.

根据函数自变量不同的变化过程，其极限表现为不同的形式，我们主要研究以下两种情形：

(1) 当自变量 $x \to x_0$ 时（x_0 为某个常数），对应的函数值 $f(x)$ 变化的情形；

(2) 当自变量 $x \to \infty$ 时，对应的函数值 $f(x)$ 变化的情形.

1. 自变量 $x \to x_0$ 时的情形

定义　设函数 $f(x)$ 的定义域是 D，$\overset{\circ}{U}(x_0) \subset D$. 如果 $x \to x_0$ 时，对应的函数值 $f(x)$ 能无限接近确定的常数 A，则常数 A 称为函数 $f(x)$ 当 $x \to x_0$ 时的极限，记为

$$\lim_{x \to x_0} f(x) = A \quad \text{或} \quad f(x) \to A \ (x \to x_0)$$

$\lim\limits_{x \to x_0} f(x) = A$ 包含以下含义.

(1) 常数 A 是唯一的；

(2) $x \to x_0$ 表示自变量 x 从 x_0 的左右两侧同时无限接近 x_0；

(3) 极限 A 是否存在与 $f(x)$ 在 x_0 处有无定义无关.

$\lim\limits_{x \to x_0} f(x) = A$ 的几何解释：任给一正数 ε，作平行于 x 轴的两条直线 $y = A + \varepsilon$ 和 $y = A - \varepsilon$，介于这两条直线之间的区域是一个横条形区域. 不论这个横条形区域多么窄，总存在 x_0 的一个 δ 邻域 $(x_0 - \delta, x_0 + \delta)$，当 x 落在 $(x_0 - \delta, x_0 + \delta)$ 内，但 $x \neq x_0$ 时，函数 $y = f(x)$ 的图像落在上面所作的横条形区域内(见图 1-3-1).

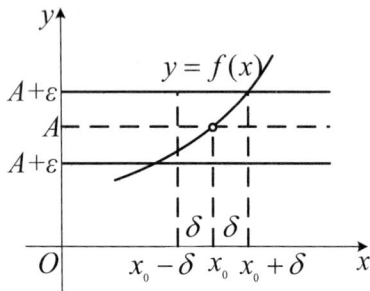

图 1-3-1

【例1】说明 $\lim\limits_{x \to x_0} C = C$，此处 C 为一常数.

【解】选取函数 $y = C$，由函数的图像可知，在直线 $y = C$ 的任一点处，函数值都等于常数 C. 即函数值不随 x 的变化而变化，故 $\lim\limits_{x \to x_0} C = C$.

类似可得出：$\lim\limits_{x \to x_0} x = x_0$，$\lim\limits_{x \to 1}(2x - 1) = 1$.

注：在上述极限定义中，x 是从 x_0 的左右两侧无限接近 x_0 的，故也称为双侧极限. 但有时需要考虑 x 从 x_0 的左侧无限接近 x_0 (记为 $x \to x_0^-$) 的情形，或 x 从 x_0 的右侧无限接近 x_0 (记为 $x \to x_0^+$) 的情形.

若在 $\lim\limits_{x \to x_0} f(x) = A$ 中，把 $x \to x_0$ 改为 $x \to x_0^-$，则 A 称为函数 $f(x)$ 当 $x \to x_0$ 时的左极限，记为

$$\lim_{x \to x_0^-} f(x) = A \quad \text{或} \quad f(x_0^-) = A$$

类似地，若在 $\lim\limits_{x \to x_0} f(x) = A$ 中，把 $x \to x_0$ 改为 $x \to x_0^+$，则 A 称为函数 $f(x)$ 当 $x \to x_0$ 时的右极限，记为

$$\lim_{x \to x_0^+} f(x) = A \quad \text{或} \quad f(x_0^+) = A$$

左极限和右极限统称为单侧极限.

由上述定义，可得以下结论：

(1) $\lim\limits_{x \to x_0} f(x) = A \Leftrightarrow f(x_0^-) = f(x_0^+) = A$；

(2) 若 $f(x_0^-) \neq f(x_0^+)$，则 $\lim\limits_{x \to x_0} f(x)$ 不存在；

(3) 若 $f\left(x_0^-\right)$、$f\left(x_0^+\right)$ 中有一个不存在，则 $\lim\limits_{x \to x_0} f\left(x\right)$ 不存在.

【例 2】已知函数

$$f(x)=\begin{cases} x-1, & x<0 \\ 0, & x=0 \\ x+1, & x>0 \end{cases}$$

求证：当 $x \to 0$ 时，$f\left(x\right)$ 的极限不存在.

【证明】由图 1-3-2 可知，当 $x \to 0$ 时 $f\left(x\right)$ 的左极限

$$\lim_{x \to 0^-} f\left(x\right) = \lim_{x \to 0^-} \left(x-1\right) = -1$$

而右极限

$$\lim_{x \to 0^+} f\left(x\right) = \lim_{x \to 0^+} \left(x+1\right) = 1$$

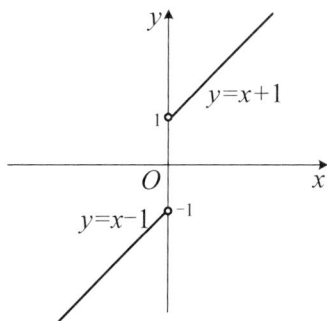

图 1-3-2

因为函数 $f\left(x\right)$ 的左极限和右极限都存在但不相等，所以 $\lim\limits_{x \to 0} f\left(x\right)$ 不存在.

2. 自变量 $x \to \infty$ 时的情形

定义　设函数 $f\left(x\right)$ 在当自变量 $|x|$ 大于某正数时有定义. 如果存在常数 A，当 $x \to \infty$ 时，对应的函数值 $f\left(x\right)$ 能无限接近确定的常数 A，则常数 A 称为函数 $f\left(x\right)$ 当 $x \to \infty$ 时的极限，记为

$$\lim_{x \to \infty} f\left(x\right) = A \quad \text{或} \quad f\left(x\right) \to A\left(x \to \infty\right)$$

$\lim\limits_{x \to \infty} f\left(x\right) = A$ 包含以下含义.

(1) 常数 A 是唯一的；

(2) $x \to \infty$ 既表示 x 趋于 $+\infty$，也表示 x 趋于 $-\infty$.

$\lim\limits_{x \to \infty} f\left(x\right) = A$ 的几何解释：任给一正数 ε，作平行于 x 轴的两条直线 $y = A + \varepsilon$ 和 $y = A - \varepsilon$，介于这两条直线之间的区域是一个横条形区域. 不论这个横条形区域多么窄，总 $\exists X > 0$，当 $x < -X$ 或 $x > X$ 时，函数 $y = f\left(x\right)$ 的图像落在上面所作的横条形区域内（见图 1-3-3）.

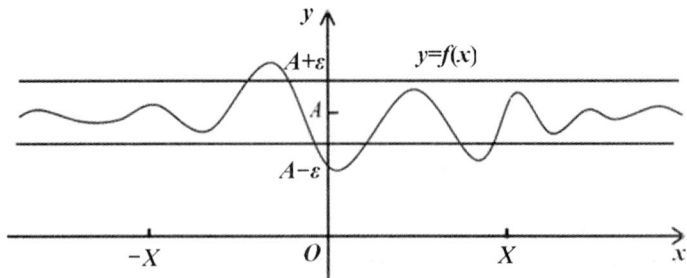

图 1-3-3

【例 3】 说明 $\lim\limits_{x\to\infty}\dfrac{1}{x}=0$.

【解】 当 $x\to\infty$ 时，$\dfrac{1}{x}$ 无限接近 0，所以

$$\lim\limits_{x\to\infty}\dfrac{1}{x}=0$$

一般地，如果 $\lim\limits_{x\to\infty}f(x)=A$，则称直线 $y=A$ 是函数 $y=f(x)$ 的图形（也称为曲线 $y=f(x)$）的水平渐近线. 因此，直线 $y=0$ 是曲线 $y=\dfrac{1}{x}$ 的水平渐近线.

二、函数极限的性质

与收敛数列的性质相比较，可得函数极限的一些相应的性质. 下面仅给出 $x\to x_0$ 形式的函数极限的性质，其他形式极限的性质，只要进行相应的修改即可得出.

定理 1（唯一性） 如果 $\lim\limits_{x\to x_0}f(x)=A$，则极限值 A 唯一.

定理 2（局部有界性） 如果 $\lim\limits_{x\to x_0}f(x)=A$，则存在常数 $M>0$ 和常数 $\delta>0$，使得当 $0<|x-x_0|<\delta$（x 充分接近 x_0）时，有 $|f(x)|\leqslant M$.

定理 3（局部保号性） 如果 $\lim\limits_{x\to x_0}f(x)=A$，且 $A>0$（或 $A<0$），那么存在常数 $\delta>0$，使得当 $0<|x-x_0|<\delta$（x 充分接近 x_0）时，有 $f(x)>0$（或 $f(x)<0$）.

由定理 3，易得以下推论.

推论 如果在 x_0 的某去心领域内 $f(x)\geqslant 0$（或 $f(x)\leqslant 0$），且 $\lim\limits_{x\to x_0}f(x)=A$，那么 $A\geqslant 0$（或 $A\leqslant 0$）.

定理 4（函数极限与数列极限的关系） 如果 $\lim\limits_{x\to x_0}f(x)$ 存在，$\{x_n\}$ 是函数 $f(x)$ 定义域内任一收敛于 x_0 的数列，且 $x_n\neq x_0$ $(n\in\mathbf{N}^+)$，则相应的函数组成的数列 $\{f(x_n)\}$ 必收敛，且 $\lim\limits_{n\to\infty}f(x_n)=\lim\limits_{x\to x_0}f(x)$.

习题 1-3

1. 根据函数图像判断下列极限是否存在？如果存在，极限值是多少？

(1) $\lim\limits_{x \to 2}(5x+2)$；

(2) $\lim\limits_{x \to \infty}\dfrac{1}{x+2}$；

(3) $\lim\limits_{x \to +\infty}\mathrm{e}^x$，$\lim\limits_{x \to -\infty}\mathrm{e}^x$，$\lim\limits_{x \to \infty}\mathrm{e}^x$；

(4) $\lim\limits_{x \to +\infty}\arctan x$，$\lim\limits_{x \to -\infty}\arctan x$，$\lim\limits_{x \to \infty}\arctan x$.

2. 当 $x \to 0$ 时，分别求函数 $f(x)=\dfrac{x}{x}$ 和 $g(x)=\dfrac{|x|}{x}$ 的左、右极限，并说明它们在 $x \to 0$ 时的极限是否存在？

3. 讨论 $\lim\limits_{x \to x_0} f(x)$ 是否存在.

(1) $f(x)=\begin{cases} x^3, & x<1 \\ \sqrt{x}, & x>1 \end{cases}$，$x_0=1$；

(2) $f(x)=\begin{cases} 2x-1, & x<2 \\ x, & x \geq 2 \end{cases}$，$x_0=2$.

第 4 节　极限的运算法则

本节主要讨论极限的四则运算法则以及复合函数极限的运算法则，利用这些法则，可以求某些函数的极限. 以后我们还将介绍求极限的其他方法.

在下面的讨论中，前面提到的各种函数极限均简记为"$\lim$".

定理 1　如果 $\lim f(x)=A$，$\lim g(x)=B$，那么：

(1) $\lim\left[f(x) \pm g(x)\right]=\lim f(x) \pm \lim g(x)=A \pm B$；

(2) $\lim\left[f(x)g(x)\right]=\lim f(x)\lim g(x)=AB$；

(3) 若 $B \neq 0$，则 $\lim\dfrac{f(x)}{g(x)}=\dfrac{\lim f(x)}{\lim g(x)}=\dfrac{A}{B}$.

定理 1 中 (1)、(2) 可推广到有限个函数的情形. 例如，若 $\lim f(x)$，$\lim g(x)$，$\lim h(x)$ 都存在，则有

$$\lim\left[f(x)+g(x)-h(x)\right]=\lim f(x)+\lim g(x)-\lim h(x)$$

$$\lim\left[f(x)g(x)h(x)\right]=\lim f(x)\lim g(x)\lim h(x)$$

定理 1 有下列推论.

推论 1　如果 $\lim f(x)$ 存在，C 为常数，则

$$\lim\left[Cf(x)\right]=C\lim f(x)$$

推论 2 如果 $\lim f(x)$ 存在，n 为正整数，则

$$\lim \left[f(x) \right]^n = \left[\lim f(x) \right]^n$$

这是因为

$$\lim \left[f(x) \right]^n = \lim \left[f(x) f(x) \cdots f(x) \right]$$

$$= \lim f(x) \lim f(x) \cdots \lim f(x) = \left[\lim f(x) \right]^n$$

关于数列，也有类似的极限四则运算法则，这就是下面的定理.

定理 2 设有数列 $\{x_n\}$ 和 $\{y_n\}$. 如果 $\lim\limits_{n \to \infty} x_n = A$，$\lim\limits_{n \to \infty} y_n = B$，那么：

(1) $\lim\limits_{n \to \infty} (x_n \pm y_n) = \lim\limits_{n \to \infty} x_n \pm \lim\limits_{n \to \infty} y_n = A \pm B$；

(2) $\lim\limits_{n \to \infty} (x_n y_n) = \lim\limits_{n \to \infty} x_n \cdot \lim\limits_{n \to \infty} y_n = AB$；

(3) 如果 $y_n \neq 0 \ (n = 1, 2, \cdots)$ 且 $B \neq 0$，则 $\lim\limits_{n \to \infty} \dfrac{x_n}{y_n} = \dfrac{\lim\limits_{n \to \infty} x_n}{\lim\limits_{n \to \infty} y_n} = \dfrac{A}{B}$.

定理 3 如果 $\varphi(x) \geqslant \psi(x)$，而 $\lim \varphi(x) = a$，$\lim \psi(x) = b$，那么 $a \geqslant b$.

证明 令 $f(x) = \varphi(x) - \psi(x)$，则 $f(x) \geqslant 0$. 由本节定理 1，有

$$\lim f(x) = \lim \left[\varphi(x) - \psi(x) \right] = a - b$$

由第 3 节定理 3 可知 $\lim f(x) \geqslant 0$，即 $a - b \geqslant 0$，故 $a \geqslant b$.

【例 1】 求 $\lim\limits_{x \to 1} (3x^2 + 3x - 2)$.

【解】 $\lim\limits_{x \to 1} (3x^2 + 3x - 2) = \lim\limits_{x \to 1} 3x^2 + \lim\limits_{x \to 1} 3x - \lim\limits_{x \to 1} 2$

$$= 3 \left(\lim_{x \to 1} x \right)^2 + 3 \lim_{x \to 1} x - \lim_{x \to 1} 2$$

$$= 3 \cdot 1^2 + 3 \cdot 1 - 2 = 4.$$

【例 2】 求 $\lim\limits_{x \to 2} \dfrac{x^3 - 1}{x^2 - 5x + 3}$.

【解】 这里分母的极限不为零，因此

$$\lim_{x \to 2} \frac{x^3 - 1}{x^2 - 5x + 3} = \frac{\lim\limits_{x \to 2} (x^3 - 1)}{\lim\limits_{x \to 2} (x^2 - 5x + 3)}$$

$$= \frac{\left(\lim\limits_{x \to 2} x \right)^3 - 1}{\left(\lim\limits_{x \to 2} x \right)^2 - 5 \lim\limits_{x \to 2} x + 3}$$

$$= \frac{2^3 - 1}{2^2 - 10 + 3} = -\frac{7}{3}$$

一般地，设多项式

$$f(x) = a_0 x^n + a_1 x^{n-1} + \cdots + a_n$$

则

$$\lim_{x \to x_0} f(x) = \lim_{x \to x_0} \left(a_0 x^n + a_1 x^{n-1} + \cdots + a_n \right)$$

$$= a_0 \lim_{x \to x_0} (x)^n + a_1 \lim_{x \to x_0} (x)^{n-1} + \cdots + \lim_{x \to x_0} a_n$$

$$= a_0 x_0^{\ n} + a_1 x_0^{\ n-1} + \cdots + a_n = f(x_0)$$

设有理分式函数

$$F(x) = \frac{P(x)}{Q(x)}$$

其中 $P(x)$、$Q(x)$ 都是多项式，于是有

$$\lim_{x \to x_0} P(x) = P(x_0) \ , \ \lim_{x \to x_0} Q(x) = Q(x_0)$$

如果 $Q(x_0) \neq 0$ ，则

$$\lim_{x \to x_0} F(x) = \lim_{x \to x_0} \frac{P(x)}{Q(x)} = \frac{\lim\limits_{x \to x_0} P(x)}{\lim\limits_{x \to x_0} Q(x)} = \frac{P(x_0)}{Q(x_0)} = F(x_0)$$

注：若 $Q(x_0) = 0$ ，则上述商的极限运算法则就不能用了，这时需要考虑别的求 $\lim\limits_{x \to x_0} F(x)$ 的方法.

【例 3】求 $\lim\limits_{x \to 3} \dfrac{x-3}{x^2-9}$.

【解】当 $x \to 3$ ， $x \neq 3$ 时， $x - 3 \neq 0$ ，分子及分母可约去这个不为零的公因子，因此

$$\lim_{x \to 3} \frac{x-3}{x^2-9} = \lim_{x \to 3} \frac{1}{x+3} = \frac{\lim\limits_{x \to 3} 1}{\lim\limits_{x \to 3}(x+3)} = \frac{1}{6}$$

【例 4】求 $\lim\limits_{x \to \infty} \dfrac{3x^3+4x^2+2}{7x^3+5x^2-3}$.

【解】先用 x^3 除分母及分子，然后取极限：

$$\lim_{x \to \infty} \frac{3x^3+4x^2+2}{7x^3+5x^2-3} = \lim_{x \to \infty} \frac{3 + \dfrac{4}{x} + \dfrac{2}{x^3}}{7 + \dfrac{5}{x} - \dfrac{3}{x^3}} = \frac{3}{7}$$

上式中用到下述结论： $\lim\limits_{x \to \infty} \dfrac{a}{x^n} = a \lim\limits_{x \to \infty} \dfrac{1}{x^n} = a \left(\lim\limits_{x \to \infty} \dfrac{1}{x} \right)^n = 0 \ \ (a \neq 0)$.

【例 5】求 $\lim\limits_{x \to \infty} \dfrac{3x^2-2x-1}{2x^3-x^2+5}$.

【解】先用 x^3 除分母及分子，然后取极限：

$$\lim_{x \to \infty} \frac{3x^2-2x-1}{2x^3-x^2+5} = \lim_{x \to \infty} \frac{\dfrac{3}{x} - \dfrac{2}{x^2} - \dfrac{1}{x^3}}{2 - \dfrac{1}{x} + \dfrac{5}{x^3}} = 0$$

例 4 和例 5 中所求的极限是下列一般情形的特例，即当 $a_0 \neq 0$ ， $b_0 \neq 0$ ， m 和 n 为非负整数时，有

$$\lim_{x \to \infty} \frac{a_0 x^m + a_1 x^{m-1} + \cdots + a_m}{b_0 x^n + b_1 x^{n-1} + \cdots + b_n} = \begin{cases} \dfrac{a_0}{b_0}, & n = m \\ 0, & n > m \\ \infty, & n < m \end{cases}$$

定理 4（复合函数的极限运算法则） 设函数 $y = f[g(x)]$ 由函数 $y = f(u)$ 和 $u = g(x)$ 复合而成，并且 $f[g(x)]$ 在点 x_0 的某去心邻域 $\overset{\circ}{U}(x_0)$ 内有定义，若 $\lim\limits_{x \to x_0} g(x) = u_0$，$\lim\limits_{u \to u_0} f(u) = A$，且存在 $\delta_0 > 0$，当 $x \in \overset{\circ}{U}(x_0, \delta_0)$ 时，有 $g(x) \neq u_0$，则

$$\lim_{x \to x_0} y = \lim_{x \to x_0} f[g(x)] = \lim_{u \to u_0} f(u) = A$$

在定理 4 中，把 $\lim\limits_{x \to x_0} g(x) = u_0$ 换成 $\lim\limits_{x \to x_0} g(x) = \infty$ 或 $\lim\limits_{x \to \infty} g(x) = \infty$，而把 $\lim\limits_{u \to u_0} f(u) = A$ 换成 $\lim\limits_{u \to \infty} f(u) = A$，可得类似结论.

定理 4 表明，若函数 $f(u)$ 和 $g(x)$ 满足该定理的条件，则可进行代换 $u = g(x)$，把求 $\lim\limits_{x \to x_0} f[g(x)]$ 化为求 $\lim\limits_{u \to u_0} f(u)$，这里 $u_0 = \lim\limits_{x \to x_0} g(x)$.

【例 6】 求 $\lim\limits_{x \to -16} \sqrt{1 - 5x}$.

【解】 $y = \sqrt{1 - 5x}$ 可以看成由 $y = \sqrt{u}$，$u = 1 - 5x$ 复合而成，且 $u_0 = \lim\limits_{x \to -16}(1 - 5x) = 81$. 因此

$$\lim_{x \to -16} \sqrt{1 - 5x} = \lim_{u \to 81} \sqrt{u} = \sqrt{81} = 9$$

习题 1-4

计算下列极限.

(1) $\lim\limits_{x \to \sqrt{3}} \dfrac{x^2 - 3}{x^2 + 1}$；

(2) $\lim\limits_{x \to 1} \dfrac{x^2 - 2x + 1}{x^2 - 1}$

(3) $\lim\limits_{h \to 0} \dfrac{(x + h)^2 - x^2}{h}$；

(4) $\lim\limits_{x \to \infty} \left(1 + \dfrac{1}{x}\right)\left(2 - \dfrac{1}{x^2}\right)$；

(5) $\lim\limits_{x \to \infty} \dfrac{x^2 - 1}{2x^2 - x - 1}$；

(6) $\lim\limits_{x \to +\infty} \left(\sqrt{x^2 + x} - x\right)$；

(7) $\lim\limits_{n \to \infty} \left(1 + \dfrac{1}{2} + \dfrac{1}{2^2} + \cdots + \dfrac{1}{2^n}\right)$；

(8) $\lim\limits_{n \to \infty} \dfrac{1 + 2 + 3 + \cdots + (n-1)}{n^2}$；

(9) $\lim\limits_{n \to \infty} \dfrac{(n+1)(n+2)(n+3)}{5n^3}$；

(10) $\lim\limits_{n \to \infty} \left[\dfrac{1}{1 \cdot 2} + \dfrac{1}{2 \cdot 3} + \cdots + \dfrac{1}{n(n+1)}\right]$.

第 5 节　极限存在的两个准则与两个重要极限

本节介绍判断极限存在的两个准则，并应用准则讨论两个重要极限：$\lim\limits_{x \to 0} \dfrac{\sin x}{x} = 1$ 和

$$\lim_{x \to \infty} \left(1 + \frac{1}{x}\right)^x = \mathrm{e} .$$

一、准则 1

准则 1（两边夹定理）　如果数列 $\{x_n\}$、$\{y_n\}$ 及 $\{z_n\}$ 满足条件：

(1) $\exists n_0 \in \mathbf{N}$，当 $n > n_0$ 时，有 $y_n \leqslant x_n \leqslant z_n$；

(2) $\lim\limits_{n \to \infty} y_n = a$，$\lim\limits_{n \to \infty} z_n = a$，

则数列 $\{x_n\}$ 的极限存在，且 $\lim\limits_{n \to \infty} x_n = a$.

上述准则可以推广到函数的情形.

准则 1′　如果在自变量 x 的同一变化过程中有 $g(x) \leqslant f(x) \leqslant h(x)$，且 $\lim g(x) = A$，$\lim h(x) = A$，则 $\lim f(x) = A$.

准则 1 及准则 1′ 也称为夹逼准则.

【例 1】 求 $\lim\limits_{n \to \infty} \left(\dfrac{1}{\sqrt{n^2 + 1}} + \dfrac{1}{\sqrt{n^2 + 2}} + \cdots + \dfrac{1}{\sqrt{n^2 + n}} \right)$.

【解】 因为 $\dfrac{n}{\sqrt{n^2 + n}} < \dfrac{1}{\sqrt{n^2 + 1}} + \dfrac{1}{\sqrt{n^2 + 2}} + \cdots + \dfrac{1}{\sqrt{n^2 + n}} < \dfrac{n}{\sqrt{n^2 + 1}}$，

而 $\lim\limits_{n \to \infty} \dfrac{n}{\sqrt{n^2 + n}} = \lim\limits_{n \to \infty} \dfrac{n}{\sqrt{n^2 + 1}} = 1$，所以 $\lim\limits_{n \to \infty} \left(\dfrac{1}{\sqrt{n^2 + 1}} + \dfrac{1}{\sqrt{n^2 + 2}} + \cdots + \dfrac{1}{\sqrt{n^2 + n}} \right) = 1$.

【例 2】 求证 $\lim\limits_{x \to 0} \cos x = 1$.

【证明】 当 $0 < |x| < \dfrac{\pi}{2}$ 时，

$$0 < |\cos x - 1| = 1 - \cos x = 2 \sin^2 \frac{x}{2} < 2 \left(\frac{x}{2} \right)^2 = \frac{x^2}{2}$$

即

$$0 < 1 - \cos x < \frac{x^2}{2} .$$

当 $x \to 0$ 时，$\dfrac{x^2}{2} \to 0$，由准则 1′ 得 $\lim\limits_{x \to 0} (1 - \cos x) = 0$，因此

$$\lim_{x \to 0} \cos x = 1$$

二、第一重要极限

下面讨论第一重要极限

$$\lim_{x \to 0} \frac{\sin x}{x} = 1$$

函数 $\frac{\sin x}{x}$ 对于一切 $x \neq 0$ 都有定义.

在图 1-5-1 所示的单位圆中，设圆心角 $\angle AOB = x$ $\left(0 < x < \frac{\pi}{2}\right)$，$A$ 点处的切线与 OB 的

延长线相交于 D，又 $BC \perp OA$，则 $CB = \sin x$，$\overset{\frown}{AB} = x$，$AD = \tan x$.

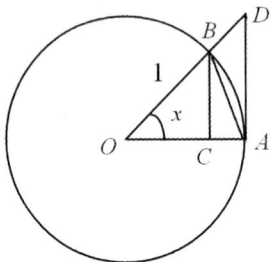

图 1-5-1

因为 ΔAOB 的面积 $<$ 扇形 AOB 的面积 $< \Delta AOD$ 的面积，

所以 $\frac{1}{2}\sin x < \frac{1}{2}x < \frac{1}{2}\tan x$，

即 $\sin x < x < \tan x$.

不等式各边都除以 $\sin x$ 得 $1 < \frac{x}{\sin x} < \frac{1}{\cos x}$，

或 $\cos x < \frac{\sin x}{x} < 1$.   (1)

当 x 用 $-x$ 代替时，$\cos(-x)$ 与 $\frac{\sin(-x)}{-x}$ 的值分别和 $\cos x$ 与 $\frac{\sin x}{x}$ 相同，所以不等式(1)

对于开区间 $\left(-\frac{\pi}{2}, 0\right)$ 内的一切 x 也成立.

由于 $\lim\limits_{x \to 0} \cos x = 1$，$\lim\limits_{x \to 0} 1 = 1$，由不等式(1)及准则 $1'$，即可得

$$\lim_{x \to 0} \frac{\sin x}{x} = 1$$

注：上述重要极限可推广为 $\lim\limits_{u(x) \to 0} \frac{\sin u(x)}{u(x)} = 1$.

【例 3】求 $\lim\limits_{n \to \infty} 2^n \sin \frac{3}{2^n}$.

【解】$\lim\limits_{n \to \infty} 2^n \sin \frac{3}{2^n} = \lim\limits_{n \to \infty} 3 \cdot \frac{\sin \frac{3}{2^n}}{\frac{3}{2^n}} = 3$.

【例 4】求 $\lim\limits_{x \to 0} \frac{\tan x}{x}$.

【解】 $\lim\limits_{x\to 0}\dfrac{\tan x}{x}=\lim\limits_{x\to 0}\left(\dfrac{\sin x}{x}\cdot\dfrac{1}{\cos x}\right)=\lim\limits_{x\to 0}\dfrac{\sin x}{x}\cdot\lim\limits_{x\to 0}\dfrac{1}{\cos x}=1$.

【例5】 求 $\lim\limits_{x\to 0}\dfrac{1-\cos x}{\frac{1}{2}x^2}$.

【解】 $\lim\limits_{x\to 0}\dfrac{1-\cos x}{\frac{1}{2}x^2}=\lim\limits_{x\to 0}\dfrac{2\sin^2\frac{x}{2}}{\frac{1}{2}x^2}=\lim\limits_{x\to 0}\left(\dfrac{\sin\frac{x}{2}}{\frac{x}{2}}\right)^2=1$.

三、准则 2

准则 2　单调有界数列必有极限.

对准则 2 不进行证明, 只给出几何解释: 在数轴上, 单调数列各项对应的点 x_n 只能朝一个方向移动, 故只有两种可能性: 要么点 x_n 沿数轴移向无穷远 ($x_n\to+\infty$ 或 $x_n\to-\infty$); 要么点 x_n 无限接近某一定点 A (见图 1-5-2), 即数列 $\{x_n\}$ 收敛于 A. 又已知数列有界, 而有界数列对应的点 x_n 肯定都落在数轴上某区间 $[-M,M]$ 内, 所以上述第一种情形不可能发生, 因此, 此数列必收敛于 A, 并且 A 的绝对值不超过 M.

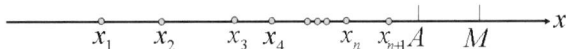

图 1-5-2

四、第二重要极限

下面讨论第二重要极限

$$\lim_{x\to\infty}\left(1+\frac{1}{x}\right)^x=\mathrm{e}$$

(1) 先考虑 x 取正整数 n 且 $n\to\infty$ 的情形.

设 $x_n=\left(1+\dfrac{1}{n}\right)^n$, 下面证明数列 $\{x_n\}$ 单调有界.

由牛顿二项式定理可得

$$x_n=\left(1+\frac{1}{n}\right)^n$$

$$=1+\frac{n}{1!}\cdot\frac{1}{n}+\frac{n(n-1)}{2!}\cdot\frac{1}{n^2}+\frac{n(n-1)(n-2)}{3!}\cdot\frac{1}{n^3}+\cdots+\frac{n(n-1)\cdots(n-n+1)}{n!}\cdot\frac{1}{n^n}$$

$$=1+1+\frac{1}{2!}\left(1-\frac{1}{n}\right)+\frac{1}{3!}\left(1-\frac{1}{n}\right)\left(1-\frac{2}{n}\right)+\cdots+\frac{1}{n!}\left(1-\frac{1}{n}\right)\left(1-\frac{2}{n}\right)\cdots\left(1-\frac{n-1}{n}\right)$$

类似地

$$x_{n+1} = 1 + 1 + \frac{1}{2!}\left(1 - \frac{1}{n+1}\right) + \frac{1}{3!}\left(1 - \frac{1}{n+1}\right)\left(1 - \frac{2}{n+1}\right) + \cdots + \frac{1}{n!}\left(1 - \frac{1}{n+1}\right)\left(1 - \frac{2}{n+1}\right)\cdots\left(1 - \frac{n-1}{n+1}\right)$$

$$+ \frac{1}{(n+1)!}\left(1 - \frac{1}{n+1}\right)\left(1 - \frac{2}{n+1}\right)\cdots\left(1 - \frac{n}{n+1}\right)$$

比较以上两式，可以发现 x_{n+1} 比 x_n 多了一项大于零的项；并且从第 1 项开始，x_n 的每一项都小于或等于 x_{n+1} 的对应项，所以

$$x_n < x_{n+1}$$

因此可知数列 $\{x_n\}$ 单调递增.

又因为

$$x_n < 1 + 1 + \frac{1}{2!} + \frac{1}{3!} + \cdots + \frac{1}{n!} < 1 + 1 + \frac{1}{2} + \frac{1}{2^2} + \cdots + \frac{1}{2^{n-1}}$$

$$= 1 + \frac{1 - \frac{1}{2^n}}{1 - \frac{1}{2}} = 3 - \frac{1}{2^{n-1}} < 3$$

所以，数列 $\{x_n\}$ 有界.

由准则 2，数列 $\{x_n\}$ 必收敛. 我们用 e 表示数列 $\{x_n\}$ 的极限，即

$$\lim_{n \to \infty}\left(1 + \frac{1}{n}\right)^n = e$$

（2）利用取整函数和准则 1，可以证明 $\lim\limits_{x \to +\infty}\left(1 + \frac{1}{x}\right)^x = e$.

通过变量代换，可以证明

$$\lim_{x \to -\infty}\left(1 + \frac{1}{x}\right)^x = e$$

综上所述，可得 $\lim\limits_{x \to \infty}\left(1 + \frac{1}{x}\right)^x = e$.

此外，通过变量代换，还可以证明 $\lim\limits_{x \to 0}(1 + x)^{\frac{1}{x}} = e$.

注：上述三种形式也可统一为下述形式

$$\lim_{u(x) \to 0}\left[1 + u(x)\right]^{\frac{1}{u(x)}} = e$$

【例 6】 求 $\lim\limits_{x \to \infty}\left(1 - \frac{1}{x}\right)^x$.

【解】 $\lim\limits_{x \to \infty}\left(1 - \frac{1}{x}\right)^x = \lim\limits_{x \to \infty}\left\{\left[1 + \left(-\frac{1}{x}\right)\right]^{-x}\right\}^{-1} = \frac{1}{e}$.

【例 7】 求 $\lim\limits_{x \to -1}(2 + x)^{\frac{2}{x+1}}$.

【解】　$\lim\limits_{x \to -1}(2+x)^{\frac{2}{x+1}} = \lim\limits_{x \to -1}\left\{\left[1+(1+x)\right]^{\frac{1}{1+x}}\right\}^2 = e^2$.

与单调有界数列必有极限的准则 2 相对应，函数极限也有类似的准则. 对于变量的不同变化过程（$x \to x_0^-$，$x \to x_0^+$，$x \to -\infty$，$x \to +\infty$），准则 2 有不同的形式. 现以 $x \to x_0^-$ 为例，叙述相对应准则.

准则 2′　若函数 $f(x)$ 在点 x_0 的某个左邻域内单调有界，则 $f(x)$ 在点 x_0 处的左极限 $f(x_0^-)$ 必定存在.

五、表示两个重要极限的图像

（1）表示极限 $\lim\limits_{x \to 0}\dfrac{\sin x}{x} = 1$ 的图像如图 1-5-3 所示（为清楚表示图像，x、y 轴的坐标单位大小不同）.

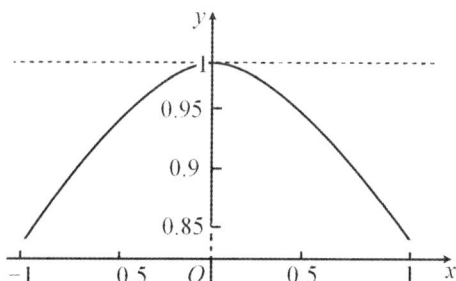

图 1-5-3

（2）表示极限 $\lim\limits_{x \to \infty}\left(1+\dfrac{1}{x}\right)^x = e$ 的图像如图 1-5-4 所示.

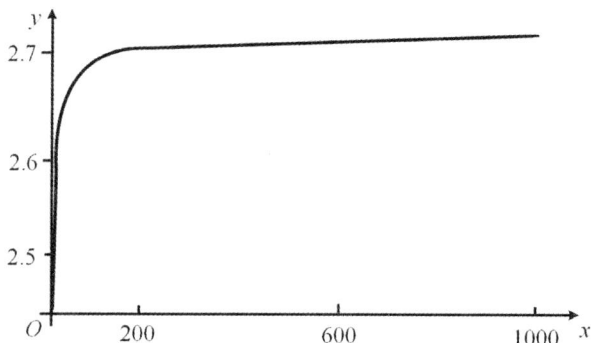

图 1-5-4

习题 1-5

1. 计算下列极限.

（1）$\lim\limits_{x \to \infty} x \sin \dfrac{1}{x}$；

（2）$\lim\limits_{n \to \infty} 2^n \sin \dfrac{x}{2^n}$；

(3) $\lim\limits_{x\to 0}\dfrac{\tan 3x}{x}$;

(4) $\lim\limits_{x\to \pi}\dfrac{\sin x}{x-\pi}$

(5) $\lim\limits_{x\to 0}\dfrac{\sin 2x}{\sin 5x}$;

(6) $\lim\limits_{x\to 0}\dfrac{1-\cos 2x}{x^2}$.

2. 计算下列极限.

(1) $\lim\limits_{x\to 0}\left(1-3x\right)^{\frac{1}{x}}$;

(2) $\lim\limits_{x\to \infty}\left(1-\dfrac{2}{x}\right)^{x}$;

(3) $\lim\limits_{x\to \infty}\left(\dfrac{x+4}{x+3}\right)^{x}$;

(4) $\lim\limits_{x\to 0}\dfrac{\ln\left(1+x\right)}{x}$.

3. 利用夹逼准则求极限 $\lim\limits_{n\to \infty}n\left(\dfrac{1}{n^2+\pi}+\dfrac{1}{n^2+2\pi}+\cdots +\dfrac{1}{n^2+n\pi}\right)$.

4. 设 $0<x_1<3$ ， $x_{n+1}=\sqrt{x_n\left(3-x_n\right)}$ ，求证 $\lim\limits_{n\to \infty}x_n$ 存在，并求其值.

第 6 节　无穷小量与无穷大量

数列和函数的极限也称变量的极限. 在变量的变化过程中，有两类变化趋势非常重要，它们是无穷小量和无穷大量.

一、无穷小量

定义　当 $x\to x_0$ （或 $x\to \infty$ ）时，若函数 $f(x)$ 的极限是零，则称函数 $f(x)$ 是当 $x\to x_0$ （或 $x\to \infty$ ）时的无穷小量，简称为无穷小.

对于数列来说，收敛于 0 的数列 $\{x_n\}$ 称为当 $n\to \infty$ 时的无穷小.

例如，因为 $\lim\limits_{x\to 1}2\left(x-1\right)=0$ ，所以函数 $f(x)=2\left(x-1\right)$ 是当 $x\to 1$ 时的无穷小；因为 $\lim\limits_{n\to \infty}\dfrac{1}{n}=0$ ，所以数列 $\left\{\dfrac{1}{n}\right\}$ 是当 $n\to \infty$ 时的无穷小.

注：不要把很小的数和无穷小混为一谈，很小的数是常量，而无穷小是以零为极限的变量，不是常量.

由无穷小的定义和极限运算法则，可以得到下列结论.

定理 1　有限个无穷小的和还是无穷小.

定理 2　有界函数与无穷小的乘积还是无穷小.

推论 1　常数与无穷小的乘积还是无穷小.

推论 2　有限个无穷小的乘积还是无穷小.

【例 1】求证 $\lim\limits_{x \to 0} x \sin \dfrac{1}{x} = 0$.

【证明】因为 $\lim\limits_{x \to 0} x = 0$，$\left| \sin \dfrac{1}{x} \right| \leqslant 1$，而有界函数与无穷小的乘积还是无穷小，所以

$\lim\limits_{x \to 0} x \sin \dfrac{1}{x} = 0$.

下面给出无穷小与函数极限关系的结论.

定理 3　在自变量的同一变化过程中，$\lim f(x) = A$ 的充分必要条件是 $f(x) = A + \alpha$，其中 α 是自变量变化过程中的无穷小量.

此定理在极限运算的推导和证明中经常使用.

二、无穷大量

定义　设函数 $f(x)$ 在 x_0 的某一去心邻域内（或 $|x|$ 大于某一正数时）有定义. 若 $\forall M > 0$（不论 M 多么大），当 $x \to x_0$（或 $x \to \infty$）时，对应的 $f(x)$ 总满足不等式

$$|f(x)| > M$$

则称函数 $f(x)$ 是当 $x \to x_0$（或 $x \to \infty$）时的无穷大量，简称为无穷大.

如果 $f(x)$ 是当 $x \to x_0$（或 $x \to \infty$）时的无穷大，按函数极限的定义，当 $x \to x_0$（或 $x \to \infty$）时，$f(x)$ 不存在极限. 但为方便叙述函数的这一状态，这时我们也称"函数的极限是无穷大"，记为

$$\lim\limits_{x \to x_0} f(x) = \infty \left(\text{或} \lim\limits_{x \to \infty} f(x) = \infty \right)$$

如果在无穷大的定义中，把 $|f(x)| > M$ 换成 $f(x) > M$（或 $f(x) < -M$），就记为

$$\lim\limits_{\substack{x \to x_0 \\ (x \to \infty)}} f(x) = +\infty \left(\text{或} \lim\limits_{\substack{x \to x_0 \\ (x \to \infty)}} f(x) = -\infty \right)$$

注：无穷大不是一个数，不要把很大的数和无穷大混为一谈.

【例 2】由函数图像可知 $\lim\limits_{x \to 1} \dfrac{1}{x-1} = \infty$（见图 1-6-1）.

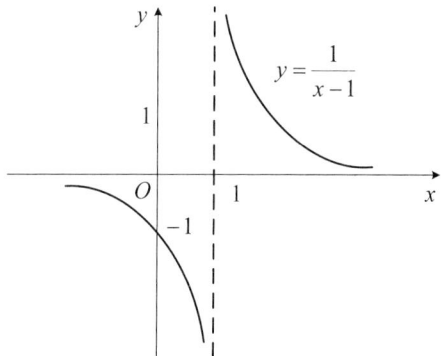

图 1-6-1

一般地，若 $\lim\limits_{x \to x_0} f(x) = \infty$，则称直线 $x = x_0$ 是曲线 $y = f(x)$ 的铅直渐近线. 例如，直线

$x = 1$ 是曲线 $y = \dfrac{1}{x-1}$ 的铅直渐近线.

注：无穷大、无穷小是反映变量变化趋势的概念，当说到无穷大、无穷小时，首先必须给出自变量的变化趋势.

由无穷大的定义，不难得到以下结论.

定理 4 在自变量的同一变化过程中，

(1) 如果 $f(x)$、$g(x)$ 都是无穷大，则 $f(x) \cdot g(x)$ 也是无穷大；

(2) 如果 $f(x)$ 是无穷大，则 $kf(x)$（$k \neq 0$）也是无穷大；

(3) 如果 $f(x)$ 是无穷大，则 $\dfrac{1}{f(x)}$ 是无穷小；反之，如果 $f(x)$ 是无穷小，并且 $f(x) \neq 0$，则 $\dfrac{1}{f(x)}$ 是无穷大.

【例 3】 求 $\lim\limits_{x \to 1} \dfrac{2x-3}{x^2 - 5x + 4}$.

【解】 因为分母的极限 $\lim\limits_{x \to 1}(x^2 - 5x + 4) = 1^2 - 5 \cdot 1 + 4 = 0$，所以不能应用商的极限的运算法则求 $\lim\limits_{x \to 1} \dfrac{2x-3}{x^2 - 5x + 4}$. 但因为

$$\lim\limits_{x \to 1} \frac{x^2 - 5x + 4}{2x - 3} = \frac{1^2 - 5 \cdot 1 + 4}{2 \cdot 1 - 3} = 0$$

所以由定理 4 可得

$$\lim\limits_{x \to 1} \frac{2x - 3}{x^2 - 5x + 4} = \infty$$

三、无穷小量的比较

两个无穷小量的和、差和乘积仍然是无穷小量. 但是两个无穷小量的商不一定还是无穷小量，我们给出如下定义.

定义 设 α 及 β 都是在自变量同一变化过程中的无穷小量，且 $\alpha \neq 0$，则：

若 $\lim \dfrac{\beta}{\alpha} = 0$，则称 β 是 α 的高阶无穷小（也称 β 是比 α 高阶的无穷小），记为 $\beta = o(\alpha)$；

若 $\lim \dfrac{\beta}{\alpha} = \infty$，则称 β 是 α 的低阶无穷小（也称 β 是比 α 低阶的无穷小）；

若 $\lim \dfrac{\beta}{\alpha} = C \neq 0$，则称 β 和 α 是同阶无穷小；

若 $\lim \dfrac{\beta}{\alpha^k} = C \neq 0, k > 0$，则称 β 是关于 α 的 k 阶无穷小；

若 $\lim \dfrac{\beta}{\alpha} = 1$，则称 β 与 α 是等价无穷小，记为 $\alpha \sim \beta$.

例如：

因为 $\lim\limits_{x\to 0}\dfrac{x^2}{x}=0$，所以当 $x\to 0$ 时，x^2 是 x 的高阶无穷小；

因为 $\lim\limits_{x\to 2}\dfrac{x^2-4}{x-2}=4$，所以当 $x\to 2$ 时，x^2-4 与 $x-2$ 是同阶无穷小；

因为 $\lim\limits_{x\to 0}\dfrac{\sin x}{x}=1$，$\lim\limits_{x\to 0}\dfrac{1-\cos x}{\frac{1}{2}x^2}=1$，所以当 $x\to 0$ 时，$\sin x$ 与 x 是等价无穷小，$1-\cos x$

与 $\dfrac{1}{2}x^2$ 是等价无穷小.

两个无穷小之商的极限的不同情形，反映了不同的无穷小量趋于零的"快慢"程度.

【例 4】求证：当 $x\to 0$ 时，$\sqrt[n]{1+x}-1\sim\dfrac{1}{n}x$.

【证明】因为

$$\lim_{x\to 0}\frac{\sqrt[n]{1+x}-1}{\frac{1}{n}x}=\lim_{x\to 0}\frac{\left(\sqrt[n]{1+x}\right)^n-1}{\frac{1}{n}x\left[\sqrt[n]{(1+x)^{n-1}}+\sqrt[n]{(1+x)^{n-2}}+\cdots+1\right]}$$

$$=\lim_{x\to 0}\frac{n}{\sqrt[n]{(1+x)^{n-1}}+\sqrt[n]{(1+x)^{n-2}}+\cdots+1}=1$$

所以，当 $x\to 0$ 时，$\sqrt[n]{1+x}-1\sim\dfrac{1}{n}x$.

【例 5】求证：当 $x\to 0$ 时，$\ln(1+x)\sim x$，$\mathrm{e}^x-1\sim x$.

【证明】因为

$$\lim_{x\to 0}\frac{\ln(1+x)}{x}=\lim_{x\to 0}\ln(1+x)^{\frac{1}{x}}=\ln\mathrm{e}=1$$

所以，当 $x\to 0$ 时，$\ln(1+x)\sim x$.

类似地，若令 $t=\mathrm{e}^x-1$，则当 $x\to 0$ 时，$t\to 0$，且 $x=\ln(1+t)$，

因为

$$\lim_{x\to 0}\frac{\mathrm{e}^x-1}{x}=\lim_{t\to 0}\frac{t}{\ln(1+t)}=1$$

所以，当 $x\to 0$ 时，$\mathrm{e}^x-1\sim x$.

关于等价无穷小的性质，有下面两个定理.

定理 5 两个无穷小量 β 和 α 是等价无穷小的充分必要条件为

$$\beta=\alpha+o(\alpha)$$

定理 6 设 α、α'、β、β' 是无穷小量，若 $\alpha\sim\alpha'$，$\beta\sim\beta'$，且 $\lim\dfrac{\beta'}{\alpha'}$ 存在，则

$$\lim\frac{\beta}{\alpha}=\lim\frac{\beta'}{\alpha'}$$

【例 6】求 $\lim\limits_{x\to 0}\dfrac{\tan 2x}{\sin 5x}$.

【解】因为当 $x\to 0$，$\tan 2x\sim 2x$，$\sin 5x\sim 5x$，所以

$$\lim_{x\to 0}\frac{\tan 2x}{\sin 5x}=\lim_{x\to 0}\frac{2x}{5x}=\frac{2}{5}$$

【例 7】求 $\lim\limits_{x\to 0}\dfrac{\left(1+x^2\right)^{\frac{1}{3}}-1}{\cos x-1}$.

【解】因为当 $x\to 0$ 时，$\left(1+x^2\right)^{\frac{1}{3}}-1\sim\dfrac{1}{3}x^2$，$\cos x-1\sim-\dfrac{1}{2}x^2$，所以

$$\lim_{x\to 0}\frac{\left(1+x^2\right)^{\frac{1}{3}}-1}{\cos x-1}=\lim_{x\to 0}\frac{\dfrac{1}{3}x^2}{-\dfrac{1}{2}x^2}=-\frac{2}{3}$$

习题 1-6

1. 两个无穷小的商是否一定是无穷小？举例说明之.

2. 根据定义说明 $y=\dfrac{x^2-9}{x-3}$ 是当 $x\to -3$ 时的无穷小.

3. 当 $x\to 0$ 时，$2x-x^2$ 与 x^2-x^3 相比，哪一个是高阶无穷小？

4. （1）当 $x\to 1$ 时，无穷小 $1-x$ 和 $1-x^3$ 是否同阶？是否等价？

（2）当 $x\to 1$ 时，无穷小 $1-x$ 和 $\dfrac{1}{2}\left(1-x^2\right)$ 是否同阶？是否等价？

5. 求下列极限并说明理由.

(1) $\lim\limits_{x\to\infty}\dfrac{2x+1}{x}$；

(2) $\lim\limits_{x\to\infty}\dfrac{1-x^2}{1-x}$；

(3) $\lim\limits_{x\to 0}x^2\sin\dfrac{1}{x}$；

(4) $\lim\limits_{x\to\infty}\dfrac{\arctan x}{x}$；

(5) $\lim\limits_{x\to 2}\dfrac{x^3+2x^2}{\left(x-2\right)^2}$；

(6) $\lim\limits_{x\to\infty}\dfrac{x^2}{2x+1}$.

6. 利用等价无穷小的性质，求下列极限.

(1) $\lim\limits_{x\to 0}\dfrac{\tan 3x}{2x}$；

(2) $\lim\limits_{x\to 0}\dfrac{\sin\left(x^n\right)}{\left(\sin x\right)^m}$；

(3) $\lim\limits_{x\to 0}\dfrac{\tan x-\sin x}{\sin^3 x}$；

(4) $\lim\limits_{x\to 0}\dfrac{\sin\left(\sin x\right)}{x}$；

(5) $\lim\limits_{x\to 0}\dfrac{\mathrm{e}^{3x}-1}{\sqrt{1+x}-1}$；

(6) $\lim\limits_{x\to 0}\dfrac{\sqrt{1+\sin^2 x}-1}{\ln\left(1+2x^2\right)}$.

第 7 节　函数的连续性与间断点

一、函数的连续性

日常生活中的许多量是连续变化的，例如车速，当时间的改变量非常小时，车速的变化量也非常小. 这类变化在函数关系上的反映，就是函数的连续性. 为了给出函数连续性的概念，我们先引入增量的概念.

对于函数 $y = f(x)$，当自变量从 x_0 变化到 x 时，称 $\Delta x = x - x_0$ 为自变量 x 的增量，对应的 $\Delta y = f(x_0 + \Delta x) - f(x_0)$ 称为函数 $y = f(x)$ 的增量.

定义　设函数 $y = f(x)$ 的定义域是 D，且 $U(x_0) \subset D$，当自变量的增量 $\Delta x = x - x_0$ 无限接近 0 时，如果对应的函数的增量 $\Delta y = f(x_0 + \Delta x) - f(x_0)$ 也无限接近 0，即

$$\lim_{\Delta x \to 0} \Delta y = 0$$

则称函数 $y = f(x)$ 在点 x_0 处连续. 点 x_0 称为 $y = f(x)$ 的连续点.

因为 $\lim\limits_{\Delta x \to 0} \Delta y = \lim\limits_{\Delta x \to 0} \left[f(x_0 + \Delta x) - f(x_0) \right] = 0 \Leftrightarrow \lim\limits_{x \to x_0} \left[f(x) - f(x_0) \right] = 0 \Leftrightarrow \lim\limits_{x \to x_0} f(x) = f(x_0)$，所以可以得到函数 $y = f(x)$ 在点 x_0 处连续的另一种形式的定义.

定义　设函数 $y = f(x)$ 的定义域是 D，且 $U(x_0) \subset D$，如果 $\lim\limits_{x \to x_0} f(x) = f(x_0)$，则称函数 $y = f(x)$ 在点 $x = x_0$ 处连续（也称为函数 $y = f(x)$ 在点 x_0 处连续）.

下面给出左连续及右连续的定义.

定义　（1）如果 $\lim\limits_{x \to x_0^-} f(x) = f(x_0)$，则称函数 $f(x)$ 在点 x_0 处左连续；

（2）如果 $\lim\limits_{x \to x_0^+} f(x) = f(x_0)$，则称函数 $f(x)$ 在点 x_0 处右连续.

定理　函数 $f(x)$ 在点 x_0 处连续的充分必要条件是 $f(x)$ 在点 x_0 处左右同时连续.

【例 1】 求证函数 $f(x) = \begin{cases} x\sin\dfrac{1}{x}, & x \neq 0 \\ 0, & x = 0 \end{cases}$ 在点 $x = 0$ 处连续.

【证明】 因为 $\lim\limits_{x \to 0} f(x) = \lim\limits_{x \to 0} x\sin\dfrac{1}{x} = 0 = f(0)$，所以 $f(x)$ 在点 $x = 0$ 处连续.

若函数在某开区间上每一点都连续，则称函数在该开区间上连续（若开区间是有界的，也称函数在该开区间内连续），称函数是该开区间上的连续函数，或者说函数在该开区间上连续. 若函数在某闭区间所对应的开区间上的每一点都连续，并且在该闭区间的左端点处右连续，在右端点处左连续，则称函数在该闭区间上连续.

由第 4 节我们知道，若 $f(x)$ 是多项式，则对 $\forall x_0 \in \mathrm{R}$，都有 $\lim\limits_{x \to x_0} f(x) = f(x_0)$，所以 $f(x)$ 在区间 $(-\infty, +\infty)$ 上连续. 对于有理函数 $F(x) = \dfrac{P(x)}{Q(x)}$，只要 $Q(x_0) \neq 0$，都有 $\lim\limits_{x \to x_0} F(x) = F(x_0)$，所以有理函数在其定义域上连续.

连续函数的图像是一条连续的、不间断的曲线.

二、函数的间断点

定义　设函数 $f(x)$ 的定义域是 D，$\overset{\circ}{U}(x_0) \subset D$，若函数 $f(x)$ 有下列三种情形之一：

（1）在点 $x = x_0$ 处没有定义；

（2）在点 $x = x_0$ 处虽然有定义，但是 $\lim\limits_{x \to x_0} f(x)$ 不存在；

（3）在点 $x = x_0$ 处虽然有定义且 $\lim\limits_{x \to x_0} f(x)$ 存在，但是 $\lim\limits_{x \to x_0} f(x) \neq f(x_0)$，

则称函数 $f(x)$ 在点 x_0 处不连续，并且点 x_0 称为函数 $f(x)$ 的不连续点或间断点.

【例2】 根据函数图像，说明函数在指定点处的连续、间断和极限情况.

（1）函数 $f(x) = x + 1$ 在点 $x = 1$ 处连续，图像见图 1-7-1；

（2）函数 $f(x) = \dfrac{x^2 - 1}{x - 1}$ 在点 $x = 1$ 处间断，$\lim\limits_{x \to 1} f(x) = 2$，图像见图 1-7-2；

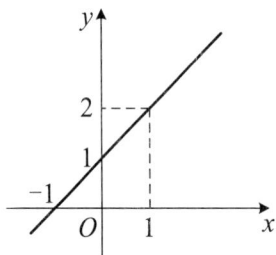

图 1-7-1

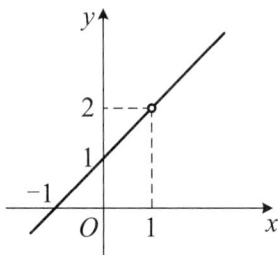

图 1-7-2

（3）函数 $f(x) = \begin{cases} x + 1, & x \neq 1 \\ 1, & x = 1 \end{cases}$ 在点 $x = 1$ 处间断，$\lim\limits_{x \to 1} f(x) = 2$，图像见图 1-7-3；

（4）函数 $f(x) = \begin{cases} x + 1, & x < 1 \\ x, & x \geq 1 \end{cases}$ 在点 $x = 1$ 处间断，$f(1^-) = 2$，$f(1^+) = 1$，图像见图 1-7-4；

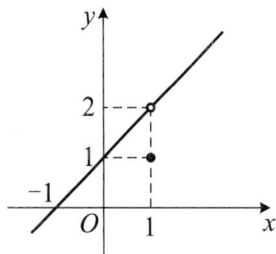

图 1-7-3

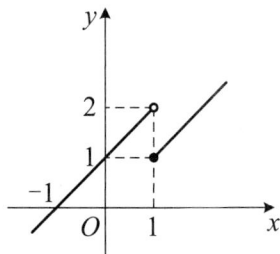

图 1-7-4

（5）函数 $f(x) = \dfrac{1}{x - 1}$ 在点 $x = 1$ 处间断，$\lim\limits_{x \to 1} f(x) = \infty$，图像见图 1-7-5；

（6）函数 $f(x) = \sin\dfrac{1}{x}$ 在点 $x = 0$ 处间断，$x \to 0$ 时，函数 $f(x)$ 无极限，图像见图 1-7-6.

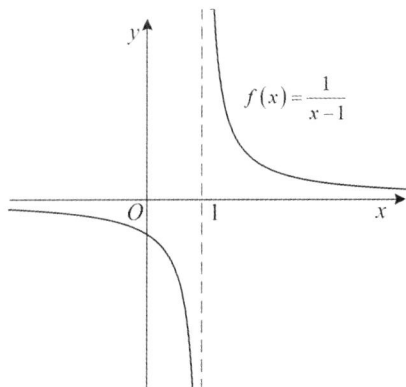

图 1-7-5

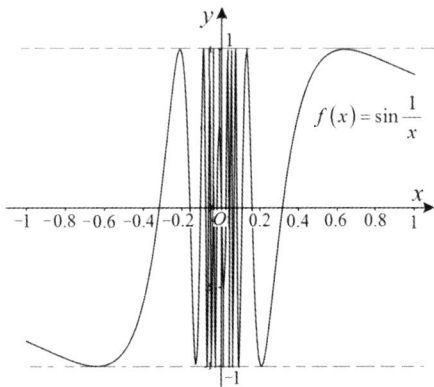

图 1-7-6

例 2 的(2)、(3)、(4)中给出的函数在点 $x=1$ 处不连续，但是在点 $x=1$ 处左右极限都存在，这类间断点称为第一类间断点．(2)、(3)中给出的函数在点 $x=1$ 处的左极限等于右极限，即函数在间断点处存在极限，这类间断点称为可去间断点，此时，若令 $f(x)=2$，则点 $x=1$ 变成函数的连续点．(4)中给出的函数在点 $x=1$ 处左右极限都存在，但是不相等，这类间断点称为跳跃间断点．(5)、(6)中给出的函数在指定点处的左右极限至少有一个不存在，这类间断点称为第二类间断点，其中，(5)中给出的函数在指定点处极限是无穷大，这类间断点称为无穷间断点；(6)中给出的函数的间断点称为振荡间断点．

间断点的类型总结如表 1-7-1 所示．

表 1-7-1　间断点类型总结

间断点	第一类间断点(左右极限都存在)	左右极限相等(可去间断点)
		左右极限不相等(跳跃间断点)
	第二类间断点(左右极限至少有一个不存在)	

习题 1-7

1. 说明下列函数在指定点处的间断点类型．若为可去间断点，则改变或补充函数在该点处的定义，使之成为函数的连续点．

(1) $f(x)=\mathrm{e}^{\frac{1}{x}}$，点 $x=0$；

(2) $f(x)=\dfrac{\sin x}{|x|}$，点 $x=0$；

(3) $f(x)=\dfrac{x^2-4}{x-2}$，点 $x=2$；

(4) $f(x)=\begin{cases} x-1, & x<0 \\ 0, & x=0 \\ x+1, & x>0 \end{cases}$，点 $x=0$；

(5) $f(x)=\begin{cases} x, & x\neq 1 \\ \dfrac{1}{2}, & x=1 \end{cases}$，点 $x=1$；

(6) $f(x)=\cos^2\dfrac{1}{x}$，点 $x=0$．

2. 讨论函数 $f(x)=x\lim\limits_{n\to\infty}\dfrac{x^{2n}-1}{x^{2n}+1}$ 的连续性，若有间断点，判断其类型．

第 8 节　初等函数的连续性与闭区间上连续函数的性质

一、连续函数的和、差、积、商的连续性

由函数在某点连续的定义和极限的四则运算法则，可推出下面的定理.

定理 1　若函数 $f(x)$ 和 $g(x)$ 都在点 x_0 处连续，则 $f(x) \pm g(x)$、$f(x)g(x)$、$\dfrac{f(x)}{g(x)} \left(g(x) \neq 0 \right)$ 在点 x_0 处也连续.

【例 1】已知函数 $\sin x$ 和 $\cos x$ 在 $(-\infty, +\infty)$ 上连续，由定理 1 可知

$$\tan x = \frac{\sin x}{\cos x}, \cot x = \frac{\cos x}{\sin x}, \sec x = \frac{1}{\cos x}, \csc x = \frac{1}{\sin x}$$

在各自的定义域上连续.

二、反函数和复合函数的连续性

定理 2　若函数 $y = f(x)$ 在区间 I_x 上单调递增（或单调递减）且连续，则其反函数 $x = f^{-1}(y)$ 在对应的区间 $I_y = \left\{ y \mid y = f(x), x \in I_x \right\}$ 上单调递增（或单调递减）且连续.

【例 2】已知函数 $y = \sin x$，$y = \cos x$，$y = \tan x$，$y = \cot x$ 在其定义域上连续，由定理 2 可知，它们的反函数 $y = \arcsin x$，$y = \arccos x$，$y = \arctan x$，$y = \text{arccot} x$ 在其各自的定义域上连续.

定理 3　设函数 $y = f\left[g(x) \right]$ 由函数 $y = f(u)$ 和 $u = g(x)$ 复合而成. 若 $\lim\limits_{x \to x_0} g(x) = a$，且函数 $y = f(u)$ 在点 $u = a$ 处连续，则

$$\lim_{x \to x_0} f\left[g(x) \right] = \lim_{u \to a} f(u) = f(a)$$

由定理 3，可得以下结论.

函数符号 f 与极限符号 $\lim\limits_{x \to x_0}$ 可以交换次序，即

$$\lim_{x \to x_0} f\left[g(x) \right] = f\left[\lim_{x \to x_0} g(x) \right]$$

注：把定理 3 中的 $x \to x_0$ 换成 $x \to \infty$，可得到类似的结论.

【例 3】求 $\lim\limits_{x \to 3} \sqrt{\dfrac{x-3}{x^2-9}}$.

【解】$\lim\limits_{x \to 3} \sqrt{\dfrac{x-3}{x^2-9}} = \sqrt{\lim\limits_{x \to 3} \dfrac{x-3}{x^2-9}} = \sqrt{\dfrac{1}{6}} = \dfrac{\sqrt{6}}{6}$.

定理 4　设函数 $u = g(x)$ 在点 $x = x_0$ 处连续，即 $\lim\limits_{x \to x_0} g(x) = g(x_0)$，且 $g(x_0) = u_0$，而函数 $y = f(u)$ 在对应点 $u = u_0$ 处连续，则复合函数 $y = f\left[g(x) \right]$ 在点 $x = x_0$ 处也连续.

【例 4】讨论函数 $y = \sin \dfrac{1}{x}$ 的连续性.

【解】函数 $y = \sin \dfrac{1}{x}$ 可看作是由函数 $y = \sin u$ 与 $u = \dfrac{1}{x}$ 复合而成.

函数 $y = \sin u$ 在 $(-\infty, +\infty)$ 上连续, $u = \dfrac{1}{x}$ 在 $(-\infty, 0)$ 和 $(0, +\infty)$ 上连续. 由定理 4 可知,

复合函数 $y = \sin \dfrac{1}{x}$ 在 $(-\infty, 0)$ 和 $(0, +\infty)$ 上连续.

三、初等函数的连续性

前面已证明三角函数和反三角函数在其各自的定义域上连续.

事实上,指数函数 $y = a^x$ $(a > 0, a \neq 1)$ 在其定义域 $(-\infty, +\infty)$ 上单调且连续,其值域为 $(0, +\infty)$.

根据指数函数的单调性与连续性,由定理 2 可知,对数函数 $y = \log_a x$ $(a > 0, a \neq 1)$ 在其定义域 $(0, +\infty)$ 上单调且连续.

当 $x > 0$ 时,因为

$$y = x^\mu = a^{\mu \log_a x}$$

所以,幂函数 $y = x^\mu$ 可看作由 $y = a^u, u = \mu \log_a x$ 复合而成. 由定理 4 可知,它在 $(0, +\infty)$ 上连续. 若对于 μ 取不同值分别加以讨论,可以证明(证明从略)幂函数在其定义域上连续.

综上所述可得:**基本初等函数在其定义域上连续**.

最后,根据第 1 节中关于初等函数的定义可得:**一切初等函数在其定义域上连续**.

若 $y = f(x)$ 是初等函数,并且点 x_0 是 $y = f(x)$ 定义域上的点,则有

$$\lim_{x \to x_0} f(x) = f(x_0)$$

【例 5】求 $\lim\limits_{x \to 0} \sqrt{1 - x^2}$.

【解】因为点 $x_0 = 0$ 是初等函数 $f(x) = \sqrt{1 - x^2}$ 定义域上的点,

所以 $$\lim_{x \to 0} \sqrt{1 - x^2} = \sqrt{1} = 1 .$$

【例 6】求 $\lim\limits_{x \to \frac{\pi}{2}} \ln \sin x$.

【解】因为点 $x_0 = \dfrac{\pi}{2}$ 是初等函数 $f(x) = \ln \sin x$ 定义域上的点,

所以 $$\lim_{x \to \frac{\pi}{2}} \ln \sin x = \ln \sin \frac{\pi}{2} = \ln 1 = 0 .$$

【例 7】求 $\lim\limits_{x \to 0} \dfrac{\sqrt{1 + x^2} - 1}{x}$.

【解】$$\lim_{x \to 0} \frac{\sqrt{1 + x^2} - 1}{x} = \lim_{x \to 0} \frac{\left(\sqrt{1 + x^2} - 1\right)\left(\sqrt{1 + x^2} + 1\right)}{x\left(\sqrt{1 + x^2} + 1\right)}$$

$$= \lim_{x \to 0} \frac{x}{\sqrt{1+x^2}+1} = \frac{0}{2} = 0.$$

【例 8】 求 $\lim\limits_{x \to 0} \dfrac{\log_a(1+x)}{x}$.

【解】 $\lim\limits_{x \to 0} \dfrac{\log_a(1+x)}{x} = \lim\limits_{x \to 0} \log_a(1+x)^{\frac{1}{x}} = \log_a \mathrm{e} = \dfrac{1}{\ln a}$.

【例 9】 求 $\lim\limits_{x \to 0}(1+2x)^{\frac{3}{\sin x}}$.

【解】 因为 $\quad (1+2x)^{\frac{3}{\sin x}} = (1+2x)^{\frac{1}{2x} \cdot \frac{x}{\sin x} \cdot 6} = \mathrm{e}^{\frac{6x}{\sin x} \ln(1+2x)^{\frac{1}{2x}}}$,

利用定理 4 及极限的运算法则，便有

$$\lim_{x \to 0}(1+2x)^{\frac{3}{\sin x}} = \mathrm{e}^6$$

一般地，对于形如 $u(x)^{v(x)}\ (u(x)>0)$ 的函数（通常称为幂指函数），如果

$$\lim u(x) = a > 0, \quad \lim v(x) = b$$

那么

$$\lim u(x)^{v(x)} = a^b$$

注：这里的 lim 是指自变量 x 在同一变化过程下的极限.

四、闭区间上连续函数的性质

定理 5（最值定理）　若函数 $f(x)$ 在闭区间 $[a,b]$ 上连续，则 $f(x)$ 在闭区间 $[a,b]$ 上一定能取到最大值和最小值.

注：若函数在闭区间上有间断点，或在开区间上连续，则在该区间上不一定能取到最大值或最小值.

【例 10】 （1）函数 $y = x$ 在开区间 (a,b) 上既无最大值又无最小值.

（2）如图 1-8-1 所示，函数 $f(x) = \begin{cases} -x+1, & 0 \leqslant x < 1 \\ 1, & x = 1 \\ -x+3, & 1 < x \leqslant 2 \end{cases}$ 在闭区间 $[0,2]$ 上既无最大值

又无最小值.

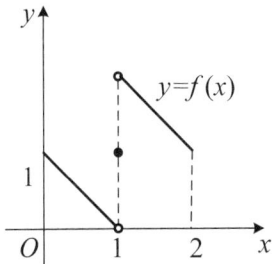

图 1-8-1

定理 6（有界性定理）　闭区间上的连续函数在该区间上必有界.

若 $f(x_0)=0$ ，则点 x_0 称为函数 $f(x)$ 的零点.

定理 7（零点定理）　若函数 $f(x)$ 满足下列条件：

(1) 在闭区间 $[a,b]$ 上连续；

(2) $f(a)$ 与 $f(b)$ 异号（即 $f(a)\cdot f(b)<0$），

则至少存在一点 $\xi\in(a,b)$ ，使 $f(\xi)=0$（见图 1-8-2）.

【例 11】 求证方程 $x^5-3x=1$ 在 $(1,2)$ 上至少有一个实根.

【证明】 设 $f(x)=x^5-3x-1$ ，则 $f(x)$ 在 $[1,2]$ 上连续，并有

$$f(1)=-3<0 , f(2)=25>0$$

由零点定理可知，至少存在一点 $\xi\in(1,2)$ ，使 $f(\xi)=0$ ，即方程 $x^5-3x=1$ 在 $(1,2)$ 上至少有一个实根.

推论　闭区间上的连续函数必能取到介于最大值 M 和最小值 m 之间的任何值.

【例 12】 设 $f(x)$ 在 $[a,b]$ 上连续，并且 $f(a)<a$ ， $f(b)>b$ ，求证方程 $f(x)=x$ 在 (a,b) 上至少有一个实根.

【证明】 令 $g(x)=f(x)-x$ ，则 $g(x)$ 在 $[a,b]$ 上连续，且有

$$g(a)=f(a)-a<0$$
$$g(b)=f(b)-b>0$$

由零点定理可知，至少存在一点 $\xi\in(a,b)$ ，使 $g(\xi)=0$ ，即 $f(\xi)-\xi=0$. 因此，方程 $f(x)=x$ 在 (a,b) 上至少有一个实根.

定理 8（介值定理）　若函数 $f(x)$ 满足下列条件：

(1) 在闭区间 $[a,b]$ 上连续；

(2) 在区间端点处取不同的值，即 $f(a)=A$ 及 $f(b)=B$ ，且 $A\neq B$ ，

则对任意的 $C\in(A,B)$（或 $C\in(B,A)$），至少存在一点 $\xi\in(a,b)$ ，使 $f(\xi)=C$（见图 1-8-3）.

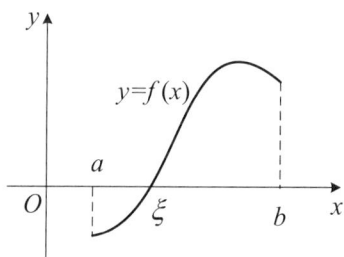

图 1-8-2

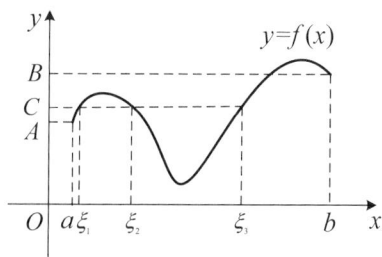

图 1-8-3

习题 1-8

1. 求函数 $f(x) = \dfrac{x^3 + 3x^2 - x - 3}{x^2 + x - 6}$ 的连续区间，并求极限 $\lim\limits_{x \to 0} f(x)$，$\lim\limits_{x \to -3} f(x)$ 及 $\lim\limits_{x \to 2} f(x)$.

2. 求下列极限.

(1) $\lim\limits_{x \to 0} \sqrt{x^2 - 2x + 5}$；

(2) $\lim\limits_{x \to \frac{\pi}{4}} \left(\sin 2x \right)^3$；

(3) $\lim\limits_{x \to \frac{\pi}{6}} \ln \left(2 \cos 2x \right)$；

(4) $\lim\limits_{x \to 0} \dfrac{\sqrt{x+1} - 1}{x}$；

(5) $\lim\limits_{x \to 0} \ln \dfrac{\sin x}{x}$；

(6) $\lim\limits_{x \to +\infty} \left(\sqrt{x^2 + x} - \sqrt{x^2 - x} \right)$；

(7) $\lim\limits_{x \to \infty} e^{\frac{1}{x}}$；

(8) $\lim\limits_{x \to \infty} \left(1 + \dfrac{1}{x} \right)^{\frac{x}{2}}$；

(9) $\lim\limits_{x \to \infty} \left(\dfrac{3+x}{6+x} \right)^{\frac{x-1}{2}}$；

(10) $\lim\limits_{x \to 0} \left(1 + 3 \tan^2 x \right)^{\cot^2 x}$.

3. 设函数 $f(x) = \begin{cases} e^x, & x < 0 \\ a + x, & x \geqslant 0 \end{cases}$，请确定 a 的值，使得 $f(x)$ 能成为 $(-\infty, +\infty)$ 上的连续函数.

4. 设函数 $f(x) = \begin{cases} x \sin \dfrac{1}{x}, & x > 0 \\ a + x^2, & x \leqslant 0 \end{cases}$，要使 $f(x)$ 在 $(-\infty, +\infty)$ 上连续，a 的值为多少？

5. 求证方程 $x = a \sin x + b$（其中 $a > 0$，$b > 0$）至少有一个正根，并且这个根不超过 $a + b$.

第 2 章　导数与微分

导数与微分是微分学中两个基本的概念，导数反映函数关于自变量的变化率，微分描述函数的微小变化，它与导数概念密切相关．本章主要讨论导数的概念、求导公式、求导法则和微分的概念及其计算方法．

第 1 节　导数概念

一、引例

为了说明导数的定义，我们先讨论以下两个例子．

引例 1　做变速直线运动物体的瞬时速度

设一物体沿直线做变速运动，其运动方程为 $s = s(t)$，其中 t 为时间，s 为位移，求物体在某时刻 t_0 的瞬时速度．

当时间由 t_0 变化到 $t = t_0 + \Delta t$ 时，物体在这段时间内的平均速度为

$$\bar{v} = \frac{s(t_0 + \Delta t) - s(t_0)}{\Delta t} = \frac{s(t) - s(t_0)}{t - t_0}$$

当 Δt 很小时，可以用 $\bar{v}$ 近似表示物体在 t_0 时刻的速度．但这样表示 t_0 时刻速度的精确值还不够，确切地，应当令 $\Delta t \to 0$（即 $t \to t_0$），取 $\bar{v}$ 的极限，若极限存在，则可以认为它是物体在 t_0 时刻的瞬时速度 $v(t_0)$，即

$$v(t_0) = \lim_{\Delta t \to 0} \frac{s(t_0 + \Delta t) - s(t_0)}{\Delta t} = \lim_{t \to t_0} \frac{s(t) - s(t_0)}{t - t_0}$$

引例2 曲线上一点处切线的斜率

如图 2-1-1 所示，函数 $y = f(x)$ 的图形为曲线 C，设 $M(x_0, y_0)$ 为曲线上一点，求曲线 C 在点 M 处切线的斜率.

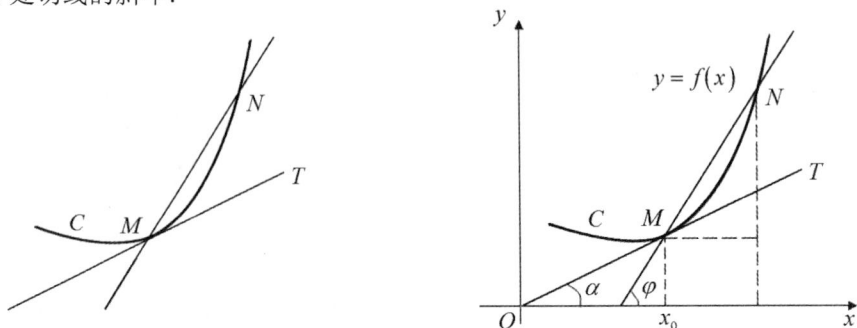

图 2-1-1

首先，在曲线 C 上另取一点 $N(x, y)$，作曲线的割线 MN，则割线的斜率为

$$\tan \varphi = \frac{y - y_0}{x - x_0} = \frac{f(x) - f(x_0)}{x - x_0}$$

如图 2-1-1 所示，φ 是割线 MN 的倾斜角. 当点 N 沿曲线 C 无限接近点 M 时，则有 $x \to x_0$，从而割线 MN 也逐渐无限接近极限位置，即无限接近切线 MT. 若当 $x \to x_0$ 时，上式极限存在，设为 k，即

$$k = \lim_{x \to x_0} \frac{f(x) - f(x_0)}{x - x_0}$$

则此极限 k 就是割线斜率的极限，也就是切线 MT 的斜率.

二、导数的定义

以上两个引例虽然所反映的问题不同，但有一个共性，即都是求在某点处函数的变化量和自变量的变化量比值的极限，它具有非常普遍的意义. 在自然科学与工程技术领域中，还有其他许多概念也具有这一特征，例如面密度、电流强度、加速度等. 不考虑这些量的具体含义，抽象出它们共同的、本质的特征，就得到导数的概念.

定义 设函数 $y = f(x)$ 的定义域是 D，$x_0 \in D$，当 x 在点 x_0 处取得增量 Δx（$x_0 + \Delta x$ 也在 D 上）时，函数 $y = f(x)$ 对应的增量为

$$\Delta y = f(x_0 + \Delta x) - f(x_0)$$

若极限

$$\lim_{\Delta x \to 0} \frac{\Delta y}{\Delta x} = \lim_{\Delta x \to 0} \frac{f(x_0 + \Delta x) - f(x_0)}{\Delta x}$$

存在，则称函数 $f(x)$ 在点 x_0 处可导，称这个极限为函数 $y = f(x)$ 在点 x_0 处的导数，记为 $y'\big|_{x=x_0}$ ，即

$$y'\big|_{x=x_0} = \lim_{\Delta x \to 0} \frac{\Delta y}{\Delta x} = \lim_{\Delta x \to 0} \frac{f(x_0 + \Delta x) - f(x_0)}{\Delta x}$$

也可记为 $f'(x_0)$ ， $\dfrac{\mathrm{d}y}{\mathrm{d}x}\bigg|_{x=x_0}$ 或 $\dfrac{\mathrm{d}f(x)}{\mathrm{d}x}\bigg|_{x=x_0}$.

函数 $f(x)$ 在点 x_0 处可导也称为 $f(x)$ 在点 x_0 处具有导数或导数存在. 若上述极限不存在，那么称函数 $f(x)$ 在点 x_0 处不可导.

导数的定义表达式也可以写成其他形式，若记 $x = x_0 + \Delta x$ ，则有

$$f'(x_0) = \lim_{x \to x_0} \frac{f(x) - f(x_0)}{x - x_0}$$

若记 $h = \Delta x$ ，则有

$$f'(x_0) = \lim_{h \to 0} \frac{f(x_0 + h) - f(x_0)}{h}$$

事实上， $\dfrac{\Delta y}{\Delta x}$ 是因变量 y 在区间 $[x, x+\Delta x]$ 或 $[x + \Delta x, x]$ 上的平均变化率，从而可知 $f'(x_0)$ 是 $f(x)$ 在点 x_0 处的变化率，它反映的是因变量随自变量的变化而变化的快慢程度. 导数的概念不考虑自变量与因变量所代表的几何或物理意义，纯粹从数量方面来刻画变化率.

若函数 $y = f(x)$ 在开区间 (a, b) 内每一点处可导，则称 $f(x)$ 在开区间 (a, b) 内可导. 此时， $\forall x \in (a, b)$ ，都有唯一的 $f'(x)$ 与之对应，这样就构成了一个新的函数，称其为函数 $y = f(x)$ 的导函数，记为 y' 、 $f'(x)$ 、 $\dfrac{\mathrm{d}y}{\mathrm{d}x}$ 或 $\dfrac{\mathrm{d}f(x)}{\mathrm{d}x}$ ，用导数定义可以表示为

$$f'(x) = \lim_{\Delta x \to 0} \frac{f(x + \Delta x) - f(x)}{\Delta x}$$

显然，函数 $f(x)$ 在点 x_0 处的导数 $f'(x_0)$ 就是导函数 $f'(x)$ 在点 x_0 处的函数值，即

$$f'(x_0) = f'(x)\big|_{x=x_0}$$

导函数 $f'(x)$ 简称导数，而 $f'(x_0)$ 是 $f(x)$ 在点 x_0 处的导数或导数 $f'(x)$ 在点 x_0 处的值.

三、用定义求导数

下面直接用导数的定义来求几个函数的导数.

【例 1】求常数函数 $f(x) = C$ （C 为常数）的导数.

【解】 $f'(x) = \lim\limits_{\Delta x \to 0} \dfrac{f(x + \Delta x) - f(x)}{\Delta x} = \lim\limits_{\Delta x \to 0} \dfrac{C - C}{\Delta x} = 0$ ，

即 $(C)' = 0$.

【例 2】求函数 $f(x) = x^n$ （$n \in \mathbf{N}^+$）的导数.

【解】 $f'(x) = \lim\limits_{\Delta x \to 0} \dfrac{f(x+\Delta x) - f(x)}{\Delta x} = \lim\limits_{\Delta x \to 0} \dfrac{(x+\Delta x)^n - x^n}{\Delta x}$

$\quad = \lim\limits_{\Delta x \to 0} \left[nx^{n-1} + C_n^2 x^{n-2}\Delta x + \cdots + (\Delta x)^{n-1} \right] = nx^{n-1}.$

一般地，有

$$\left(x^\mu\right)' = \mu x^{\mu-1} \ (\text{其中 } \mu \text{ 是常数})$$

这是幂函数的求导公式. 此公式的证明将在后面给出.

利用此公式，可以方便地求出一些幂函数的导数，例如：

$$\left(\sqrt{x}\right)' = \left(x^{\frac{1}{2}}\right)' = \frac{1}{2}x^{\frac{1}{2}-1} = \frac{1}{2}x^{-\frac{1}{2}} = \frac{1}{2\sqrt{x}}$$

$$\left(\frac{1}{x}\right)' = \left(x^{-1}\right)' = -x^{-1-1} = -x^{-2} = -\frac{1}{x^2}$$

【例3】 求函数 $f(x) = \sin x$ 的导数.

【解】 $f'(x) = \lim\limits_{h \to 0} \dfrac{f(x+h) - f(x)}{h} = \lim\limits_{h \to 0} \dfrac{\sin(x+h) - \sin x}{h}$

$\quad = \lim\limits_{h \to 0} \dfrac{2\cos\left(x+\frac{h}{2}\right)\sin\frac{h}{2}}{h} = \lim\limits_{h \to 0} \left[\cos\left(x+\frac{h}{2}\right)\dfrac{\sin\frac{h}{2}}{\frac{h}{2}}\right]$

$\quad = \cos x.$

即 $\qquad (\sin x)' = \cos x.$

同样地，可求得 $\quad (\cos x)' = -\sin x.$

【例4】 求函数 $f(x) = a^x \ (a > 0, \ a \neq 1)$ 的导数.

【解】 $f'(x) = \lim\limits_{h \to 0} \dfrac{f(x+h) - f(x)}{h} = \lim\limits_{h \to 0} \dfrac{a^{x+h} - a^x}{h}$

$\quad = a^x \lim\limits_{h \to 0} \dfrac{a^h - 1}{h} = a^x \ln a.$

特殊地， $\qquad \left(e^x\right)' = e^x.$

【例5】 已知 $f(0) = 1$, $\lim\limits_{x \to 0} \dfrac{f(2x) - 1}{3x} = 4$, 求 $f'(0)$.

【解】 因为 $\lim\limits_{x \to 0} \dfrac{f(2x) - 1}{3x} = \lim\limits_{x \to 0} \dfrac{f(2x) - f(0)}{3x}$

$\quad = \dfrac{2}{3}\lim\limits_{x \to 0} \dfrac{f(0+2x) - f(0)}{2x}$

$\quad = \dfrac{2}{3}f'(0) = 4,$

所以 $\qquad f'(0) = 6.$

四、单侧导数

由前面学过的单侧极限的定义，可得到左、右导数的定义：

左导数　　　　$f'_-(x_0) = \lim\limits_{h \to 0^-} \dfrac{f(x_0 + h) - f(x_0)}{h}$；

右导数　　　　$f'_+(x_0) = \lim\limits_{h \to 0^+} \dfrac{f(x_0 + h) - f(x_0)}{h}$.

左导数和右导数统称为**单侧导数**.

由单、双侧极限之间的关系，可得以下结论.

$f(x)$ 在点 x_0 处可导 $\Leftrightarrow f'_-(x_0)$ 和 $f'_+(x_0)$ 都存在且相等.

特别地，若函数 $f(x)$ 在开区间 (a, b) 内可导，且 $f'_+(a)$ 及 $f'_-(b)$ 都存在，则称 $f(x)$ 在闭区间 $[a, b]$ 上可导.

【**例 6**】讨论函数 $f(x) = |x|$ 在点 $x = 0$ 处的可导性.

【**解**】$\dfrac{f(0 + h) - f(0)}{h} = \dfrac{|h| - 0}{h} = \dfrac{|h|}{h}$.

当 $h < 0$ 时，$\lim\limits_{h \to 0^-} \dfrac{|h|}{h} = \lim\limits_{h \to 0^-} \dfrac{-h}{h} = -1$；

当 $h > 0$ 时，$\lim\limits_{h \to 0^+} \dfrac{|h|}{h} = \lim\limits_{h \to 0^+} \dfrac{h}{h} = 1$.

因此 $\lim\limits_{h \to 0} \dfrac{f(0 + h) - f(0)}{h}$ 不存在，即函数 $f(x) = |x|$ 在点 $x = 0$ 处不可导.

五、导数的几何意义

由引例 2 可知，函数 $y = f(x)$ 在点 x_0 处的导数 $f'(x_0)$ 在几何图形上表示曲线 $y = f(x)$ 在点 $M(x_0, f(x_0))$ 处切线的斜率，即

$$f'(x_0) = \tan \alpha$$

其中 α 为切线的倾斜角，如图 2-1-2 所示.

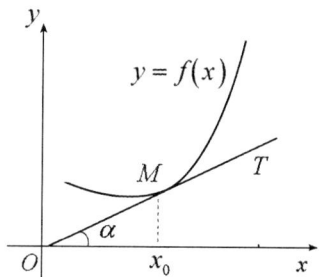

图 2-1-2

若 $\alpha = \dfrac{\pi}{2}$，即函数 $y = f(x)$ 在点 x_0 处导数是无穷大，此时曲线 $y = f(x)$ 在点 $M(x_0, f(x_0))$ 处的切线是直线 $x = x_0$.

一般地，若函数 $y = f(x)$ 在点 x_0 处可导，则曲线 $y = f(x)$ 在点 $(x_0, f(x_0))$ 处切线的方程为

$$y - y_0 = f'(x_0)(x - x_0)$$

通过切点 $M(x_0, f(x_0))$ 并且与切线垂直的直线称为曲线 $y = f(x)$ 在点 M 处的法线. 如果 $f'(x_0) \neq 0$，那么曲线 $y = f(x)$ 在点 M 处法线的方程为

$$y - y_0 = -\frac{1}{f'(x_0)}(x - x_0)$$

【例 7】 求曲线 $y = \ln x$ 上切线平行于直线 $y = \frac{1}{3}(x-1)$ 的点.

【解】 设满足条件的点的坐标为 (x_0, y_0)，根据切线平行于直线 $y = \frac{1}{3}(x-1)$，有

$$k = y'\big|_{x_0} = \frac{1}{x_0} = \frac{1}{3}$$

由此可得 $x_0 = 3$，$y_0 = \ln 3$. 因此曲线在点 $(3, \ln 3)$ 处的切线平行于直线 $y = \frac{1}{3}(x-1)$.

六、可导与连续的关系

定理 若函数 $y = f(x)$ 在点 x 处可导，则函数 $y = f(x)$ 在该点处必连续.

证明 已知函数 $y = f(x)$ 在点 x 处可导，则 $\lim\limits_{\Delta x \to 0} \frac{\Delta y}{\Delta x} = f'(x)$ 存在，于是

$$\lim_{\Delta x \to 0} \Delta y = \lim_{\Delta x \to 0}\left(\frac{\Delta y}{\Delta x} \cdot \Delta x\right) = \lim_{\Delta x \to 0}\frac{\Delta y}{\Delta x} \cdot \lim_{\Delta x \to 0} \Delta x = f'(x) \cdot 0 = 0$$

这就说明，函数 $y = f(x)$ 在点 x 处连续.

反之，函数在某点处连续却未必在该点处可导. 例如，由例 6 可知，函数 $f(x) = |x|$ 在点 $x = 0$ 处连续，但是 $f(x) = |x|$ 在该点处不可导.

【例 8】 函数 $f(x) = \sqrt[3]{x}$ 在 $(-\infty, +\infty)$ 内连续，但在点 $x = 0$ 处有

$$\lim_{h \to 0}\frac{f(0+h) - f(0)}{h} = \lim_{h \to 0}\frac{\sqrt[3]{h} - 0}{h} = \lim_{h \to 0}\frac{1}{h^{\frac{2}{3}}} = \infty$$

因此，函数 $f(x) = \sqrt[3]{x}$ 在点 $x = 0$ 处不可导.

但曲线 $f(x) = \sqrt[3]{x}$ 在点 $(0, 0)$ 处有切线 $x = 0$，见图 2-1-3.

【例 9】 函数 $y = \sqrt{x^2}$ 在 $(-\infty, +\infty)$ 内连续，但由例 6 可知，此函数在点 $x = 0$ 处不可导. 曲线 $y = \sqrt{x^2}$ 在点 $(0, 0)$ 处没有切线，见图 2-1-4.

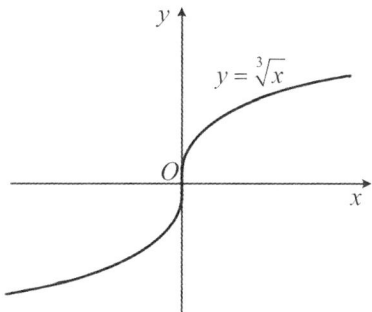
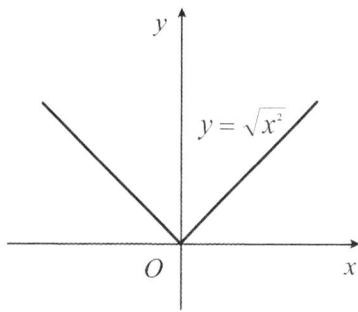

图 2-1-3　　　　　　　　　　图 2-1-4

【例 10】讨论函数 $f(x)=\begin{cases} x^2, & x<1 \\ 2x, & x\geqslant 1 \end{cases}$ 在点 $x=1$ 处的连续性与可导性.

【解】因为
$$\lim_{x\to 1^-}f(x)=1,\ \lim_{x\to 1^+}f(x)=2$$
所以函数 $f(x)$ 在点 $x=1$ 处不连续，故 $f(x)$ 在点 $x=1$ 处不可导.

【例 11】讨论 $f(x)=\begin{cases} x^2+1, & x<1 \\ 2x, & x\geqslant 1 \end{cases}$ 在点 $x=1$ 处的连续性与可导性.

【解】因为
$$f'_-(1)=\lim_{x\to 1^-}\frac{f(x)-f(1)}{x-1}=\lim_{x\to 1^-}\frac{x^2+1-2}{x-1}=2$$
$$f'_+(1)=\lim_{x\to 1^+}\frac{f(x)-f(1)}{x-1}=\lim_{x\to 1^+}\frac{2x-2}{x-1}=2$$
所以　$f'(1)=2$.
因此函数 $f(x)$ 在点 $x=1$ 处可导，当然在点 $x=1$ 处连续.

习题 2-1

1. 已知 $f'(x_0)=A$，求 $\lim_{h\to 0}\dfrac{f(x_0+h)-f(x_0-h)}{h}$.

2. 求下列函数的导数.

(1) $y=\dfrac{1}{\sqrt{x}}$；　　　　　　　　(2) $y=\sqrt{x\sqrt{x}}$；

(3) $y=x^3\sqrt{x}$.

3. 求曲线 $y=\cos x$ 在点 $\left(\dfrac{\pi}{3},\dfrac{1}{2}\right)$ 处的切线方程和法线方程.

4. 求曲线 $y=\mathrm{e}^x$ 在点 $(0,1)$ 处的切线方程.

5. 讨论函数 $f(x) = \begin{cases} x\sin\dfrac{1}{x}, & x \neq 0 \\ 0, & x = 0 \end{cases}$ 在点 $x = 0$ 处的连续性与可导性.

6. 设函数 $f(x) = \begin{cases} x^2, & x \leqslant 1 \\ ax+b, & x > 1 \end{cases}$ 在点 $x = 1$ 处连续且可导，a、b 分别应取什么值？

7. 已知函数 $f(x) = \begin{cases} \sin x, & x < 0 \\ x, & x \geqslant 0 \end{cases}$，求 $f'(x)$.

8. 设函数 $f(x)$ 在点 $x = 0$ 处连续，且 $\lim\limits_{x \to 0}\dfrac{f(x)}{x} = 1$，求证 $f'(0) = 1$.

第 2 节　函数的求导法则

我们在上一节用定义求出了一些简单函数的导数，用定义来求函数的导数是比较困难和麻烦的．本节介绍求导数的四则运算法则、反函数求导法则及复合函数求导法则，运用基本初等函数的求导公式和这些法则，就能比较方便地求出常见初等函数的导数．

一、求导数的四则运算法则

定理 1　若函数 $u = u(x)$ 和 $v = v(x)$ 在点 x 处均可导，则它们的和、差、积、商（除分母为零的点外）在点 x 处都可导，并且有

(1) $\left[u(x) \pm v(x)\right]' = u'(x) \pm v'(x)$；

(2) $\left[u(x)v(x)\right]' = u'(x)v(x) + u(x)v'(x)$；

(3) $\left[\dfrac{u(x)}{v(x)}\right]' = \dfrac{u'(x)v(x) - u(x)v'(x)}{v^2(x)}$　$(v(x) \neq 0)$.

下面仅证明法则 (2).

$$\left[u(x)v(x)\right]'$$
$$= \lim_{\Delta x \to 0}\left[\frac{u(x+\Delta x) - u(x)}{\Delta x}v(x+\Delta x) + u(x)\frac{v(x+\Delta x) - v(x)}{\Delta x}\right]$$
$$= \lim_{\Delta x \to 0}\frac{u(x+\Delta x) - u(x)}{\Delta x} \cdot \lim_{\Delta x \to 0}v(x+\Delta x) + u(x) \cdot \lim_{\Delta x \to 0}\frac{v(x+\Delta x) - v(x)}{\Delta x}$$
$$= u'(x)v(x) + u(x)v'(x)$$

其中 $\lim\limits_{\Delta x \to 0}v(x+\Delta x) = v(x)$ 是由于 $v'(x)$ 存在，故 $v(x)$ 在点 x 处连续的原因.

法则 (1) 和法则 (2) 可推广到对有限个可导函数求导的情形．例如，若函数 $u = u(x)$、$v = v(x)$、$w = w(x)$ 都可导，则

$$(u + v - w)' = u' + v' - w'$$

$$\left(uvw\right)' = u'vw + uv'w + uvw'$$

法则(2)中，若 $v\left(x\right)=C$（C 为常数），则有

$$\left(Cu\right)' = Cu'$$

【例1】 $f\left(x\right)=x^4 + \cos x - \sin \dfrac{\pi}{3}$，求 $f'\left(x\right)$ 及 $f'\left(\dfrac{\pi}{2}\right)$.

【解】 $f'\left(x\right)=\left(x^4\right)' + \left(\cos x\right)' - \left(\sin \dfrac{\pi}{3}\right)' = 4x^3 - \sin x$；

$$f'\left(\dfrac{\pi}{2}\right) = 4\left(\dfrac{\pi}{2}\right)^3 - \sin \dfrac{\pi}{2} = \dfrac{\pi^3}{2} - 1.$$

【例2】 $y = \sin x \ln x + \dfrac{\mathrm{e}^x}{x}$，求 y'.

【解】 $y' = \left(\sin x \ln x\right)' + \left(\dfrac{\mathrm{e}^x}{x}\right)'$

$$= \cos x \ln x + \dfrac{\sin x}{x} + \dfrac{x\mathrm{e}^x - \mathrm{e}^x}{x^2}.$$

【例3】 $y = \tan x$，求 y'.

【解】 $y' = \left(\tan x\right)' = \left(\dfrac{\sin x}{\cos x}\right)' = \dfrac{\left(\sin x\right)' \cos x - \sin x \left(\cos x\right)'}{\cos^2 x}$

$$= \dfrac{\cos^2 x + \sin^2 x}{\cos^2 x} = \dfrac{1}{\cos^2 x} = \sec^2 x.$$

即 $\left(\tan x\right)' = \sec^2 x$.

【例4】 $y = \sec x$，求 y'.

【解】 $y' = \left(\sec x\right)' = \left(\dfrac{1}{\cos x}\right)' = \dfrac{\left(1\right)' \cos x - 1 \cdot \left(\cos x\right)'}{\cos^2 x}$

$$= \dfrac{\sin x}{\cos^2 x} = \sec x \tan x.$$

即 $\left(\sec x\right)' = \sec x \tan x$.

类似可得 $\left(\cot x\right)' = -\csc^2 x$，

$$\left(\csc x\right)' = -\csc x \cot x.$$

二、反函数的求导法则

定理 2　如果函数 $x = f\left(y\right)$ 在区间 I_y 内单调、可导且 $f'\left(y\right) \neq 0$，则它的反函数 $y = f^{-1}\left(x\right)$ 在区间 $I_x = \left\{ x \mid x = f\left(y\right), y \in I_y \right\}$ 内也可导，并且其导数为

$$\left[f^{-1}(x)\right]' = \frac{1}{f'(y)} \quad \text{或} \quad \frac{\mathrm{d}y}{\mathrm{d}x} = \frac{1}{\dfrac{\mathrm{d}x}{\mathrm{d}y}}$$

证明 已知 $x = f(y)$ 在 I_y 内单调、可导（从而也连续），由第 1 章第 8 节知道，$x = f(y)$ 的反函数 $y = f^{-1}(x)$ 在对应区间 I_x 内单调且连续.

对 $\forall x \in I_x$，当 x 有增量 $\Delta x \left(\Delta x \neq 0 , x + \Delta x \in I_x \right)$ 时，根据 $y = f^{-1}(x)$ 的单调性可得

$$\Delta y = f^{-1}(x + \Delta x) - f^{-1}(x) \neq 0$$

于是有

$$\frac{\Delta y}{\Delta x} = \frac{1}{\dfrac{\Delta x}{\Delta y}}$$

因为 $y = f^{-1}(x)$ 连续，故 $\lim\limits_{\Delta x \to 0} \Delta y = 0$，

从而

$$\left[f^{-1}(x)\right]' = \lim_{\Delta x \to 0} \frac{\Delta y}{\Delta x} = \lim_{\Delta y \to 0} \frac{1}{\dfrac{\Delta x}{\Delta y}} = \frac{1}{f'(y)}$$

定理 2 可描述为：反函数的导数等于直接函数导数的倒数.

【例 5】求反正弦函数 $y = \arcsin x$，$x \in (-1, 1)$ 的导数.

【解】 $y = \arcsin x$，$x \in (-1, 1)$ 是 $x = \sin y$，$y \in \left(-\dfrac{\pi}{2}, \dfrac{\pi}{2} \right)$ 的反函数.

$x = \sin y$ 在 $I_y = \left(-\dfrac{\pi}{2}, \dfrac{\pi}{2} \right)$ 内单调、可导，且 $(\sin y)' = \cos y > 0$. 由定理 2 可知，在对应

区间 $I_x = (-1, 1)$ 内，有 $(\arcsin x)' = \dfrac{1}{(\sin y)'} = \dfrac{1}{\cos y}$.

又因为 $\cos y = \sqrt{1 - \sin^2 y} = \sqrt{1 - x^2}$，所以 $y' = \dfrac{1}{\sqrt{1 - x^2}}$，从而得到反正弦函数的求导公式

$$(\arcsin x)' = \frac{1}{\sqrt{1 - x^2}}$$

类似可得 $\quad (\arccos x)' = -\dfrac{1}{\sqrt{1 - x^2}}$.

【例 6】求反正切函数 $y = \arctan x$ 的导数.

【解】 $y = \arctan x$ 是 $x = \tan y$，$y \in I_y = \left(-\dfrac{\pi}{2}, \dfrac{\pi}{2} \right)$ 的反函数. 函数 $x = \tan y$ 在 $I_y = \left(-\dfrac{\pi}{2}, \dfrac{\pi}{2} \right)$

内单调、可导，且 $(\tan y)' = \sec^2 y \neq 0$.

因此，由定理 2 可知，在对应区间 $I_x = (-\infty, +\infty)$ 内有

$$y' = (\arctan x)' = \frac{1}{(\tan y)'} = \frac{1}{\sec^2 y}$$

而 $\sec^2 y = 1 + \tan^2 y = 1 + x^2$，从而得反正切函数的求导公式

$$(\arctan x)' = \frac{1}{1+x^2}$$

类似可得

$$(\operatorname{arccot} x)' = -\frac{1}{1+x^2};$$

$$(\log_a x)' = \frac{1}{x \ln a}\ (特别地，\ (\ln x)' = \frac{1}{x}).$$

三、复合函数的求导法则

我们经常遇到 $\ln \sin x, \mathrm{e}^{\frac{1}{x}}, \sin \dfrac{2x}{1+x^2}$ 这样的复合函数，下面我们介绍此类函数的可导性和求导方法，从而可以求出常见初等函数的导数.

定理 3　若 $u = g(x)$ 在点 x 处可导，且 $y = f(u)$ 在对应点 $u = g(x)$ 处可导，则复合函数 $y = f[g(x)]$ 在点 x 处也可导，并且其导数为

$$\frac{\mathrm{d}y}{\mathrm{d}x} = f'(u) \cdot g'(x) \quad 或 \quad \frac{\mathrm{d}y}{\mathrm{d}x} = \frac{\mathrm{d}y}{\mathrm{d}u} \cdot \frac{\mathrm{d}u}{\mathrm{d}x}$$

证明　因为 $y = f(u)$ 在点 u 处可导，因此

$$\lim_{\Delta u \to 0} \frac{\Delta y}{\Delta u} = f'(u)$$

根据极限与无穷小的关系有

$$\frac{\Delta y}{\Delta u} = f'(u) + \alpha$$

其中 α 是 $\Delta u \to 0$ 时的无穷小. 上式中 $\Delta u \neq 0$，因此有

$$\Delta y = f'(u)\Delta u + \alpha \Delta u.$$

当 $\Delta u = 0$ 时，$\Delta y = 0$，可以补充定义 $\alpha = 0$，这时上式对任意的 Δu 均成立.

用 $\Delta x (\neq 0)$ 除 $\Delta y = f'(u)\Delta u + \alpha \Delta u$ 的两边，得

$$\frac{\Delta y}{\Delta x} = f'(u)\frac{\Delta u}{\Delta x} + \alpha \frac{\Delta u}{\Delta x}$$

于是

$$\lim_{\Delta x \to 0} \frac{\Delta y}{\Delta x} = \lim_{\Delta x \to 0}\left[f'(u)\frac{\Delta u}{\Delta x} + \alpha \frac{\Delta u}{\Delta x}\right].$$

根据一个函数可导则其必连续的性质可知，当 $\Delta x \to 0$ 时，有 $\Delta u \to 0$，从而有

$$\lim_{\Delta x \to 0} \alpha = \lim_{\Delta u \to 0} \alpha = 0$$

又因 $u = g(x)$ 在点 x 处可导，因此有

$$\lim_{\Delta x \to 0} \frac{\Delta u}{\Delta x} = g'(x)$$

所以

$$\lim_{\Delta x \to 0} \frac{\Delta y}{\Delta x} = f'(u) \lim_{\Delta x \to 0} \frac{\Delta u}{\Delta x},$$

即

$$\frac{\mathrm{d}y}{\mathrm{d}x} = f'(u) \cdot g'(x).$$

【例 7】 $y = \ln \sin x$ ，求 $\dfrac{dy}{dx}$ ．

【解】 $y = \ln \sin x$ 可看作由 $y = \ln u$ ， $u = \sin x$ 复合而成，因此

$$\frac{dy}{dx} = \frac{dy}{du} \cdot \frac{du}{dx} = \frac{1}{u} \cdot \cos x = \frac{1}{\sin x} \cdot \cos x = \cot x$$

【例 8】 $y = e^{\frac{1}{x}}$ ，求 $\dfrac{dy}{dx}$ ．

【解】 $y = e^{\frac{1}{x}}$ 可看作由 $y = e^u$ ， $u = \dfrac{1}{x}$ 复合而成，因此

$$\frac{dy}{dx} = \frac{dy}{du} \cdot \frac{du}{dx} = e^u \cdot \left(-\frac{1}{x^2} \right) = -\frac{1}{x^2} e^{\frac{1}{x}}$$

【例 9】 $y = \sin \dfrac{2x}{1+x^2}$ ，求 $\dfrac{dy}{dx}$ ．

【解】 $y = \sin \dfrac{2x}{1+x^2}$ 可看作由 $y = \sin u$ ， $u = \dfrac{2x}{1+x^2}$ 复合而成．

因为 $\qquad \dfrac{dy}{du} = \cos u$ ； $\quad \dfrac{du}{dx} = \dfrac{2(1+x^2) - (2x)^2}{(1+x^2)^2} = \dfrac{2(1-x^2)}{(1+x^2)^2}$ ，

所以 $\qquad \dfrac{dy}{dx} = \dfrac{2(1-x^2)}{(1+x^2)^2} \cos \dfrac{2x}{1+x^2}$ ．

注：（1）利用定理 3 求复合函数的导数时，必须分清复合关系；

（2）熟练掌握复合函数的分解关系后，不必再写出中间变量；

（3）定理 3 的结论可推广到有限个中间变量的情形．我们以两个中间变量为例，设 $y = f(u)$ ， $u = g(v)$ ， $v = h(x)$ ，则复合函数 $y = f\{g[h(x)]\}$ 的导数为

$$\frac{dy}{dx} = \frac{dy}{du} \cdot \frac{du}{dv} \cdot \frac{dv}{dx}$$

【例 10】 $y = \ln \cos(e^x)$ ，求 $\dfrac{dy}{dx}$ ．

【解】所给函数可分解为 $y = \ln u$ ， $u = \cos v$ ， $v = e^x$ ．因为 $\dfrac{dy}{du} = \dfrac{1}{u}$ ， $\dfrac{du}{dv} = -\sin v$ ， $\dfrac{dv}{dx} = e^x$ ，

所以

$$\frac{dy}{dx} = \frac{1}{u} \cdot (-\sin v) \cdot e^x = -e^x \tan e^x$$

不写出中间变量，此例可这样解

$$\frac{dy}{dx} = \left[\ln \cos(e^x) \right]' = \frac{1}{\cos(e^x)} \left(\cos e^x \right)'$$

$$= \frac{-\sin(e^x)}{\cos(e^x)} (e^x)' = -e^x \tan e^x$$

四、求导数公式与基本求导法则

当掌握了基本初等函数的求导数公式、求导数的四则运算法则、反函数和复合函数的求导法则后，我们就可以求出常见的初等函数的导数. 因此，我们必须熟练掌握这些公式和法则，为便于查阅，现将这些公式法则总结如下.

1. 常数和基本初等函数的导数公式

(1) $\left(C\right)' = 0$；

(2) $\left(x^{\mu}\right)' = \mu x^{\mu-1}$；

(3) $\left(\sin x\right)' = \cos x$；

(4) $\left(\cos x\right)' = -\sin x$；

(5) $\left(\tan x\right)' = \sec^2 x$；

(6) $\left(\cot x\right)' = -\csc^2 x$；

(7) $\left(\sec x\right)' = \sec x \tan x$；

(8) $\left(\csc x\right)' = -\csc x \cot x$；

(9) $\left(a^x\right)' = a^x \ln a$；

(10) $\left(\mathrm{e}^x\right)' = \mathrm{e}^x$；

(11) $\left(\log_a x\right)' = \dfrac{1}{x \ln a}$；

(12) $\left(\ln x\right)' = \dfrac{1}{x}$；

(13) $\left(\arcsin x\right)' = \dfrac{1}{\sqrt{1-x^2}}$；

(14) $\left(\arccos x\right)' = -\dfrac{1}{\sqrt{1-x^2}}$；

(15) $\left(\arctan x\right)' = \dfrac{1}{1+x^2}$；

(16) $\left(\operatorname{arccot} x\right)' = -\dfrac{1}{1+x^2}$.

2. 求导数的四则运算法则

设 $u = u(x)$ 和 $v = v(x)$ 都可导，则

(1) $\left(Cu\right)' = Cu'$（C 是常数）；

(2) $\left(u \pm v\right)' = u' \pm v'$；

(3) $\left(uv\right)' = u'v + uv'$；

(4) $\left(\dfrac{u}{v}\right)' = \dfrac{u'v - uv'}{v^2}$　$(v \neq 0)$.

3. 反函数的求导法则

如果函数 $x = f(y)$ 在区间 I_y 内单调、可导且 $f'(y) \neq 0$，则它的反函数 $y = f^{-1}(x)$ 在区间 $I_x = \{x \mid x = f(y), y \in I_y\}$ 内也可导，并且其导数为

$$\left[f^{-1}(x)\right]' = \frac{1}{f'(y)} \quad \text{或} \quad \frac{\mathrm{d}y}{\mathrm{d}x} = \frac{1}{\dfrac{\mathrm{d}x}{\mathrm{d}y}}$$

4. 复合函数的求导法则

若 $u = g(x)$ 在点 x 处可导，且 $y = f(u)$ 在对应点 $u = g(x)$ 处可导，则复合函数 $y = f\left[g(x)\right]$ 在点 x 处也可导，并且其导数为

$$\frac{\mathrm{d}y}{\mathrm{d}x} = f'(u) \cdot g'(x) \quad \text{或} \quad \frac{\mathrm{d}y}{\mathrm{d}x} = \frac{\mathrm{d}y}{\mathrm{d}u} \cdot \frac{\mathrm{d}u}{\mathrm{d}x}.$$

下面再举几个综合运用这些导数公式和法则的例子.

【例 11】设 $x > 0$，求证幂函数的导数公式为 $\left(x^{\mu}\right)' = \mu x^{\mu-1}$.

【证明】 因为 $x^{\mu} = e^{\ln x^{\mu}} = e^{\mu \ln x}$，所以

$$\left(x^{\mu}\right)' = \left(e^{\mu \ln x}\right)' = e^{\mu \ln x} \cdot \left(\mu \ln x\right)' = x^{\mu} \cdot \frac{\mu}{x} = \mu x^{\mu-1}$$

【例 12】 求 $y = x^x \ (x > 0)$ 的导数.

【解】 因为 $x^x = e^{\ln x^x} = e^{x \ln x}$，所以

$$\left(x^x\right)' = \left(e^{x \ln x}\right)' = e^{x \ln x}\left(x \ln x\right)' = x^x \left(\ln x + 1\right)$$

注：$\left(x^x\right)' \neq x \cdot x^{x-1}$.

形如 $y = u(x)^{v(x)}$（$u(x) > 0$）的函数称为幂指函数，求这类函数的导数可以先进行如下的变形：

$$y = e^{v \ln u}$$

这样，便可求得

$$y' = \left(e^{v \ln u}\right)' = e^{v \ln u}\left(v' \ln u + v \frac{u'}{u}\right)$$

$$= u^v \left(v' \ln u + v \frac{u'}{u}\right)$$

【例 13】 $y = \sin nx \sin^n x$（n 为常数），求 y'.

【解】 首先，利用乘积的求导法则，得到

$$y' = \left(\sin nx\right)' \sin^n x + \sin nx \left(\sin^n x\right)'$$

在求 $\left(\sin nx\right)'$ 和 $\left(\sin^n x\right)'$ 时，都要利用复合函数的求导法则，从而得到

$$y' = n \cos nx \cdot \sin^n x + n \sin nx \cdot \sin^{n-1} x \cdot \cos x$$

$$= n \sin^{n-1} x \left(\cos nx \cdot \sin x + \sin nx \cdot \cos x\right)$$

$$= n \sin^{n-1} x \cdot \sin(n+1)x$$

习题 2-2

1. 求下列函数的导数.

(1) $y = x^3 + \dfrac{7}{x^4} - \dfrac{2}{x} + 12$；

(2) $y = 5x^3 - 2^x + 3e^x$；

(3) $y = 2\tan x + \sec x - 1$；

(4) $y = \arctan e^x$；

(5) $y = \ln \cos x$；

(6) $y = \cos(4 - 3x)$；

(7) $y = e^{x^2} \cos 2x$；

(8) $y = \left(\arcsin x\right)^2$；

(9) $y = \dfrac{e^x}{x^2}$；

(10) $y = \ln\left(x + \sqrt{1 + x^2}\right)$；

(11) $y = x^2 \ln x \cos x$；

(12) $y = x^{\sin x}$；

(13) $y = \sin^n x \cos nx$；$\qquad\qquad\qquad$ (14) $y = \ln \cos \dfrac{1}{x}$.

2. 设函数 $y = f(x)$ 可导，求下列函数的导数.

(1) $y = f(e^{-x})$；$\qquad\qquad\qquad$ (2) $y = f(\sin^2 x) + f(\cos^2 x)$.

3. 若函数 $y = f\left(\dfrac{x+1}{x-1}\right)$ 满足 $f'(x) = \arctan\sqrt{x}$，求 $\left.\dfrac{dy}{dx}\right|_{x=2}$.

第 3 节　高阶导数

一、高阶导数的定义

定义　若函数 $y = f(x)$ 的导数 $y' = f'(x)$ 仍可导，则函数 $y' = f'(x)$ 对自变量的导数称为函数 $y = f(x)$ 的二阶导数，记为 y''、$f''(x)$ 或 $\dfrac{d^2 y}{dx^2}$，即

$$y'' = (y')', \quad f''(x) = \left[f'(x)\right]', \quad \frac{d^2 y}{dx^2} = \frac{d}{dx}\left(\frac{dy}{dx}\right)$$

类似地，二阶导数对自变量的导数称为三阶导数，三阶导数对自变量的导数称为四阶导数……$(n-1)$ 阶导数对自变量的导数称为 n 阶导数，依次记为

$$y''', \ y^{(4)}, \cdots, \ y^{(n)} \qquad \text{或} \qquad \frac{d^3 y}{dx^3}, \ \frac{d^4 y}{dx^4}, \ \cdots, \ \frac{d^n y}{dx^n}$$

二阶及二阶以上的导数统称高阶导数.

【例 1】 求函数 $y = e^x$ 的 n 阶导数.

【解】 $y' = e^x$，$y'' = e^x$，$y''' = e^x$，$y^{(4)} = e^x$.

一般地，可得 $y^{(n)} = e^x$，

即 $\qquad (e^x)^{(n)} = e^x$.

【例 2】 分别求函数 $y = \sin x$ 与 $y = \cos x$ 的 n 阶导数.

【解】 $y = \sin x$，

$$y' = \cos x = \sin\left(x + \frac{\pi}{2}\right),$$

$$y'' = \cos\left(x + \frac{\pi}{2}\right) = \sin\left(x + \frac{\pi}{2} + \frac{\pi}{2}\right) = \sin\left(x + 2 \cdot \frac{\pi}{2}\right),$$

$$y''' = \cos\left(x + 2 \cdot \frac{\pi}{2}\right) = \sin\left(x + 3 \cdot \frac{\pi}{2}\right),$$

$$y^{(4)} = \cos\left(x + 3 \cdot \frac{\pi}{2}\right) = \sin\left(x + 4 \cdot \frac{\pi}{2}\right),$$

一般地，可得 $\qquad y^{(n)} = \sin\left(x + n \cdot \frac{\pi}{2}\right),$

即 $\qquad (\sin x)^{(n)} = \sin\left(x + n \cdot \dfrac{\pi}{2}\right).$

用类似方法，可得 $\qquad (\cos x)^{(n)} = \cos\left(x + n \cdot \dfrac{\pi}{2}\right).$

【例3】求函数 $y = \ln(1+x)$ 的 n 阶导数.

【解】$y = \ln(1+x)$，$y' = \dfrac{1}{1+x}$，$y'' = -\dfrac{1}{(1+x)^2}$，$y''' = \dfrac{1 \cdot 2}{(1+x)^3}$，$y^{(4)} = -\dfrac{1 \cdot 2 \cdot 3}{(1+x)^4}$，

一般地，可得 $\qquad y^{(n)} = (-1)^{n-1}\dfrac{(n-1)!}{(1+x)^n}$，

即 $\qquad \left[\ln(1+x)\right]^{(n)} = (-1)^{n-1}\dfrac{(n-1)!}{(1+x)^n}.$

注：通常规定 $0! = 1$，所以此公式对 $n = 1$ 也成立.

【例4】求幂函数 $y = x^\mu$ 的 n 阶导数.

【解】设 $y = x^\mu$（μ 是任意常数），那么

$\qquad y' = \mu x^{\mu-1}$，

$\qquad y'' = \mu(\mu-1)x^{\mu-2}$，

$\qquad y''' = \mu(\mu-1)(\mu-2)x^{\mu-3}$，

$\qquad y^{(4)} = \mu(\mu-1)(\mu-2)(\mu-3)x^{\mu-4}$，

一般地，可得

$\qquad y^{(n)} = \mu(\mu-1)(\mu-2)(\mu-3)\cdots(\mu-n+1)x^{\mu-n}$

即 $\qquad (x^\mu)^{(n)} = \mu(\mu-1)(\mu-2)(\mu-3)\cdots(\mu-n+1)x^{\mu-n}.$

当 $\mu = n$ $(n \in \mathbf{N}^+)$ 时，得到

$$(x^n)^{(n)} = \mu(\mu-1)(\mu-2)(\mu-3)\cdots 3 \cdot 2 \cdot 1 = n!$$

而

$$(x^n)^{(n+1)} = 0$$

二、莱布尼茨公式

如果函数 $u = u(x)$ 和 $v = v(x)$ 都在点 x 处具有 n 阶导数，那么 $u(x) + v(x)$ 和 $u(x) - v(x)$ 也在点 x 处具有 n 阶导数，且

$$(u \pm v)^{(n)} = u^{(n)} \pm v^{(n)}$$

但计算 $u(x) \cdot v(x)$ 的 n 阶导数就比较复杂了. 由 $(uv)' = u'v + uv'$ 首先得出

$$(uv)'' = (u'v + uv')' = u''v + 2u'v' + uv''$$

$$(uv)''' = (u''v + 2u'v' + uv'')' = u'''v + 3u''v' + 3u'v'' + uv'''$$

用数学归纳法可以证明

$$\left(uv\right)^{(n)} = u^{(n)}v + nu^{(n-1)}v' + \frac{n\left(n-1\right)}{2!}u^{(n-2)}v'' + \cdots$$

$$+ \frac{n\left(n-1\right)\cdots\left(n-k+1\right)}{k!}u^{(n-k)}v^{(k)} + \cdots + uv^{(n)}$$

上式为莱布尼茨(Leibniz)公式,即

$$\left(uv\right)^{(n)} = \sum_{k=0}^{n} C_n^k u^{(n-k)} v^{(k)}$$

【例 5】 $y = x^2 e^{2x}$,求 $y^{(20)}$.

【解】 设 $u = e^{2x}$,$v = x^2$,则 $u^{(k)} = 2^k e^{2x}$ $\left(k = 1, 2, \cdots, 20\right)$;

$v' = 2x$,$v'' = 2$,$v^{(k)} = 0$ $\left(k = 3, 4, \cdots, 20\right)$.

代入莱布尼茨公式,得

$$y^{(20)} = \left(x^2 e^{2x}\right)^{(20)}$$

$$= 2^{20} e^{2x} \cdot x^2 + 20 \cdot 2^{19} e^{2x} \cdot 2x + \frac{20 \cdot 19}{2!} 2^{18} e^{2x} \cdot 2$$

$$= 2^{20} e^{2x} \left(x^2 + 20x + 95\right)$$

习题 2-3

1. 求下列函数的二阶导数.

(1) $y = 2x^2 + \ln x$;

(2) $y = e^{2x-1}$;

(3) $y = e^{-x} \sin x$;

(4) $y = \ln\left(1 - x^2\right)$;

(5) $y = \dfrac{e^x}{x}$;

(6) $y = \ln\left(x + \sqrt{1 + x^2}\right)$.

2. 设 $f''(x)$ 存在,求下列函数的二阶导数 $\dfrac{d^2 y}{dx^2}$.

(1) $y = f\left(x^2\right)$;

(2) $y = \ln\left[f\left(x\right)\right]$.

3. 已知物体运动规律为 $s = A \sin \omega t$ （A、ω 是常数),求物体运动的加速度,并验证:

$$\frac{d^2 s}{dt^2} + \omega^2 s = 0$$

4. 求下列函数指定阶的导数.

(1) $y = xe^x$,求 $y^{(50)}$;

(2) $y = x^2 \sin 2x$,求 $y^{(n)}$.

第4节　由隐函数或参数方程所确定的函数的导数、相关变化率

一、由一个方程确定的隐函数的导数

函数 $y = f(x)$ 表示因变量 y 与自变量 x 之间的对应关系，如果因变量 y 与自变量 x 之间的对应关系是由一个方程来确定的，则此对应关系称为**隐函数**．例如，由方程 $x + y^3 - 1 = 0$ 可确定一个函数关系，因为当 x 在 $(-\infty, +\infty)$ 上取任意一个值时，y 有唯一确定的值与之对应．例如，当 $x = 0$ 时，$y = 1$；当 $x = -1$ 时，$y = \sqrt[3]{2}$ 等．

一般地，若变量 x 和 y 满足方程 $F(x, y) = 0$，当 x 在某区间上取任意一个值时，总有满足此方程的唯一的 y 存在，则称方程 $F(x, y) = 0$ 在该区间确定了一个隐函数．

若 y 与 x 之间的对应关系可以用明显的表达式表示，则这种函数称为显函数．例如，$y = \sin x，y = \sqrt{1 - x^2}$ 等．

有些隐函数可以转化为显函数，例如，由方程 $2 + y - x = 0$ 可以得到 $y = x - 2$，而有些隐函数很难转化为显函数，甚至不可能转化为显函数．但是在实际问题中，有时又需要用到隐函数的导数．本节将介绍一种方法，不论隐函数是否能转化为显函数，都可以由方程直接计算出其确定的隐函数的导数．下面通过举例说明此方法．

【例1】 求方程 $xe^y - y + 1 = 0$ 确定的隐函数 y 的导数．

【解】 在方程的两边分别对 x 求导，得

$$e^y + xe^y \frac{dy}{dx} - \frac{dy}{dx} = 0$$

解得

$$\frac{dy}{dx} = \frac{e^y}{1 - xe^y}.$$

【例2】 求椭圆 $\dfrac{x^2}{16} + \dfrac{y^2}{9} = 1$ 在点 $\left(2, \dfrac{3}{2}\sqrt{3}\right)$ 处的切线方程．

【解】 在椭圆方程的两边分别对 x 求导，得

$$\frac{x}{8} + \frac{2}{9}yy' = 0$$

解得

$$y' = -\frac{9x}{16y}.$$

当 $x = 2$ 时，$y = \dfrac{3}{2}\sqrt{3}$，代入上式得

$$k = y'|_{x=2} = -\frac{\sqrt{3}}{4}$$

所以切线方程是

$$y - \frac{3}{2}\sqrt{3} = -\frac{\sqrt{3}}{4}(x-2)$$

即切线方程是　　　　$\sqrt{3}x + 4y - 8\sqrt{3} = 0$.

【例 3】求方程 $x - y + \frac{1}{2}\sin y = 0$ 确定的隐函数的二阶导数.

【解】在方程的两边分别对 x 求导，得

$$1 - \frac{dy}{dx} + \frac{1}{2}\cos y \cdot \frac{dy}{dx} = 0$$

解得　　　　$\frac{dy}{dx} = \frac{2}{2 - \cos y}$.

在上式两边再分别对 x 求导，得

$$\frac{d^2 y}{dx^2} = \frac{-2\sin y \cdot \dfrac{dy}{dx}}{(2 - \cos y)^2} = \frac{-4\sin y}{(2 - \cos y)^3}$$

【例 4】求 $y = x^x \ (x > 0)$ 的导数.

【解法 1】在 $y = x^x$ 两边取对数，得

$$\ln y = \ln x^x = x\ln x$$

在上式两边分别对 x 求导，得

$$\frac{1}{y}y' = \ln x + x \cdot \frac{1}{x}$$

于是　　　　$y' = y\left(\ln x + x \cdot \frac{1}{x}\right) = x^x(\ln x + 1)$.

对于一般形式的幂指函数

$$y = u^v \ (u > 0)$$

若 $u = u(x)$、$v = v(x)$ 可导，则幂指函数可像例 4 那样求出导数.

先在 $y = u^v$ 两边取对数，得

$$\ln y = v \cdot \ln u$$

在上式两边分别对 x 求导，注意到 $y = y(x)$、$u = u(x)$、$v = v(x)$，得

$$\frac{1}{y}y' = v' \cdot \ln u + v \cdot \frac{u'}{u}$$

于是　　　　$y' = u^v\left(v' \cdot \ln u + v \cdot \frac{u'}{u}\right)$.

这种在函数式的两边先分别取对数再求导的方法称为对数求导法.

【解法 2】这种幂指函数的导数也可按第 2 节例 12 后面给出的方法求得.

二、由参数方程确定的函数的导数

参数方程的一般形式为

$$\begin{cases} x = \varphi(t) \\ y = \psi(t) \end{cases}$$

通过 t 确定变量 y 与 x 间的函数关系，由这种函数关系确定的函数称为由参数方程确定的函数.

在实际问题中，有时需要计算由参数方程确定的函数的导数. 但是，很多时候从参数方程中消去 t ，直接得到 y 与 x 间的解析式表示的函数关系很困难. 为此，介绍能直接由参数方程计算出其确定的函数的导数的方法.

若函数 $x = \varphi(t)$ 有连续、单调的反函数 $t = \varphi^{-1}(x)$ ，并且反函数能与函数 $y = \psi(t)$ 构成复合函数，则由参数方程 $\begin{cases} x = \varphi(t) \\ y = \psi(t) \end{cases}$ 确定的函数可看作是由 $y = \psi(t)$ 、 $t = \varphi^{-1}(x)$ 复合得到的函数 $y = \psi[\varphi^{-1}(x)]$. 从而，问题就转化为计算复合函数 $y = \psi[\varphi^{-1}(x)]$ 的导数. 假设 $x = \varphi(t)$ 、 $y = \psi(t)$ 均可导，且 $\varphi'(t) \neq 0$ ，由复合函数求导法则和反函数求导法则可得

$$\frac{dy}{dx} = \frac{dy}{dt} \cdot \frac{dt}{dx} = \frac{dy}{dt} \cdot \frac{1}{\dfrac{dx}{dt}} = \frac{\psi'(t)}{\varphi'(t)}$$

即

$$\frac{dy}{dx} = \frac{\psi'(t)}{\varphi'(t)},$$

上式也可写成

$$\frac{dy}{dx} = \frac{\dfrac{dy}{dt}}{\dfrac{dx}{dt}}.$$

【例 5】求椭圆 $\begin{cases} x = a\cos t \\ y = b\sin t \end{cases}$ 在 $t = \dfrac{\pi}{4}$ 所对应的点处的切线方程.

【解】 $\dfrac{dy}{dx} = \dfrac{(b\sin t)'}{(a\cos t)'} = \dfrac{b\cos t}{-a\sin t} = \dfrac{b\cot t}{-a}$ ，所求切线的斜率为

$$\left.\frac{dy}{dx}\right|_{t=\frac{\pi}{4}} = -\frac{b}{a}$$

切点的坐标为 $x_0 = a\cos\dfrac{\pi}{4} = \dfrac{\sqrt{2}}{2}a$ ， $y_0 = b\sin\dfrac{\pi}{4} = \dfrac{\sqrt{2}}{2}b$ ，切线方程为

$$y - \frac{\sqrt{2}}{2}b = -\frac{b}{a}\left(x - \frac{\sqrt{2}}{2}a\right)$$

即

$$bx + ay - \sqrt{2}ab = 0.$$

【例 6】已知 $\begin{cases} x = e^t \\ y = 2e^{-t} \end{cases}$ ，求 $\dfrac{dy}{dx}$.

【解】$\dfrac{\mathrm{d}y}{\mathrm{d}x} = \dfrac{\dfrac{\mathrm{d}y}{\mathrm{d}t}}{\dfrac{\mathrm{d}x}{\mathrm{d}t}} = \dfrac{-2\mathrm{e}^{-t}}{\mathrm{e}^{t}} = -2\mathrm{e}^{-2t}$.

三、相关变化率

设 $x = x(t)$ 及 $y = y(t)$ 均可导，并且变量 x 与 y 存在函数关系，则变化率 $\dfrac{\mathrm{d}x}{\mathrm{d}t}$ 与 $\dfrac{\mathrm{d}y}{\mathrm{d}t}$ 间也存在特定的关系. 这两个相互依赖的变化率称为相关变化率. 研究相关变化率的问题也就是研究这两个变化率间的关系，以便从其中的一个变化率求出另一个变化率.

【例 7】设球的半径 R 以 2cm/s 的速度匀速增加，求当球半径 $R = 10$cm 时，其体积 V 增加的速度.

【解】球的体积 V 是半径 R 的函数，即

$$V = \frac{4}{3}\pi R^{3}$$

其中 R 及 V 都是时间 t 的函数. 在上式两边分别对 t 求导，得

$$\frac{\mathrm{d}V}{\mathrm{d}t} = 4\pi R^{2} \cdot \frac{\mathrm{d}R}{\mathrm{d}t}$$

把 R 和 $\dfrac{\mathrm{d}R}{\mathrm{d}t}$ 代入上式，得 $\dfrac{\mathrm{d}V}{\mathrm{d}t} = 4\pi \cdot 10^{2} \cdot 2 = 800\pi\,(\mathrm{cm}^{3}/\mathrm{s})$.

习题 2-4

1. 求由下列方程所确定的隐函数的导数 $\dfrac{\mathrm{d}y}{\mathrm{d}x}$.

(1) $y^{2} - 2xy + 9 = 0$；

(2) $\ln\sqrt{x^{2} + y^{2}} = \arctan\dfrac{y}{x}$；

(3) $y = 1 - x\mathrm{e}^{y}$；

(4) $y = \cos(x + y)$.

2. 用对数求导法求下列函数的导数.

(1) $y = \left(\dfrac{x}{1+x}\right)^{x}$；

(2) $y = \sqrt{\dfrac{(x-1)(x-2)}{(x-3)(x-4)}}$.

3. 求由下列参数方程所确定的函数的导数 $\dfrac{\mathrm{d}y}{\mathrm{d}x}$.

(1) $\begin{cases} x = a(t - \sin t) \\ y = b(1 - \cos t) \end{cases}$；

(2) $\begin{cases} x = t\ln t \\ y = \ln t \end{cases}$.

4. 求曲线 $\begin{cases} x = \mathrm{e}^{t}\sin t \\ y = \mathrm{e}^{t}\cos t \end{cases}$ 在 $t = \dfrac{\pi}{2}$ 所对应的点处的切线方程.

第 5 节　函数的微分

一、微分的概念

函数的增量可以看作自变量增量的函数，在许多实际问题中有时需要计算函数的增量，计算函数的增量往往比较复杂，这就需要寻找求函数增量近似值的方法，这是我们引入微分的目的之一.

先来分析一个面积问题. 由于温度发生变化，一个正方形金属薄片的边长从 x_0 变到 $x_0 + \Delta x$（见图 2-5-1），求薄片面积的增量.

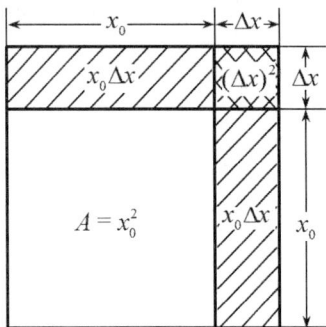

图 2-5-1

面积 A 与边长 x 之间存在函数关系 $A = x^2$. 设温度变化前后，面积的增量为 ΔA，即

$$\Delta A = (x_0 + \Delta x)^2 - x_0^2 = 2x_0 \Delta x + (\Delta x)^2$$

可以看出，ΔA 分为两部分，第一部分 $2x_0 \Delta x$ 是 Δx 的线性函数，而第二部分 $(\Delta x)^2$ 是当 $\Delta x \to 0$ 时比 Δx 高阶的无穷小量，即 $(\Delta x)^2 = o(\Delta x)$. 所以，若边长增量很小，即 $|\Delta x|$ 很小时，面积的增量 ΔA 可以用第一部分近似代替，也就是

$$\Delta A \approx 2x_0 \Delta x$$

一般地，设函数 $y = f(x)$ 在点 x_0 的某邻域内有定义，若函数增量 Δy 可表示为

$$\Delta y = A \Delta x + o(\Delta x)$$

其中 A 是与 Δx 无关的常数，则 $A \Delta x$ 是 Δx 的线性函数，并且与 Δy 的差

$$\Delta y - A \Delta x = o(\Delta x)$$

是 Δx 的高阶无穷小. 从而，当 $A \neq 0$，且 $|\Delta x|$ 很小时，可以用 $A \Delta x$ 来近似代替 Δy.

定义　设函数 $y = f(x)$ 在某区间内有定义，x_0 及 $x_0 + \Delta x$ 在此区间内，若函数增量

$$\Delta y = f(x_0 + \Delta x) - f(x_0)$$

可以表示为

$$\Delta y = A \Delta x + o(\Delta x)$$

其中 A 是与 Δx 无关的常数，则称函数 $y = f(x)$ 在点 x_0 处可微，且称 $A \Delta x$ 为函数 $y = f(x)$ 在点 x_0 处相应于 Δx 的微分，记为 $\mathrm{d}y$，即

$$\mathrm{d}y = A \Delta x$$

由上述定义可知，函数的微分 dy 与自变量增量 Δx 成正比，通常称微分 dy 为函数增量 Δy 的线性主要部分.

二、可微与可导的关系

从微分定义可以看出，dy 是函数增量 Δy 的近似值，若要求 dy，必然要求常数 A，那么 A 究竟是怎样的一个常数，该如何求出呢？为此，给出下述定理.

定理　函数 $y=f(x)$ 在点 x_0 处可微的充要条件为函数 $y=f(x)$ 在点 x_0 处可导.

证明　先证必要性. 已知函数 $y=f(x)$ 在 x_0 处可微，则按定义有

$$\Delta y = A\Delta x + o(\Delta x)$$

在上式两边分别除以 Δx，得　$\dfrac{\Delta y}{\Delta x} = A + \dfrac{o(\Delta x)}{\Delta x}$.

当 $\Delta x \to 0$ 时，可得

$$A = \lim_{\Delta x \to 0} \frac{\Delta y}{\Delta x} = f'(x_0)$$

因此，若函数 $y=f(x)$ 在点 x_0 处可微，则 $y=f(x)$ 在点 x_0 处一定可导，且 $A=f'(x_0)$.

再证充分性. 已知 $y=f(x)$ 在 x_0 处可导，即

$$\lim_{\Delta x \to 0} \frac{\Delta y}{\Delta x} = f'(x_0)$$

存在，由极限与无穷小的关系，可得

$$\frac{\Delta y}{\Delta x} = f'(x_0) + \alpha$$

其中 $\alpha \to 0$（当 $\Delta x \to 0$ 时）.

因此，$\Delta y = f'(x_0)\Delta x + \alpha\Delta x$.

因为 $\alpha\Delta x = o(\Delta x)$，且 $f'(x_0)$ 不依赖于 Δx，所以 $y=f(x)$ 在点 x_0 处可微.

函数 $y=f(x)$ 在点 x_0 处可微，其微分一定是 $dy = f'(x_0)\Delta x$.

若函数 $f(x)$ 在其定义域上的任意点 x 处可微，则称 $f(x)$ 在其定义域上可微，其微分称为函数的微分，记为 dy 或 $df(x)$，即

$$dy = f'(x)\Delta x$$

当 $y=x$ 时，$dy = (x)'\Delta x = \Delta x$，故函数的微分通常记为

$$dy = f'(x)dx$$

于是 $\dfrac{dy}{dx} = f'(x)$，也就是说，函数的微分 dy 与自变量的微分 dx 的商等于函数在该点处的导数. 所以，导数也称为"微商".

【例 1】求函数 $y=x^4$ 在点 $x=1$ 处、$\Delta x = 0.01$ 时的微分.

【解】函数 $y=x^4$ 在点 $x=1$ 处、$\Delta x = 0.01$ 时的微分为

$$dy\Big|_{\substack{x=1 \\ \Delta x=0.01}} = (x^4)'\,\Delta x\Big|_{\substack{x=1 \\ \Delta x=0.01}} = 4 \cdot 0.01 = 0.04$$

【例2】求函数 $y = \cos x$ 的微分.

【解】$dy = (\cos x)' dx = -\sin x dx$.

三、微分的几何意义

为使大家对微分有更直观的了解，下面我们来研究微分的几何意义.

在直角坐标系下，函数 $y = f(x)$ 的图形为一条曲线. 于是，对于固定的 x_0 值，曲线上对应一个确定的点 $P(x_0, y_0)$，当 x 有微小增量 Δx 时，就得到另一个点 $Q(x_0 + \Delta x, y_0 + \Delta y)$. 如图 2-5-2 所示.

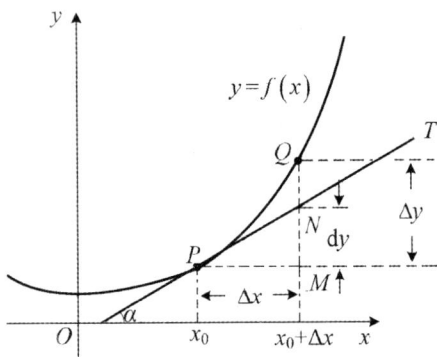

图 2-5-2

图 2-5-2 中，$MP = \Delta x$，$MQ = \Delta y$.

过 P 作曲线的切线 PT，PT 与 QM 相交于 N，设 PT 的倾角为 α，则

$$MN = MP \cdot \tan \alpha = \Delta x \cdot f'(x_0)$$

即
$$dy = MN.$$

于是，若 Δy 是曲线 $y = f(x)$ 上相应于点 Q 处的纵坐标的增量，则 dy 即是曲线切线上相应于点 N 处的纵坐标的增量. 当 $|\Delta x|$ 非常小时，$|\Delta y - dy|$ 也非常小，并且比 $|\Delta x|$ 小得多. 因此，在点 P 附近，可以用切线段近似代替曲线段.

四、基本初等函数的微分公式和微分运算法则

根据函数微分的表达式

$$dy = f'(x)dx$$

可以知道，要求函数微分，只需求出函数的导数，然后乘以自变量的微分即可. 由求导公式和求导法则可得对应的微分公式和微分运算法则.

1. 基本初等函数的微分公式

(1) $d(x^\mu) = \mu x^{\mu-1} dx$；

(2) $d(\sin x) = \cos x dx$；

(3) $d(\cos x) = -\sin x dx$；

(4) $d(\tan x) = \sec^2 x dx$；

(5) $d(\cot x) = -\csc^2 x dx$；

(6) $d(\sec x) = \sec x \tan x dx$；

(7) $\mathrm{d}\left(\csc x\right)=-\csc x\cot x\mathrm{d}x$ ；

(8) $\mathrm{d}\left(a^{x}\right)=a^{x}\ln a\mathrm{d}x$ ；

(9) $\mathrm{d}\left(\mathrm{e}^{x}\right)=\mathrm{e}^{x}\mathrm{d}x$ ；

(10) $\mathrm{d}\left(\log_{a}x\right)=\dfrac{1}{x\ln a}\mathrm{d}x$ ；

(11) $\mathrm{d}\left(\ln x\right)=\dfrac{1}{x}\mathrm{d}x$ ；

(12) $\mathrm{d}\left(\arcsin x\right)=\dfrac{1}{\sqrt{1-x^{2}}}\mathrm{d}x$ ；

(13) $\mathrm{d}\left(\arccos x\right)=-\dfrac{1}{\sqrt{1-x^{2}}}\mathrm{d}x$ ；

(14) $\mathrm{d}\left(\arctan x\right)=\dfrac{1}{1+x^{2}}\mathrm{d}x$ ；

(15) $\mathrm{d}\left(\operatorname{arccot}x\right)=-\dfrac{1}{1+x^{2}}\mathrm{d}x$ ；

2. 求微分的四则运算法则

设 $u=u\left(x\right)$ 和 $v=v\left(x\right)$ 都可微，则

(1) $\mathrm{d}\left(Cu\right)=C\mathrm{d}u$（$C$ 是常数）；

(2) $\mathrm{d}\left(u\pm v\right)=\mathrm{d}u\pm\mathrm{d}v$ ；

(3) $\mathrm{d}\left(uv\right)=v\mathrm{d}u+u\mathrm{d}v$ ；

(4) $\mathrm{d}\left(\dfrac{u}{v}\right)=\dfrac{v\mathrm{d}u-u\mathrm{d}v}{v^{2}}$ （$v\neq0$）。

注：必须牢记上述公式和法则. 以后学习积分学时还要用到它们，只不过是反向应用. 例如，$\dfrac{1}{\sqrt{x}}\mathrm{d}x=2\mathrm{d}\sqrt{x}$ ，$\dfrac{1}{x^{2}}\mathrm{d}x=-\mathrm{d}\dfrac{1}{x}$ ，$\mathrm{d}x=\dfrac{1}{a}\mathrm{d}\left(ax+b\right)$ ，$a^{x}\mathrm{d}x=\dfrac{1}{\ln a}\mathrm{d}a^{x}$.

3. 复合函数的微分运算法则

由复合函数求导法则，可推得复合函数的微分运算法则.

设 $y=f\left(u\right)$ 与 $u=g\left(x\right)$ 可导，则 $y=f\left[g\left(x\right)\right]$ 的微分为

$$\mathrm{d}y=f'\left(u\right)\cdot g'\left(x\right)\mathrm{d}x$$

由 $g'\left(x\right)\mathrm{d}x=\mathrm{d}u$ 可知，复合函数 $y=f\left[g\left(x\right)\right]$ 的微分也可写为

$$\mathrm{d}y=f'\left(u\right)\mathrm{d}u$$

综上所述，无论 u 是自变量还是中间变量，微分的形式 $\mathrm{d}y=f'\left(u\right)\mathrm{d}u$ 都保持不变，这个性质称为微分形式不变性. 此性质表明，当变换自变量时，微分 $\mathrm{d}y=f'\left(u\right)\mathrm{d}u$ 在形式上保持不变.

【例 3】 $y=\ln\left(1+\mathrm{e}^{x^{2}}\right)$ ，求 $\mathrm{d}y$.

【解】 $\mathrm{d}y=\mathrm{d}\left(\ln\left(1+\mathrm{e}^{x^{2}}\right)\right)=\dfrac{1}{1+\mathrm{e}^{x^{2}}}\mathrm{d}\left(1+\mathrm{e}^{x^{2}}\right)=\dfrac{1}{1+\mathrm{e}^{x^{2}}}\cdot\mathrm{e}^{x^{2}}\mathrm{d}\left(x^{2}\right)$

$\qquad=\dfrac{1}{1+\mathrm{e}^{x^{2}}}\cdot\mathrm{e}^{x^{2}}\cdot2x\mathrm{d}x=\dfrac{2x\mathrm{e}^{x^{2}}}{1+\mathrm{e}^{x^{2}}}\mathrm{d}x$.

【例 4】 设 $f\left(x\right)$ 可微，$y=f\left(\ln x\right)\cdot\mathrm{e}^{f\left(x\right)}$ ，求 $\mathrm{d}y$.

【解】 $\mathrm{d}y=\mathrm{e}^{f\left(x\right)}\mathrm{d}\left(f\left(\ln x\right)\right)+f\left(\ln x\right)\mathrm{d}\left(\mathrm{e}^{f\left(x\right)}\right)$

$\qquad=\mathrm{e}^{f\left(x\right)}\cdot f'\left(\ln x\right)\mathrm{d}\left(\ln x\right)+f\left(\ln x\right)\cdot\mathrm{e}^{f\left(x\right)}\mathrm{d}\left(f\left(x\right)\right)$

$\qquad=\mathrm{e}^{f\left(x\right)}\cdot f'\left(\ln x\right)\cdot\dfrac{1}{x}\mathrm{d}x+f\left(\ln x\right)\cdot\mathrm{e}^{f\left(x\right)}\cdot f'\left(x\right)\mathrm{d}x$

$$= e^{f(x)} \cdot \left[\frac{f'(\ln x)}{x} + f(\ln x) \cdot f'(x) \right] dx.$$

五、微分在近似计算中的应用

在一些工程问题中，经常会遇到复杂的计算公式．若直接利用公式计算，很费时费力．这时如果利用微分，往往可以用简单的近似计算公式来近似代替这些复杂的计算公式．

若函数 $y = f(x)$ 在点 x_0 处的导数 $f'(x_0) \neq 0$ ，且 $|\Delta x|$ 很小时，我们有

$$\Delta y \approx dy = f'(x_0) \Delta x$$

或

$$f(x_0 + \Delta x) - f(x_0) \approx dy = f'(x_0) \Delta x$$

或

$$f(x) \approx f(x_0) + f'(x_0)(x - x_0) \quad (\text{其中 } x = x_0 + \Delta x)$$

【例5】利用微分计算 $\sin 30°30'$ 的近似值．

【解】把 $\sin 30°30'$ 化为弧度，得

$$30°30' = \frac{\pi}{6} + \frac{\pi}{360}$$

设 $f(x) = \sin x$ ，则 $f'(x) = \cos x$ ．取 $x_0 = \frac{\pi}{6}$ ，则

$$f\left(\frac{\pi}{6}\right) = \sin\frac{\pi}{6} = \frac{1}{2} , \quad f'\left(\frac{\pi}{6}\right) = \cos\frac{\pi}{6} = \frac{\sqrt{3}}{2} , \quad \text{并且 } \Delta x = \frac{\pi}{360} \text{ 比较小．}$$

应用近似计算式得

$$\sin 30°30' = \sin\left(\frac{\pi}{6} + \frac{\pi}{360}\right) \approx \sin\frac{\pi}{6} + \cos\frac{\pi}{6} \cdot \frac{\pi}{360}$$

$$= \frac{1}{2} + \frac{\sqrt{3}}{2} \cdot \frac{\pi}{360} \approx 0.5076$$

下面我们来推导一些常用的近似公式．取 $x_0 = 0$ ，当 $|x|$ 很小时，可得

$$f(x) \approx f(0) + f'(0)x$$

由此可以推得以下几个在工程上常用的近似计算公式(下面都假定 $|x|$ 是很小的数值)．

(1) $\sqrt[n]{1+x} \approx 1 + \frac{1}{n}x$ ；

(2) $\sin x \approx x$ （ x 的单位为弧度）；

(3) $\tan x \approx x$ （ x 的单位为弧度）；

(4) $e^x \approx 1 + x$ ；

(5) $\ln(1+x) \approx x$ ．

【例6】计算 $\sqrt{1.05}$ 的近似值．

【解】$\sqrt{1.05} = \sqrt{1 + 0.05}$ ，这里可以设 $x = 0.05$ ，其值较小，利用近似计算公式(1)（ $n = 2$ 的情形），得到

$$\sqrt{1.05} \approx 1 + \frac{1}{2}(0.05) = 1.025$$

如果直接开方，$\sqrt{1.05}$ 精确到小数点后 9 位的近似值为 1.024 695 077，用 1.025 作为 $\sqrt{1.05}$ 的近似值，其误差不大于 0.000305，这个值非常小，因此用 1.025 作为 $\sqrt{1.05}$ 的近似值，在一般应用上已经够精确了．如果开方次数较高，就更能体现出用微分进行近似计算的优越性．

习题 2-5

1. 求下列函数的微分．

(1) $y = \ln\left(1 + e^x\right)$；

(2) $y = \ln\left(\sqrt{x^2 + a^2} + x\right)$；

(3) $y = x^2 e^{2x}$；

(4) $y = \frac{1}{x} + 2\sqrt{x}$；

(5) $y = \frac{x}{\sqrt{1 + x^2}}$；

(6) $y = \arcsin\sqrt{1 - x^2}$．

2. 在括号内填空，使等式成立．

(1) $\mathrm{d}(\quad) = 2\mathrm{d}x$；

(2) $\mathrm{d}(\quad) = 3x\mathrm{d}x$；

(3) $\mathrm{d}(\quad) = \cos x\mathrm{d}x$；

(4) $\mathrm{d}(\quad) = \frac{1}{\sqrt{x}}\mathrm{d}x$；

(5) $\mathrm{d}(\quad) = \frac{1}{x^2}\mathrm{d}x$；

(6) $\mathrm{d}(\quad) = \frac{1}{x}\mathrm{d}x$；

(7) $\mathrm{d}(\quad) = \frac{1}{1 + x^2}\mathrm{d}x$；

(8) $\mathrm{d}(\quad) = e^x\mathrm{d}x$．

3. 计算下列数值的近似值．

(1) $\cos 29°$；

(2) $\sqrt[6]{65}$．

第 3 章　微分中值定理与导数的应用

中值定理是应用导数的局部性质研究函数整体性质的重要工具，在微分学中占有极重要的地位. 本章将介绍中值定理、未定式极限、函数的单调性与凹凸性、极值与最值，以及导数在工程问题中的简单应用.

第 1 节　微分中值定理

微分中值定理通常是指三个定理：罗尔定理、拉格朗日中值定理和柯西中值定理.

一、罗尔(Rolle)定理

如图 3-1-1 所示，曲线弧 $\overset{\frown}{ACB}$ 是连续函数 $y = f(x)$ $(x \in [a, b])$ 的图形.

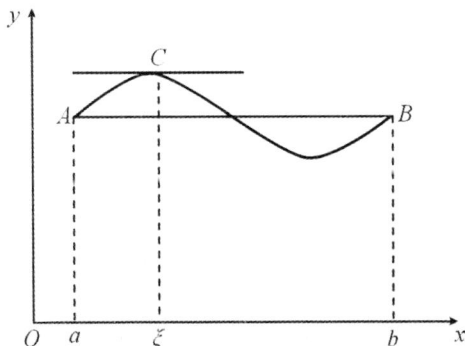

图 3-1-1

曲线弧 $\overset{\frown}{ACB}$ 除端点外，处处都有不垂直于 x 轴的切线，且端点处函数值相等，即 $f(a) = f(b)$．可以看出，在曲线弧 $\overset{\frown}{ACB}$ 的最高点和最低点处，曲线有水平切线．若把曲线弧 $\overset{\frown}{ACB}$ 最高点 C 处的横坐标记为 ξ，则有 $f'(\xi) = 0$．用数学分析的语言把此几何现象描述出来，那就是罗尔定理．

为给出罗尔定理，下面先引进费马(Fermat)引理．

费马引理　设函数 $f(x)$ 的定义域是 D，$U(x_0) \subset D$，函数在点 x_0 处可导，若对 $\forall x \in U(x_0)$，都有 $f(x) \leqslant f(x_0)$ $\left(或 f(x) \geqslant f(x_0)\right)$，则 $f'(x_0) = 0$．

证明　因为当 $x \in U(x_0)$ 时，有 $f(x) \leqslant f(x_0)$（若 $f(x) \geqslant f(x_0)$ 可类似证明）．

所以，当 $x_0 + \Delta x \in U(x_0)$ 时，有 $f(x_0 + \Delta x) \leqslant f(x_0)$．

因此，当 $\Delta x > 0$ 时，$\dfrac{f(x_0 + \Delta x) - f(x_0)}{\Delta x} \leqslant 0$；当 $\Delta x < 0$ 时，$\dfrac{f(x_0 + \Delta x) - f(x_0)}{\Delta x} \geqslant 0$．

由函数 $f(x)$ 在点 x_0 处可导的条件和极限的保号性可得

$$f'(x_0) = f'_+(x_0) = \lim_{\Delta x \to 0^+} \frac{f(x_0 + \Delta x) - f(x_0)}{\Delta x} \leqslant 0$$

$$f'(x_0) = f'_-(x_0) = \lim_{\Delta x \to 0^-} \frac{f(x_0 + \Delta x) - f(x_0)}{\Delta x} \geqslant 0$$

于是，$f'(x_0) = 0$．

导数等于零的点称为函数的驻点(或临界点、稳定点)．

罗尔定理　若函数 $f(x)$ 满足下述三个条件：

(1) 在闭区间 $[a, b]$ 上连续，

(2) 在开区间 (a, b) 内可导，

(3) 在区间端点处函数值相等，即 $f(a) = f(b)$，

则在 (a, b) 内至少存在一点 $\xi(a < \xi < b)$，使 $f'(\xi) = 0$．

证明　已知 $f(x)$ 在闭区间 $[a, b]$ 上连续，由闭区间上连续函数的性质可知，$f(x)$ 在 $[a, b]$ 上一定能取到最大值 M 与最小值 m．这时，只可能有以下两种情形．

情形 1　$M = m$．此时 $f(x)$ 是常数函数，$f(x) = M$．所以，对 $\forall x \in (a, b)$，都有 $f'(x_0) = 0$．于是，任取 $\xi \in (a, b)$，都有 $f'(\xi) = 0$．

情形 2　$M > m$．已知 $f(a) = f(b)$，则 M 和 m 中至少有一个不等于 $f(a)$．不妨设 $M \neq f(a)$（若 $m \neq f(a)$，可类似证明），则必 $\exists \xi \in (a, b)$，使 $f(\xi) = M$．从而，对 $\forall x \in [a, b]$，都有 $f(x) \leqslant f(\xi)$，由费马引理知 $f'(\xi) = 0$．

注：(1) 罗尔定理中三个条件缺一不可．若有一个条件不满足，则结论就可能不成立．

(2) 罗尔定理中的 ξ 可能只有一个，也可能有多个．

例如，函数 $y = |x|$，$x \in [-2, 2]$，$y = |x|$ 在 $(-2, 2)$ 内除点 $x = 0$ 外的所有点处都可导，并满足罗尔定理的其他条件，但是不存在 $\xi \in (-2, 2)$，使 $f'(\xi) = 0$．

又如，函数 $y = \cos x$ 在 $\left[-\dfrac{\pi}{2}, \dfrac{3\pi}{2}\right]$ 上满足罗尔定理的三个条件，在 $\left[-\dfrac{\pi}{2}, \dfrac{3\pi}{2}\right]$ 上可求得两个值 $\xi = 0$ 或 $\xi = \pi$，使 $f'(\xi) = 0$.

【例 1】设 $f(x)$ 在 $[0,1]$ 上连续，在 $(0,1)$ 内可导，且 $f(0) = f(1) = 0$，$f\left(\dfrac{1}{2}\right) = 1$，求证：至少存在一点 $\xi \in (0,1)$，使 $f'(\xi) = 1$.

证明　令 $F(x) = f(x) - x$.

则 $F(0) = f(0) - 0 = 0$，$F(1) = f(1) - 1 = -1$，$F\left(\dfrac{1}{2}\right) = f\left(\dfrac{1}{2}\right) - \dfrac{1}{2} = \dfrac{1}{2}$.

由零点定理可知，$\exists \eta \in \left(\dfrac{1}{2}, 1\right)$，使 $F(\eta) = 0$. 由罗尔定理可知，至少存在 $\xi \in (0, \eta) \subset (0, 1)$，使 $F'(\xi) = 0$，即 $f'(\xi) = 1$.

二、拉格朗日(**Lagrange**)中值定理

把罗尔定理中的条件(3)去掉，并相应地改变结论，就得到拉格朗日中值定理.

拉格朗日中值定理　若函数 $f(x)$ 满足下述两个条件：

(1) 在闭区间 $[a,b]$ 上连续，

(2) 在开区间 (a,b) 内可导，

则在 (a,b) 内至少存在一点 ξ $(a < \xi < b)$，使

$$f(b) - f(a) = f'(\xi)(b - a)$$

证明　构造辅助函数

$$\varphi(x) = f(x) - f(a) - \frac{f(b) - f(a)}{b - a}(x - a)$$

可验证函数 $\varphi(x)$ 满足条件：$\varphi(a) = \varphi(b) = 0$，在闭区间 $[a,b]$ 上连续，在开区间 (a,b) 内可导，且

$$\varphi'(x) = f'(x) - \frac{f(b) - f(a)}{b - a}$$

由罗尔定理可知，存在 $\xi \in (a, b)$，使 $\varphi'(\xi) = 0$，即

$$f'(\xi) - \frac{f(b) - f(a)}{b - a} = 0$$

也就是　　　　　$$f'(\xi) = \frac{f(b) - f(a)}{b - a},$$

即　　　　　　　$$f(b) - f(a) = f'(\xi)(b - a).$$

拉格朗日中值定理的几何意义　若函数 $y = f(x)$ 满足拉格朗日中值定理的两个条件，由图 3-1-2 可以看出，连接曲线弧 $y = f(x)$ $(a \leqslant x \leqslant b)$ 两个端点的线段 AB 所在的直线的斜率为 $\dfrac{f(b) - f(a)}{b - a}$，而 $f'(\xi)$ 为曲线 $y = f(x)$ 在点 C 处的切线的斜率. 因此拉格朗日中值

定理的几何意义是：如果连续曲线 $y=f(x)$ 上两点 A 和 B 之间的曲线弧 $\overset{\frown}{AB}$ 上除端点外处处有不垂直于 x 轴的切线，那么曲线弧 $\overset{\frown}{AB}$ 上至少有一点 $C(\xi,f(\xi))$，在该点处曲线的切线平行于 AB 弦(图 3-1-2 中，曲线弧 $y=f(x)$ $(a\leqslant x\leqslant b)$ 上有两点存在平行于 AB 弦的切线).

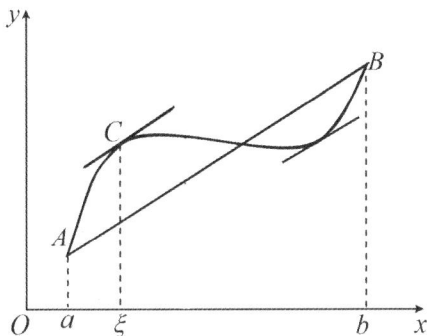

图 3-1-2

由图 3-1-1 可知，曲线弧 $y=f(x)$ $(a\leqslant x\leqslant b)$ 在点 ξ 处对应的切线也平行于 AB 弦，但特殊之处在于因为 $f(a)=f(b)$，所以 AB 弦平行于 x 轴. 因此，罗尔定理可以看成是拉格朗日中值定理的特殊情形.

公式 $f(b)-f(a)=f'(\xi)(b-a)$ 称为拉格朗日中值公式，易知，拉格朗日中值公式对于 $b<a$ 也成立.

设 $x,x+\Delta x\in(a,b)$，则拉格朗日中值公式可以写成如下形式：
$$f(x+\Delta x)-f(x)=f'(x+\theta\Delta x)\cdot\Delta x\quad(0<\theta<1)$$
其中 θ 介于 0 和 1 之间，所以 $x+\theta\Delta x$ 介于 x 和 $x+\Delta x$ 之间. 若记 $f(x)$ 为 y，则上式可写成：
$$\Delta y=f'(x+\theta\Delta x)\cdot\Delta x\quad(0<\theta<1)$$

上式称为有限增量公式. 拉格朗日中值定理在微分学中有非常重要的作用，它也被称为微分中值定理. 拉格朗日中值定理刻画了函数在某区间上的增量与函数在此区间内某点处的导数之间的精确关系.

我们知道，常数函数的导数为零；反之，导数为零的函数是不是一定为常数函数呢？为解决此问题，给出以下结论.

推论 1　若函数 $f(x)$ 在区间 I 上的导数恒为零，则 $f(x)=C$ （C 是常数），$x\in I$.

证明　在区间 I 上任取两点 x_1、x_2 $(x_1<x_2)$，应用拉格朗日中值公式，得到
$$f(x_2)-f(x_1)=f'(\xi)(x_2-x_1)\quad(x_1<\xi<x_2)$$
由已知条件知，$f'(\xi)=0$，所以 $f(x_2)-f(x_1)=0$，即 $f(x_2)=f(x_1)$.

由 x_1、x_2 的任意性可得，$f(x)$ 在区间 I 上的函数值总是相等，即 $f(x)=C$ （C 为常数）.

推论 2　对 $\forall x\in(a,b)$，若都有 $f'(x)=g'(x)$，则在区间 (a,b) 内有
$$f(x)=g(x)+C\quad（C\text{ 是常数}）$$

【例 2】 当 $x>0$ 时，求证 $\dfrac{x}{1+x}<\ln(1+x)<x$.

【证明】 设 $f(t) = \ln(1+t)$，显然 $f(t)$ 在区间 $[0, x]$ 上满足拉格朗日中值定理的条件，所以

$$f(x) - f(0) = f'(\xi)(x-0), \quad 0 < \xi < x$$

因为 $f(0) = 0$，$f'(\xi) = \dfrac{1}{1+\xi}$，所以上式即为

$$\ln(1+x) = \frac{x}{1+\xi}$$

又因为 $0 < \xi < x$，因此有

$$\frac{x}{1+x} < \frac{x}{1+\xi} < x$$

即

$$\frac{x}{1+x} < \ln(1+x) < x \quad (x > 0)$$

注：利用拉格朗日中值定理证明不等式，关键在于找到符合定理条件的函数及对应的区间.

三、柯西（**Cauchy**）中值定理

柯西中值定理 若函数 $f(x)$ 和 $F(x)$ 满足下述三个条件：

（1）在闭区间 $[a, b]$ 上连续，

（2）在开区间 (a, b) 内可导，

（3）对 $\forall x \in (a, b)$，都有 $F'(x) \neq 0$，

则在 (a, b) 内至少存在一点 ξ $(a < \xi < b)$，使

$$\frac{f(b) - f(a)}{F(b) - F(a)} = \frac{f'(\xi)}{F'(\xi)}$$

证明 首先注意到 $F(b) - F(a) \neq 0$. 这是因为

$$F(b) - F(a) = F'(\eta)(b-a) \quad (a < \eta < b)$$

由条件（3）可知，$F'(\eta) \neq 0$，又因为 $b - a \neq 0$，所以 $F(b) - F(a) \neq 0$.

构造辅助函数 $\quad \varphi(x) = f(x) - f(a) - \dfrac{f(b) - f(a)}{F(b) - F(a)} \big[F(x) - F(a) \big]$.

易证 $\varphi(x)$ 满足罗尔定理的条件：$\varphi(a) = \varphi(b) = 0$，$\varphi(x)$ 在闭区间 $[a, b]$ 上连续，在开区间 (a, b) 内可导，且

$$\varphi'(x) = f'(x) - \frac{f(b) - f(a)}{F(b) - F(a)} \cdot F'(x)$$

由罗尔定理可知，必存在 $\xi \in (a, b)$，使 $\varphi'(\xi) = 0$，也就是

$$f'(\xi) - \frac{f(b) - f(a)}{F(b) - F(a)} \cdot F'(\xi) = 0$$

即
$$\frac{f(b)-f(a)}{F(b)-F(a)}=\frac{f'(\xi)}{F'(\xi)}.$$

如果取 $F(x)=x$，则公式
$$\frac{f(b)-f(a)}{F(b)-F(a)}=\frac{f'(\xi)}{F'(\xi)}$$

可以写成
$$f(b)-f(a)=f'(\xi)(b-a)\ \ (a<\xi<b)$$

上式就是拉格朗日中值公式. 因此可以得到结论：拉格朗日中值定理是柯西中值定理的特殊情形.

柯西中值定理的几何意义如图 3-1-3 所示.

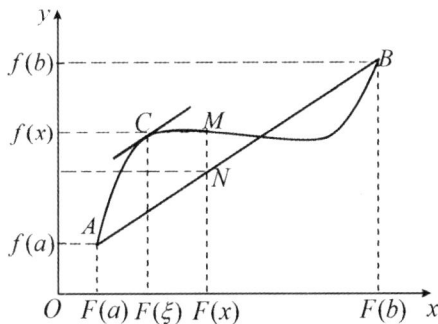

图 3-1-3

习题 3-1

1. n 为大于 1 的正整数，如果方程 $a_0x^n+a_1x^{n-1}+\cdots+a_{n-1}x=0$ 有一个正根 x_0，求证方程 $a_0nx^{n-1}+a_1(n-1)x^{n-2}+\cdots+a_{n-1}=0$ 必有一个小于 x_0 的正根.

2. 求证方程 $x^5+x-1=0$ 只有一个正根.

3. 设 $a>b>0$，求证 $\dfrac{a-b}{a}<\ln\dfrac{a}{b}<\dfrac{a-b}{b}$.

4. 当 $x>0$ 时，求证 $e^x>1+x$.

5. 设 $f(x)=\ln x$，$F(x)=x^2$，在区间 $[1,2]$ 上验证柯西中值定理成立，并确定 ξ 的值.

第 2 节　洛必达 (L'Hôpital) 法则

求 $\lim \dfrac{f(x)}{F(x)}$ 时，常遇到 $\lim f(x)$ 和 $\lim F(x)$ 都是零或都是无穷大的情形，这时，不能应用商的极限运算法则，并且这类极限可能存在，也可能不存在，故通常称这种类型的极限为未定式，并将 $\lim f(x)$ 和 $\lim F(x)$ 都是零或都是无穷大时的 $\lim \dfrac{f(x)}{F(x)}$ 的情形分别简称为 $\dfrac{0}{0}$ 型未定式或 $\dfrac{\infty}{\infty}$ 型未定式.

本节针对未定式给出一种行之有效的简便计算方法——**洛必达法则**，它是中值定理的一个重要应用，是一种重要的求极限的方法.

下面，我们先讨论 $x \to a$ 时，$\dfrac{0}{0}$ 型未定式的情形.

定理 1　若函数 $f(x)$ 和 $F(x)$ 满足下述三个条件：

(1) 当 $x \to a$ 时，函数 $f(x)$ 和 $F(x)$ 的极限都为零；

(2) 对 $\forall x \in \overset{\circ}{U}(a)$，$f'(x)$ 和 $F'(x)$ 都存在，且 $F'(x) \neq 0$；

(3) $\lim\limits_{x \to a} \dfrac{f'(x)}{F'(x)}$ 存在 (或是无穷大)，

则有

$$\lim_{x \to a} \frac{f(x)}{F(x)} = \lim_{x \to a} \frac{f'(x)}{F'(x)}$$

证明　因为 $\dfrac{f(x)}{F(x)}$ 在 $x \to a$ 时的极限与 $f(a)$ 和 $F(a)$ 无关，所以可补充定义，令

$$f(a) = F(a) = 0$$

由条件 (1)、(2) 可知，$f(x)$ 和 $F(x)$ 在点 a 的某一邻域内连续. 对 $\forall x \in \overset{\circ}{U}(a)$，则在以点 x 和点 a 为端点的区间上，$f(x)$ 和 $F(x)$ 满足柯西中值定理，所以有

$$\frac{f(x)}{F(x)} = \frac{f(x) - f(a)}{F(x) - F(a)} = \frac{f'(\xi)}{F'(\xi)} \quad (\xi \text{ 介于 } x \text{ 和 } a \text{ 之间})$$

令 $x \to a$，并对上式两端分别求极限，注意到 $x \to a$ 时，$\xi \to a$，再根据定理 1 的条件 (3)，便得要证明的结论.

注：(1) 定理 1 的意义：若 $\lim\limits_{x \to a} \dfrac{f'(x)}{F'(x)}$ 存在，则 $\lim\limits_{x \to a} \dfrac{f(x)}{F(x)}$ 也存在并且等于 $\lim\limits_{x \to a} \dfrac{f'(x)}{F'(x)}$；当 $\lim\limits_{x \to a} \dfrac{f'(x)}{F'(x)}$ 为无穷大时，$\lim\limits_{x \to a} \dfrac{f(x)}{F(x)}$ 也是无穷大.

这种在一定条件下通过对分子分母分别求导数，再求极限，从而确定未定式的值的方法称为洛必达法则.

（2）求未定式极限时，可以连续多次使用洛必达法则，若 $\lim\limits_{x \to a} \dfrac{f'(x)}{F'(x)}$ 仍是 $\dfrac{0}{0}$ 型未定式，

并且 $f'(x)$ 和 $F'(x)$ 满足定理 1 中的条件，则可以继续使用洛必达法则确定 $\lim\limits_{x \to a} \dfrac{f'(x)}{F'(x)}$，从而

确定 $\lim\limits_{x \to a} \dfrac{f(x)}{F(x)}$，即

$$\lim_{x \to a}\frac{f(x)}{F(x)} = \lim_{x \to a}\frac{f'(x)}{F'(x)} = \lim_{x \to a}\frac{f''(x)}{F''(x)}$$

若 $f''(x)$、$F''(x)$ 满足定理 1 的条件，则可继续使用洛必达法则，以此类推.

（3）把定理 1 中的 $x \to a$ 换为 $x \to a^-$ 或 $x \to a^+$，结论仍成立.

【例 1】 求 $\lim\limits_{x \to 0} \dfrac{\sin ax}{\sin bx}$ $\left(b \neq 0\right)$.

【解】 $\lim\limits_{x \to 0} \dfrac{\sin ax}{\sin bx} = \lim\limits_{x \to 0} \dfrac{a\cos ax}{b\cos bx} = \dfrac{a}{b}$.

【例 2】 求 $\lim\limits_{x \to 1} \dfrac{x^3 - 3x + 2}{x^3 - x^2 - x + 1}$.

【解】 $\lim\limits_{x \to 1} \dfrac{x^3 - 3x + 2}{x^3 - x^2 - x + 1} = \lim\limits_{x \to 1} \dfrac{3x^2 - 3}{3x^2 - 2x - 1} = \lim\limits_{x \to 1} \dfrac{6x}{6x - 2} = \dfrac{3}{2}$.

注意：上式中的 $\lim\limits_{x \to 1} \dfrac{6x}{6x - 2}$ 已不是未定式，不能再对它应用洛必达法则，否则会导致错误的结论. 在使用洛必达法则前，必须判断所求的极限是不是未定式，如果不是未定式，则不能应用洛必达法则.

【例 3】 求 $\lim\limits_{x \to 0} \dfrac{x - \sin x}{x^3}$.

【解】 $\lim\limits_{x \to 0} \dfrac{x - \sin x}{x^3} = \lim\limits_{x \to 0} \dfrac{1 - \cos x}{3x^2} = \lim\limits_{x \to 0} \dfrac{\sin x}{6x} = \dfrac{1}{6}$.

对于 $x \to \infty$ 时的 $\dfrac{0}{0}$ 型未定式，有以下结论.

定理 2　若函数 $f(x)$ 和 $F(x)$ 满足下述三个条件：

（1）当 $x \to \infty$ 时，函数 $f(x)$ 和 $F(x)$ 的极限都是零；

（2）存在 $X > 0$，当 $|x| > X$ 时，$f'(x)$ 和 $F'(x)$ 都存在，且 $F'(x) \neq 0$；

（3）$\lim\limits_{x \to \infty} \dfrac{f'(x)}{F'(x)}$ 存在（或是无穷大），

则有

$$\lim_{x \to \infty}\frac{f(x)}{F(x)} = \lim_{x \to \infty}\frac{f'(x)}{F'(x)}$$

注：（1）对于 $x \to +\infty$ 或 $x \to -\infty$ 时的 $\dfrac{0}{0}$ 型未定式，有类似的结论.

（2）当 $x \to a$ 或 $x \to \infty$ 时，若把定理 1 和定理 2 中的条件（1）改为函数 $f(x)$ 和 $F(x)$ 都趋于无穷，则得到 $\dfrac{\infty}{\infty}$ 型未定式，这种情况下有类似的结论.

【例 4】求 $\lim\limits_{x \to +\infty} \dfrac{\dfrac{\pi}{2} - \arctan x}{\dfrac{1}{x}}$.

【解】$\lim\limits_{x \to +\infty} \dfrac{\dfrac{\pi}{2} - \arctan x}{\dfrac{1}{x}} = \lim\limits_{x \to +\infty} \dfrac{-\dfrac{1}{1+x^2}}{-\dfrac{1}{x^2}} = \lim\limits_{x \to +\infty} \dfrac{x^2}{1+x^2} = 1$.

【例 5】求 $\lim\limits_{x \to +\infty} \dfrac{\ln x}{x^n}$ $(n > 0)$.

【解】$\lim\limits_{x \to +\infty} \dfrac{\ln x}{x^n} = \lim\limits_{x \to +\infty} \dfrac{\dfrac{1}{x}}{nx^{n-1}} = \lim\limits_{x \to +\infty} \dfrac{1}{nx^n} = 0$.

【例 6】求 $\lim\limits_{x \to +\infty} \dfrac{x^n}{\mathrm{e}^{\lambda x}}$（$n$ 为正整数，$\lambda > 0$）.

【解】连续应用 n 次洛必达法则，得

$$\lim\limits_{x \to +\infty} \dfrac{x^n}{\mathrm{e}^{\lambda x}} = \lim\limits_{x \to +\infty} \dfrac{nx^{n-1}}{\lambda \mathrm{e}^{\lambda x}} = \lim\limits_{x \to +\infty} \dfrac{n(n-1)x^{n-2}}{\lambda^2 \mathrm{e}^{\lambda x}} = \cdots = \lim\limits_{x \to +\infty} \dfrac{n!}{\lambda^n \mathrm{e}^{\lambda x}} = 0$$

注：由例 5 及例 6 可以看出：当 $x \to +\infty$ 时，$\ln x$、x^n $(n>0)$、$\mathrm{e}^{\lambda x}$ $(\lambda > 0)$ 都是无穷大，但是它们趋于无穷大的"快慢"程度不一样，这种"快慢"程度可以简记为：

$$\ln x \ll x^n \ll \mathrm{e}^{\lambda x} \quad (\text{其中 } x \to +\infty \text{，且 } n > 0\text{，} \lambda > 0)$$

除了上述 $\dfrac{0}{0}$ 型和 $\dfrac{\infty}{\infty}$ 型未定式外，还有 $0 \cdot \infty$、$\infty - \infty$、0^0、1^∞、∞^0 等类型的未定式，可以把它们转化为 $\dfrac{0}{0}$ 型未定式或 $\dfrac{\infty}{\infty}$ 型未定式来计算，下面举例说明.

【例 7】求 $\lim\limits_{x \to 0^+} x^n \ln x$ $(n > 0)$.

【解】本题所求的极限是 $0 \cdot \infty$ 型未定式. 进行恒等变形

$$x^n \ln x = \dfrac{\ln x}{\dfrac{1}{x^n}}$$

当 $x \to 0^+$ 时，上式右端是 $\dfrac{\infty}{\infty}$ 型未定式，应用洛必达法则，得

$$\lim\limits_{x \to 0^+} x^n \ln x = \lim\limits_{x \to 0^+} \dfrac{\ln x}{x^{-n}} = \lim\limits_{x \to 0^+} \dfrac{\dfrac{1}{x}}{-nx^{-n-1}} = \lim\limits_{x \to 0^+} \dfrac{-x^n}{n} = 0$$

注：$0 \cdot \infty$ 型未定式转化为 $\dfrac{0}{0}$ 型未定式或 $\dfrac{\infty}{\infty}$ 型未定式时，对数函数与反三角函数一般不"下放".

【例 8】 求 $\lim\limits_{x \to \frac{\pi}{2}} (\sec x - \tan x)$.

【解】 本题所求的极限是 $\infty - \infty$ 型未定式. 进行恒等变形

$$\sec x - \tan x = \frac{1 - \sin x}{\cos x}$$

当 $x \to \dfrac{\pi}{2}$ 时，上式右端是 $\dfrac{0}{0}$ 型未定式，应用洛必达法则，得

$$\lim_{x \to \frac{\pi}{2}} (\sec x - \tan x) = \lim_{x \to \frac{\pi}{2}} \frac{1 - \sin x}{\cos x} = \lim_{x \to \frac{\pi}{2}} \frac{-\cos x}{-\sin x} = 0$$

注：对于 $\infty - \infty$ 型未定式，例如，$\lim\limits_{x \to 0} \left(\cot x - \dfrac{1}{x} \right)$，$\lim\limits_{x \to 1} \left(\dfrac{2}{x^2 - 1} - \dfrac{1}{x - 1} \right)$ 等，可以采用通分、根式有理化、变量替换等方法进行转化.

【例 9】 求 $\lim\limits_{x \to 0^+} x^x$.

【解】 本题所求的极限是 0^0 型未定式. 设 $y = x^x$，在两边分别取对数得：$\ln y = x \ln x$.

当 $x \to 0^+$ 时，上式右端是 $0 \cdot \infty$ 型未定式. 由例 7 得

$$\lim_{x \to 0^+} \ln y = \lim_{x \to 0^+} x \ln x = 0$$

由于 $y = \mathrm{e}^{\ln y}$，而 $\lim\limits_{x \to 0^+} y = \lim\limits_{x \to 0^+} \mathrm{e}^{\ln y} = \mathrm{e}^{\lim\limits_{x \to 0^+} \ln y}$，所以

$$\lim_{x \to 0^+} x^x = \lim_{x \to 0^+} y = \mathrm{e}^0 = 1$$

注：对于 0^0、1^∞、∞^0 型未定式，例如，$\lim\limits_{x \to 0^+} x^x$，$\lim\limits_{x \to \frac{\pi}{4}} (\tan x)^{\tan 2x}$，$\lim\limits_{x \to 0} \left(\dfrac{a^x + b^x}{2} \right)^{\frac{1}{x}}$ 等，经常利用对数恒等式 $y \equiv \mathrm{e}^{\ln y}$ 转化为 $0 \cdot \infty$ 型未定式，再转化为 $\dfrac{0}{0}$ 型未定式或 $\dfrac{\infty}{\infty}$ 型未定式求解.

洛必达法则是求未定式的一种十分有效的方法，在应用时最好能与恒等变形、等价无穷小替换等方法结合使用，这样可以大大简化计算.

【例 10】 求 $\lim\limits_{x \to 0} \dfrac{\tan x - x}{x^2 \sin x}$.

【解】
$$\lim_{x \to 0} \frac{\tan x - x}{x^2 \sin x} = \lim_{x \to 0} \frac{\tan x - x}{x^3} = \lim_{x \to 0} \frac{\sec^2 x - 1}{3x^2}$$
$$= \lim_{x \to 0} \frac{2 \sec^2 x \tan x}{6x} = \frac{1}{3} \lim_{x \to 0} \frac{\tan x}{x} = \frac{1}{3}.$$

本题中，第三步的计算也可以利用三角恒等式 $\sec^2 x - 1 \equiv \tan^2 x$ 进行化简. 如果本题直接用洛必达法则来求解是很复杂的. 总之，求解未定式的方法有许多种，在解题时要灵活运用.

最后，我们要知道，洛必达法则只是求未定式的一种方法，当满足定理条件时，所求极限存在（或为无穷大）；当不满足定理条件时，所求极限未必不存在，也就是说，即使 $\lim \dfrac{f'(x)}{F'(x)}$ 不存在（等于无穷大的情况除外），但 $\lim \dfrac{f(x)}{F(x)}$ 仍可能存在（见本节习题第 2 题）.

习题 3-2

1. 用洛必达法则求下列极限.

(1) $\lim\limits_{x \to 0} \dfrac{\ln(1+x)}{x}$；

(2) $\lim\limits_{x \to 1} x^{\frac{1}{1-x}}$；

(3) $\lim\limits_{x \to 0} \dfrac{\tan x - x}{x - \sin x}$；

(4) $\lim\limits_{x \to \infty} x\left(e^{\frac{1}{x}} - 1 \right)$；

(5) $\lim\limits_{x \to 0^+} x^{\sin x}$；

(6) $\lim\limits_{x \to +\infty} (\ln x)^{\frac{1}{x}}$.

2. 验证下列极限存在，但是它们不能用洛必达法则求出.

(1) $\lim\limits_{x \to 0} \dfrac{x^2 \sin \dfrac{1}{x}}{\sin x}$；

(2) $\lim\limits_{x \to \infty} \dfrac{x + \sin x}{x}$.

3. a，b 为何值时，$\lim\limits_{x \to 0}\left(\dfrac{\sin 3x}{x^3} + \dfrac{a}{x^2} + b \right) = 0$.

第 3 节 函数的单调性与曲线的凹凸性

一、函数单调性的判定法

第 1 章第 1 节中已经介绍了函数在某区间上单调的概念，下面讨论导数符号与函数的单调性之间的关系. 为表述时更加直观，本节把函数的图像称为函数的图形，或直接称为函数曲线.

如图 3-3-1 所示，若函数 $y = f(x)$ 在 $[a, b]$ 上单调递增（或单调递减），则其图形是一条沿 x 轴正向上升（或下降）的曲线. 此时，曲线上各点的切线斜率非负（或非正），即 $y' = f'(x) \geqslant 0$（或 $y' = f'(x) \leqslant 0$）. 由此可见，函数单调性与其导数符号关系密切.

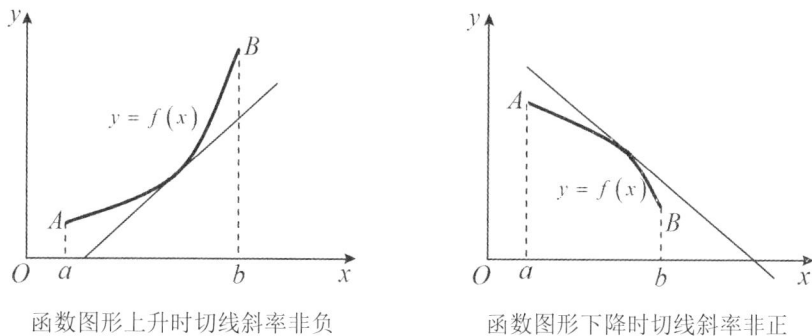

| 函数图形上升时切线斜率非负 | 函数图形下降时切线斜率非正 |

图 3-3-1

反之，能否用函数导数的符号来判定函数的单调性呢？下面我们用拉格朗日中值定理讨论这个问题.

设函数 $y = f(x)$ 在 $[a, b]$ 上连续，在 (a, b) 内可导，在 $[a, b]$ 上任取两点 x_1、x_2 $(x_1 < x_2)$，应用拉格朗日中值定理，得

$$f(x_2) - f(x_1) = f'(\xi)(x_2 - x_1) \quad (x_1 < \xi < x_2)$$

由于 $x_2 - x_1 > 0$，因此，如果在 (a, b) 内导数 $f'(x)$ 保持正号，即 $f'(x) > 0$，那么也有 $f'(\xi) > 0$. 于是

$$f(x_2) - f(x_1) = f'(\xi)(x_2 - x_1) > 0$$

即

$$f(x_1) < f(x_2).$$

这表明函数 $y = f(x)$ 在 $[a, b]$ 上单调递增. 同理，如果在 (a, b) 内导数 $f'(x)$ 保持负号，即 $f'(x) < 0$，那么 $f'(\xi) < 0$，于是 $f(x_2) - f(x_1) < 0$，即 $f(x_1) > f(x_2)$，表明函数 $y = f(x)$ 在 $[a, b]$ 上单调递减.

综上所述，可得判定函数单调性的方法.

定理 1　设函数 $y = f(x)$ 在区间 I 上连续，在区间 I 内可导，

（1）若对 $\forall x \in I$，都有 $f'(x) > 0$，则函数 $y = f(x)$ 在 I 上单调递增；

（2）若对 $\forall x \in I$，都有 $f'(x) < 0$，则函数 $y = f(x)$ 在 I 上单调递减.

【例 1】讨论函数 $y = x - \sin x$ 在区间 $[0, 2\pi]$ 上的单调性.

【解】对 $\forall x \in (0, 2\pi)$，都有 $y' = 1 - \cos x > 0$，由判定法知，函数 $y = x - \sin x$ 在区间 $[0, 2\pi]$ 上单调递增.

【例 2】讨论函数 $y = e^x - x - 1$ 的单调性.

【解】函数 $y = e^x - x - 1$ 的定义域为 $(-\infty, +\infty)$，并且 $y' = e^x - 1$.

显然，对 $\forall x < 0$，都有 $y' < 0$，故函数 $y = e^x - x - 1$ 在 $(-\infty, 0]$ 上单调递减；

对 $\forall x > 0$，都有 $y' > 0$，故函数 $y = e^x - x - 1$ 在 $[0, +\infty)$ 上单调递增.

【例 3】讨论函数 $y = \sqrt[3]{x^2}$ 的单调性.

【解】函数 $y = \sqrt[3]{x^2}$ 的定义域为 $(-\infty, +\infty)$. 当 $x \neq 0$ 时，函数的导数为 $y' = \dfrac{2}{3\sqrt[3]{x}}$，当 $x = 0$ 时，函数的导数不存在. 在 $(-\infty, 0)$ 上，$y' < 0$，因此函数 $y = \sqrt[3]{x^2}$ 在 $(-\infty, 0]$ 上单调递减. 在 $(0, +\infty)$ 上，$y' > 0$，因此函数 $y = \sqrt[3]{x^2}$ 在 $[0, +\infty)$ 上单调递增. 函数的图形如图 3-3-2 所示.

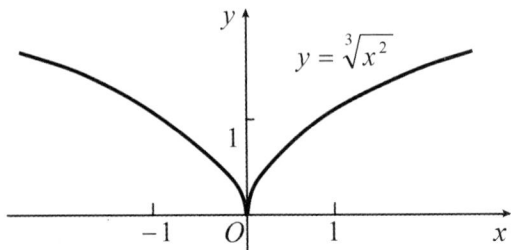

图 3-3-2

在例 2 中，点 $x = 0$ 是函数 $y = e^x - x - 1$ 的单调递减区间 $(-\infty, 0]$ 与单调递增区间 $[0, +\infty)$ 的分界点，而在该点处函数的导数等于零. 在例 3 中，点 $x = 0$ 是函数 $y = \sqrt[3]{x^2}$ 的单调递减区间 $(-\infty, 0]$ 与单调递增区间 $[0, +\infty)$ 的分界点，而在该点处函数的导数不存在.

由例 2 可以看出，有些函数在其整个定义区间上不是单调的，但若用导数等于零的点即驻点来划分定义区间后，就可使函数在各个子区间上单调. 此结论对于其他可导函数也成立. 由例 3 可以看出，导数不存在的点（也称为不可导点）也可能是单调子区间的分界点.

综上所述，当我们求函数的单调区间时，可以先求出驻点及导数不存在的点，用这些点把函数的定义区间划分成若干个子区间，然后再讨论各个子区间上导数的符号，即可确定函数的单调区间.

【例 4】讨论函数 $y = x^3$ 的单调性.

【解】函数的定义域为 $(-\infty, +\infty)$. 函数的导数 $y' = 3x^2$. 显然，除了点 $x = 0$ 使 $y' = 0$ 外，在其余各点处均有 $y' > 0$. 因此函数 $y = x^3$ 在区间 $(-\infty, 0]$ 及 $[0, +\infty)$ 上都是单调递增的，从而在整个定义域 $(-\infty, +\infty)$ 内是单调递增的. 在点 $x = 0$ 处曲线有一水平切线. 函数的图形如图 3-3-3 所示.

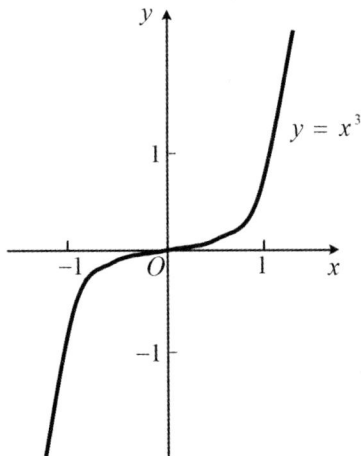

图 3-3-3

注：若函数在驻点或不可导点两侧导数 $f'(x)$ 的符号没有发生改变，则其单调性不改变．

【例5】求函数 $f(x)=2x^3-9x^2+12x-3$ 的单调区间．

【解】函数的定义域为 $(-\infty,+\infty)$．函数的导数

$$f'(x)=6x^2-18x+12=6(x-1)(x-2)$$

解方程 $f'(x)=0$，即解 $6(x-1)(x-2)=0$，得出它在函数定义域 $(-\infty,+\infty)$ 上的两个根 $x_1=1$、$x_2=2$，用这两个根把 $(-\infty,+\infty)$ 分成三个子区间 $(-\infty,1]$、$[1,2]$ 及 $[2,+\infty)$．

因为对 $\forall x\in(-\infty,1)$，都有 $f'(x)>0$，所以函数 $f(x)$ 在 $(-\infty,1]$ 上单调递增；

因为对 $\forall x\in(1,2)$，都有 $f'(x)<0$，所以函数 $f(x)$ 在 $[1,2]$ 上单调递减；

因为对 $\forall x\in(2,+\infty)$，都有 $f'(x)>0$，所以函数 $f(x)$ 在 $[2,+\infty)$ 上单调递增．

综上所述，函数 $f(x)$ 的单调递增区间是 $(-\infty,1]$ 和 $[2,+\infty)$，单调递减区间是 $[1,2]$．

函数 $y=f(x)$ 的图形如图 3-3-4 所示．

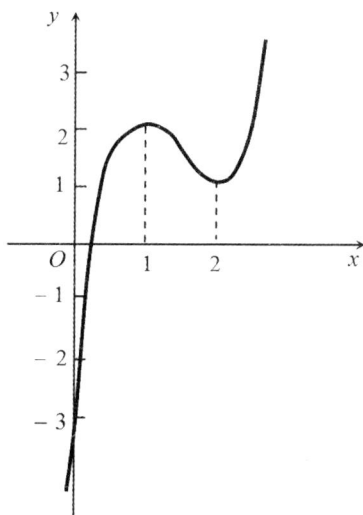

图 3-3-4

注：若函数的导数 $f'(x)$ 在某个区间上有限个点处为零，其余各点处均为正(或负)，则函数 $f(x)$ 在该区间上仍是单调递增(或单调递减)的．

可以用函数的单调性证明不等式．

【例6】求证：当 $x>1$ 时，有 $2\sqrt{x}>3-\dfrac{1}{x}$．

【证明】设 $f(x)=2\sqrt{x}-\left(3-\dfrac{1}{x}\right)$，则

$$f'(x)=\frac{1}{\sqrt{x}}-\frac{1}{x^2}=\frac{1}{x^2}\left(x\sqrt{x}-1\right)$$

当 $x>1$ 时，$f'(x)>0$，因此 $f(x)$ 在 $[1,+\infty)$ 上单调递增，所以当 $x>1$ 时，有 $f(x)>f(1)$．

又因为 $f(1)=0$，所以 $f(x)>f(1)=0$，即 $2\sqrt{x}-\left(3-\dfrac{1}{x}\right)>0$，亦即

$$2\sqrt{x} > 3 - \frac{1}{x} \quad (x > 1)$$

二、曲线的凹凸性与拐点

前面，我们研究了函数单调性的判定法. 函数的单调性反映在图形上，就是曲线的上升或下降. 但是，曲线在上升或下降的过程中，还有一个弯曲方向的问题. 例如，图 3-3-5 中有两段曲线弧，虽然它们都是上升的，但形状却有显著的不同，曲线弧 $\overset{\frown}{ACB}$ 是向上凸的曲线弧，而曲线弧 $\overset{\frown}{ADB}$ 是向上凹的曲线弧，它们的凹凸性不同，下面我们来研究曲线的凹凸性及其判定法.

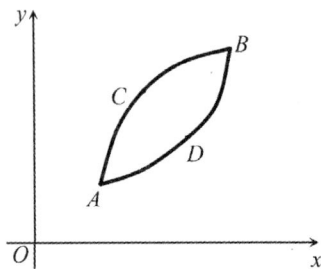

图 3-3-5

从图 3-3-6 的左图可以看出，在凹曲线弧上任取两点，则连接这两点得到的弦总位于这两点间的曲线弧的上方；而凸曲线弧上的情形，恰好相反，如图 3-3-6 的右图所示.

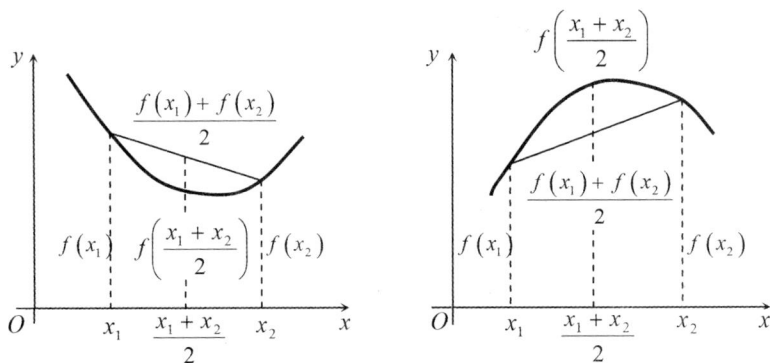

图 3-3-6

下面给出曲线凹凸性的定义.

定义 设函数 $f(x)$ 在区间 I 上连续，若对 $\forall x_1, x_2 \in I$，都有

$$f\left(\frac{x_1 + x_2}{2}\right) < \frac{f(x_1) + f(x_2)}{2}$$

则称函数 $f(x)$ 在区间 I 上的图形是（向上）凹的（或称凹弧）；若有

$$f\left(\frac{x_1 + x_2}{2}\right) > \frac{f(x_1) + f(x_2)}{2}$$

则称函数 $f(x)$ 在区间 I 上的图形是（向上）凸的（或称凸弧）.

若函数 $f(x)$ 在 I 内有二阶导数，则可用二阶导数的符号来判定曲线的凹凸性. 这就是下面的曲线凹凸性的判定定理.

定理 2　设函数 $f(x)$ 在 $[a,b]$ 上连续，在 (a,b) 内有一阶和二阶导数，则

(1) 对 $\forall x \in (a,b)$，若都有 $f''(x) > 0$，则函数 $f(x)$ 在 $[a,b]$ 上的图形是凹的(凹弧)；

(2) 对 $\forall x \in (a,b)$，若都有 $f''(x) < 0$，则函数 $f(x)$ 在 $[a,b]$ 上的图形是凸的(凸弧).

证明　对于情形(1)，设 x_1 和 x_2 为 $[a,b]$ 内任意两点，且 $x_1 < x_2$，记 $\dfrac{x_1 + x_2}{2} = x_0$，并记 $x_2 - x_0 = x_0 - x_1 = h$，则 $x_1 = x_0 - h$，$x_2 = x_0 + h$，由拉格朗日中值公式可得

$$f(x_0 + h) - f(x_0) = f'(x_0 + \theta_1 h)h$$
$$f(x_0) - f(x_0 - h) = f'(x_0 - \theta_2 h)h$$

其中 $0 < \theta_1 < 1$，$0 < \theta_2 < 1$. 两式相减，即得

$$f(x_0 + h) + f(x_0 - h) - 2f(x_0) = \left[f'(x_0 + \theta_1 h) - f'(x_0 - \theta_2 h) \right]h$$

对 $f'(x)$ 在区间 $[x_0 - \theta_2 h, x_0 + \theta_1 h]$ 上再利用拉格朗日中值公式可得

$$\left[f'(x_0 + \theta_1 h) - f'(x_0 - \theta_2 h) \right]h = f''(\xi)(\theta_1 + \theta_2)h^2$$

其中 $x_0 - \theta_2 h < \xi < x_0 + \theta_1 h$. 按情形(1)假设，$f''(\xi) > 0$，故有

$$f(x_0 + h) + f(x_0 - h) - 2f(x_0) > 0$$

即

$$\frac{f(x_0 + h) + f(x_0 - h)}{2} > f(x_0)$$

亦即

$$\frac{f(x_1) + f(x_2)}{2} > f\left(\frac{x_1 + x_2}{2} \right)$$

所以函数 $f(x)$ 在 $[a,b]$ 上的图形是凹的.

类似地，可证明情形(2).

【例 7】判断曲线 $y = \ln x$ 的凹凸性.

【解】$y' = \dfrac{1}{x}$，$y'' = -\dfrac{1}{x^2}$，在函数 $y = \ln x$ 的定义域 $(0, +\infty)$ 上 $y'' < 0$，由曲线凹凸性的判定定理可知，曲线 $y = \ln x$ 是凸的.

【例 8】判断曲线 $y = x^3$ 的凹凸性.

【解】$y' = 3x^2$，$y'' = 6x$. 因为 $x < 0$ 时，$y'' < 0$，所以曲线在 $(-\infty, 0]$ 上为凸的；又因为 $x > 0$ 时，$y'' > 0$，所以曲线在 $[0, +\infty)$ 上为凹的(参见图 3-3-3).

定义　若函数 $y = f(x)$ 在区间 I 上连续，点 x_0 是区间 I 的内点. 如果曲线 $y = f(x)$ 在经过点 $(x_0, f(x_0))$ 时凹凸性改变了，那么就称点 $(x_0, f(x_0))$ 为曲线 $y = f(x)$ 的**拐点**.

如何来寻找曲线 $y = f(x)$ 的拐点呢？

从定理 2 知道，由 $f''(x)$ 的符号可以判定曲线的凹凸性，因此，如果 $f''(x)$ 在点 x_0 左右两侧邻近异号，那么点 $(x_0, f(x_0))$ 就是曲线的一个拐点，所以，要找拐点，只需要找出

$f''(x)$ 符号发生改变的分界点. 而这样的分界点有两种可能，一为 x_0 是 $f''(x)=0$ 的实根；二为 x_0 是 $f''(x)$ 不存在的点. 由此，可得如下求拐点的步骤：

（1）求出 $f''(x)$；

（2）求出 $f''(x)=0$ 的实根及 $f''(x)$ 不存在的点；

（3）对（2）中求出的每一点（设为 x_0），判断 $f''(x)$ 在点 x_0 左右两侧邻近的符号，当两侧的符号相反时，则点 $\left(x_0,f(x_0)\right)$ 是拐点；否则，点 $\left(x_0,f(x_0)\right)$ 不是拐点.

【例 9】讨论曲线 $y=2x^3+3x^2-12x+14$ 的拐点.

【解】$y'=6x^2+6x-12$，$y''=12x+6=12\left(x+\dfrac{1}{2}\right)$.

解方程 $y''=0$，得 $x=-\dfrac{1}{2}$. 当 $x<-\dfrac{1}{2}$ 时，$y''<0$；当 $x>-\dfrac{1}{2}$ 时，$y''>0$. 因此，点 $\left(-\dfrac{1}{2},20\dfrac{1}{2}\right)$ 是曲线 $y=2x^3+3x^2-12x+14$ 的拐点.

【例 10】求曲线 $y=3x^4-4x^3+1$ 的拐点及凹、凸的区间.

【解】函数 $y=3x^4-4x^3+1$ 的定义域为 $(-\infty,+\infty)$.

$$y'=12x^3-12x^2，\quad y''=36x^2-24x=36x\left(x-\dfrac{2}{3}\right)$$

解方程 $y''=0$，得 $x_1=0$，$x_2=\dfrac{2}{3}$.

点 $x_1=0$ 及点 $x_2=\dfrac{2}{3}$ 把函数的定义域 $(-\infty,+\infty)$ 分成三个子区间：$(-\infty,0]$、$\left[0,\dfrac{2}{3}\right]$、$\left[\dfrac{2}{3},+\infty\right)$.

在 $(-\infty,0)$ 上，$y''>0$，因此在区间 $(-\infty,0]$ 上曲线是凹的. 在 $\left(0,\dfrac{2}{3}\right)$ 上，$y''<0$，因此在区间 $\left[0,\dfrac{2}{3}\right]$ 上曲线是凸的. 在 $\left(\dfrac{2}{3},+\infty\right)$ 上，$y''>0$，因此在区间 $\left[\dfrac{2}{3},+\infty\right)$ 上曲线是凹的.

当 $x=0$ 时，$y=1$，点 $(0,1)$ 是曲线的一个拐点. 当 $x=\dfrac{2}{3}$ 时，$y=\dfrac{11}{27}$，点 $\left(\dfrac{2}{3},\dfrac{11}{27}\right)$ 也是曲线的一个拐点.

【例 11】曲线 $y=x^4$ 是否有拐点？

【解】$y'=4x^3$，$y''=12x^2$. 显然，只有 $x=0$ 是方程 $y''=0$ 的根. 但当 $x\ne0$ 时，无论 $x<0$ 还是 $x>0$，都有 $y''>0$，因此点 $(0,0)$ 不是曲线 $y=x^4$ 的拐点. 曲线 $y=x^4$ 没有拐点，它在 $(-\infty,+\infty)$ 内是凹的.

【例 12】讨论曲线 $y=\sqrt[3]{x}$ 的拐点.

【解】函数 $y=\sqrt[3]{x}$ 在定义域 $(-\infty,+\infty)$ 内连续. $x\ne0$ 时，$y'=\dfrac{1}{3\sqrt[3]{x^2}}$，$y''=-\dfrac{2}{9x\sqrt[3]{x^2}}$.

显然，当 $x=0$ 时，y'，y'' 都不存在．点 $x=0$ 把定义域 $(-\infty,+\infty)$ 分成 $(-\infty,0]$ 和 $[0,+\infty)$ 两个子区间．

在 $(-\infty,0)$ 上，因为 $y''>0$，所以曲线在 $(-\infty,0]$ 上是凹弧；在 $(0,+\infty)$ 上，因为 $y''<0$，所以曲线在 $[0,+\infty)$ 上是凸弧．

当 $x=0$ 时，$y=0$，所以点 $(0,0)$ 是此曲线的一个拐点．

【例 13】 设函数 $y=f(x)$ 在点 x_0 的某邻域内有三阶导数，且 $f''(x_0)=0$，$f'''(x_0)\neq 0$，求证点 $(x_0,f(x_0))$ 必为曲线 $y=f(x)$ 的拐点．

【证明】 因为 $f'''(x_0)\neq 0$，不妨设 $f'''(x_0)>0$．又因为 $f''(x_0)=0$，所以

$$\lim_{x\to x_0}\frac{f''(x)}{x-x_0}=\lim_{x\to x_0}\frac{f''(x)-f''(x_0)}{x-x_0}=f'''(x_0)>0$$

根据函数的连续性及极限的保号性可知，必存在点 x_0 的某个邻域 $(x_0-\delta,x_0+\delta)$，在其内 $\dfrac{f''(x)}{x-x_0}>0$，从而当 $x\in(x_0-\delta,x_0)$ 时，$f''(x)<0$；当 $x\in(x_0,x_0+\delta)$ 时，$f''(x)>0$．因此，点 $(x_0,f(x_0))$ 是曲线 $y=f(x)$ 的拐点．

该例的结论可作为判定拐点的第二个方法．

注：证明不等式有多种方法，归纳起来有以下 4 种．

(1) 当不等式或不等式变形后的一部分与微分中值定理的形式较接近时，可以使用微分中值定理证明．

(2) 将不等式改写为 $f(x)\geq 0$（或$f(x)\leq 0$）的形式，利用函数 $f(x)$ 的单调性证明．

(3) 将不等式变形为 $f(x)\geq A$（或$f(x)\leq A$），其中 A 是与 x 无关的常量，利用函数 $f(x)$ 的最值证明．

(4) 有些特殊的不等式，还可使用函数曲线的凹凸性定义证明．

习题 3-3

1. 确定下列函数的单调区间．

(1) $y=2e^x+e^{-x}$；

(2) $y=\dfrac{1}{x}+\ln x$．

2. 求证下列不等式．

(1) 当 $0<x<\dfrac{\pi}{2}$ 时，$\tan x>x+\dfrac{1}{3}x^3$；

(2) 当 $x>0$ 时，$x^2>\ln(1+x^2)$．

3. 求下列函数曲线的凹、凸区间及拐点．

(1) $y=\ln(1+x^2)$；

(2) $y=xe^{-x}$．

第4节 函数的极值与最值

一、函数的极值

在上节例 5 中我们看到，点 $x=1$ 及点 $x=2$ 是函数
$$f(x) = 2x^3 - 9x^2 + 12x - 3$$
的单调区间的分界点．例如，在点 $x=1$ 的左侧邻近，函数 $f(x)$ 单调递增；在点 $x=1$ 的右侧邻近，函数 $f(x)$ 单调递减．所以，存在点 $x=1$ 的一个去心邻域 $\overset{\circ}{U}(1)$，使得对 $\forall x \in \overset{\circ}{U}(1)$，都有 $f(x) < f(1)$．类似地，对于点 $x=2$，也存在点 $x=2$ 的一个去心邻域 $\overset{\circ}{U}(2)$，使得对 $\forall x \in \overset{\circ}{U}(2)$，都有 $f(x) > f(2)$．具有这种性质的点，有重要的应用意义，下面我们对此类点进行一般性的讨论．

定义 设函数 $f(x)$ 的定义域是 D，且 $U(x_0) \subset D$．若对 $\forall x \in \overset{\circ}{U}(x_0)$，都有 $f(x) < f(x_0)$（或 $f(x) > f(x_0)$），则称 $f(x_0)$ 是函数 $f(x)$ 的一个极大值（或极小值），称点 x_0 是函数 $f(x)$ 的极大值点（或极小值点）．

函数的极大值和极小值统称为极值，极大值点和极小值点统称为极值点．

如上节例 5 中的函数 $f(x) = 2x^3 - 9x^2 + 12x - 3$ 有极大值 $f(1) = 2$ 和极小值 $f(2) = 1$，并且点 $x=1$ 是函数 $f(x)$ 的极值大点，点 $x=2$ 是函数 $f(x)$ 的极小值点．

函数的极值概念是一个局部性概念；另外，极值不一定唯一，极大值不一定大于极小值，并且极值也未必是最值．例如，如图 3-4-1 所示，在区间 $[a,b]$ 上，极小值 $f(x_1)$ 是最小值，而极小值 $f(x_4)$ 和 $f(x_6)$ 不是最小值；极大值 $f(x_2)$ 和 $f(x_5)$ 都不是最大值．

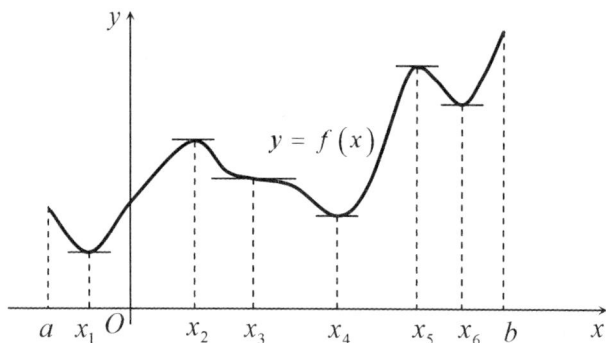

图 3-4-1

从图 3-4-1 还可以看出，曲线上极值点处的切线是水平（即平行于 x 轴）的，但是有水平切线的点未必是极值点，例如，在点 $x = x_3$ 处曲线虽有水平切线，但 $f(x_3)$ 却不是极值．

由费马引理可知，若函数 $f(x)$ 在点 x_0 处可导，且函数 $f(x)$ 在点 x_0 处取得极值，则 $f'(x_0) = 0$，这就是函数取得极值的必要条件．

定理 1(判断极值的必要条件)　若函数 $f(x)$ 在点 x_0 处可导，且在点 x_0 处取得极值，则 $f'(x_0)=0$.

由定理 1 可知，对可导函数 $f(x)$ 来说，极值点一定是驻点，但反之未必成立，例如，函数 $f(x)=x^3$ 的导数 $f'(x)=3x^2$ ，显然 $f'(0)=0$ ，所以点 $x=0$ 是此可导函数的驻点，但点 $x=0$ 却不是此函数的极值点. 所以，当我们求出可导函数的驻点后，还需要进一步判断所求驻点是不是极值点，是极大值点还是极小值点.

由前面函数单调性的判定法可知，根据驻点两侧的导数符号，就可以解决刚才提出的问题，此结论可叙述如下.

定理 2(判断极值的第一充分条件)　设函数 $f(x)$ 在点 x_0 处连续，且在点 x_0 的某去心邻域 $\overset{\circ}{U}(x_0,\delta)$ 内可导.

(1) 若对 $\forall x\in(x_0,x_0+\delta)$ ，都有 $f'(x)>0$ ；而对 $\forall x\in(x_0,x_0+\delta)$ ，都有 $f'(x)<0$ ，则 $f(x_0)$ 是函数 $f(x)$ 的极大值；

(2) 若对 $\forall x\in(x_0,x_0+\delta)$ ，都有 $f'(x)<0$ ；而对 $\forall x\in(x_0,x_0+\delta)$ ，都有 $f'(x)>0$ ，则 $f(x_0)$ 是函数 $f(x)$ 的极小值；

(3) 若对 $\forall x\in\overset{\circ}{U}(x_0,\delta)$ ，$f'(x)$ 的符号都不改变，则 $f(x_0)$ 不是函数 $f(x)$ 的极值.

证明　对于情形(1)，由函数单调性的判定法知，函数 $f(x)$ 在 $(x_0-\delta,x_0)$ 内单调递增，在 $(x_0,x_0+\delta)$ 内单调递减，又由于函数 $f(x)$ 在点 x_0 处是连续的，故当 $x\in\overset{\circ}{U}(x_0,\delta)$ 时，总有 $f(x)<f(x_0)$ ，因此 $f(x_0)$ 是 $f(x)$ 的一个极大值(见图 3-4-2).

可类似讨论情形(2)(见图 3-4-3)和情形(3)(见图 3-4-4).

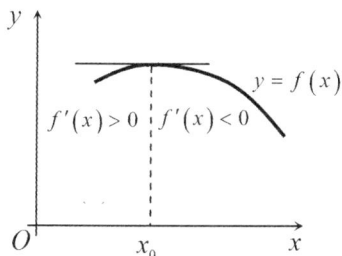

图 3-4-2

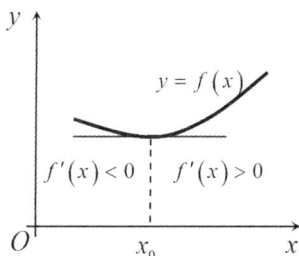

图 3-4-3

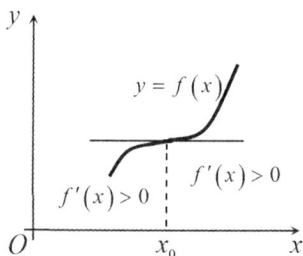

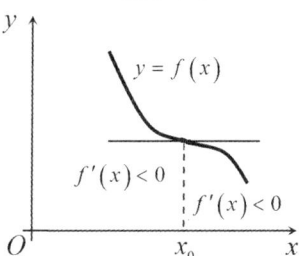

图 3-4-4

由前面的结论，我们可以按下列步骤求函数 $f(x)$ 的极值点和极值.

（1）求出 $f'(x)$；

（2）求出函数 $f(x)$ 的所有驻点和一阶不可导点；

（3）讨论 $f'(x)$ 在每个驻点和一阶不可导点的左、右邻近的符号，由第一充分条件确定该点是否为极值点，以及对应的函数值是极大值还是极小值；

（4）求出各极值点处的函数值，从而得函数 $f(x)$ 的全部极值.

【例1】 讨论函数 $f(x) = (x-4)\sqrt[3]{(x+1)^2}$ 的极值.

【解】（1）函数 $f(x)$ 在 $(-\infty, +\infty)$ 上连续，除点 $x = -1$ 外处处可导，且

$$f'(x) = \frac{5(x-1)}{3\sqrt[3]{x+1}}$$

（2）令 $f'(x) = 0$，求得驻点 $x = 1$，而点 $x = -1$ 为函数 $f(x)$ 的不可导点.

（3）在 $(-\infty, -1)$ 上，$f'(x) > 0$；在 $(-1, 1)$ 上，$f'(x) < 0$，故不可导点 $x = -1$ 是函数 $f(x)$ 的一个极大值点；又在 $(1, +\infty)$ 上，$f'(x) > 0$，故驻点 $x = 1$ 是函数 $f(x)$ 的一个极小值点.

（4）所以，函数 $f(x)$ 的极大值是 $f(-1) = 0$，极小值是 $f(1) = -3\sqrt[3]{4}$.

如果函数 $f(x)$ 在驻点 x_0 处的二阶导数不为零，则可以利用下述定理来判断函数 $f(x)$ 在驻点处是取得极大值还是取得极小值.

定理 3（判断极值的第二充分条件） 设点 x_0 是函数 $f(x)$ 的驻点，并且 $f(x)$ 在点 x_0 处的二阶导数 $f''(x_0) \neq 0$.

（1）若 $f''(x_0) < 0$，则 $f(x_0)$ 是函数 $f(x)$ 的极大值；

（2）若 $f''(x_0) > 0$，则 $f(x_0)$ 是函数 $f(x)$ 的极小值.

证明 对于情形（1），已知 $f''(x_0) < 0$，由二阶导数定义得

$$f''(x_0) = \lim_{x \to x_0} \frac{f'(x) - f'(x_0)}{x - x_0} < 0$$

由极限的保号性可知，当点 x 在点 x_0 的某个足够小的去心邻域内时，有

$$\frac{f'(x) - f'(x_0)}{x - x_0} < 0$$

又因为已知 $f'(x_0) = 0$，所以上式可化为

$$\frac{f'(x)}{x - x_0} < 0$$

于是，对 $\forall x \in \overset{\circ}{U}(x_0)$，都有 $f'(x)$ 与 $x - x_0$ 的符号相反. 也就是说，当 $x - x_0 < 0$，即 $x < x_0$ 时，$f'(x) > 0$；当 $x - x_0 > 0$，即 $x > x_0$ 时，$f'(x) < 0$. 所以 $f(x_0)$ 是函数的极大值.

情形（2）可用类似的方法证明.

定理 3 说明，若函数 $f(x)$ 在驻点 x_0 处二阶导数 $f''(x_0) \neq 0$，则驻点 x_0 一定是极值点，并且可以根据二阶导数 $f''(x_0)$ 的符号进一步判断 $f(x_0)$ 是极小值还是极大值. 但是若 $f''(x_0) = 0$，就无法用定理 3 进行判断了. 事实上，当 $f'(x_0) = 0$，且 $f''(x_0) = 0$ 时，$f(x_0)$ 可能是极大值，可能是极小值，也可能不是极值. 如下述三个函数 $f_1(x) = -x^4$，$f_2(x) = x^4$，

$f_3(x) = x^3$ 在点 $x = 0$ 处的函数值 $f(0)$ 就分别属于以上三种情况. 所以, 当函数在驻点处的二阶导数等于零时, 需要用第一充分条件来判断.

【例 2】求函数 $f(x) = (x^2 - 1)^3 + 1$ 的极值.

【解】 $f'(x) = 6x(x^2 - 1)^2$. 令 $f'(x) = 0$, 求得驻点 $x_1 = -1$, $x_2 = 0$, $x_3 = 1$.

$f''(x) = 6(x^2 - 1)(5x^2 - 1)$.

因为 $f''(0) = 6 > 0$, 故函数 $f(x)$ 在驻点 $x = 0$ 处取得极小值, 极小值为 $f(0) = 0$.

因为 $f''(-1) = f''(1) = 0$, 故不能使用定理 3 判断. 根据定理 2, 我们需要讨论一阶导数 $f'(x)$ 在驻点 $x_1 = -1$, $x_3 = 1$ 左右邻近的符号.

当 $x < -1$ 时, $f'(x) < 0$; 当 $-1 < x < 0$ 时, $f'(x) < 0$; 由于 $f'(x)$ 的符号在点 $x = 1$ 邻近没有改变, 所以 $f(-1)$ 不是极值. 同理, $f(1)$ 也不是极值(见图 3-4-5).

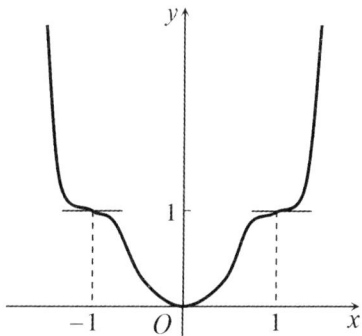

图 3-4-5

综上所述, 极值点可能是驻点, 也可能是一阶不可导点.

注: 判断极值的第一充分条件可以用来判断驻点或一阶不可导点是否为极值点. 而判断极值的第二充分条件只能判断驻点是否可能为极值点.

二、函数的最值

在日常生活、工程技术及科学实验中, 经常遇到这样的问题: 在一定的条件下, 怎样使"用料最省""利润最大""效率最高""成本最低", 此类问题在数学上可归结为求函数(称为目标函数)的最值问题.

如果函数 $f(x)$ 在闭区间 $[a, b]$ 上连续, 在开区间 (a, b) 内除有限个点外可导, 且至多有有限个驻点, 我们在以上条件下, 讨论函数 $f(x)$ 在闭区间 $[a, b]$ 上最值的求法.

首先, 由闭区间上连续函数的性质可知, 函数 $f(x)$ 在 $[a, b]$ 上最值一定存在.

其次, 如果最值 $f(x_0)$ 在 (a, b) 内的点 x_0 处取得, 那么, 按函数 $f(x)$ 在开区间除有限个点外可导且至多有有限个驻点的假设可知, $f(x_0)$ 一定也是函数 $f(x)$ 的极大值(或极小值), 从而点 x_0 一定是函数 $f(x)$ 的驻点或不可导点. 另一方面, 函数 $f(x)$ 的最值也可能在区间的端点处取得. 所以, 可以用下述方法求函数 $f(x)$ 在 $[a, b]$ 上的最值:

(1) 求出函数 $f(x)$ 在 (a, b) 内的驻点 x_1, x_2, $\cdots$, x_m 及不可导点 x_1', x_2', $\cdots$, x_n';

（2）计算 $f(x_i)$ $(i=1,2,\cdots,m)$，$f(x_j')$ $(j=1,2,\cdots,n)$ 和 $f(a)$，$f(b)$ 的值；

（3）比较（2）中各值的大小，其中最小的就是函数 $f(x)$ 在 $[a,b]$ 上的最小值，最大的就是函数 $f(x)$ 在 $[a,b]$ 上的最大值．

【例3】求函数 $f(x)=\left|x^2-3x+2\right|$ 在 $[-3,4]$ 上的最大值与最小值．

【解】$f(x)=\begin{cases} x^2-3x+2, & x\in[-3,1]\cup[2,4] \\ -x^2+3x-2, & x\in(1,2) \end{cases}$．

$$f'(x)=\begin{cases} 2x-3, & x\in(-3,1)\cup(2,4) \\ -2x+3, & x\in(1,2) \end{cases}.$$

在 $(-3,4)$ 上，函数 $f(x)$ 的驻点为 $x=\dfrac{3}{2}$；不可导点为 $x=1,2$．

$f(-3)=20$，$f(1)=0$，$f\left(\dfrac{3}{2}\right)=\dfrac{1}{4}$，$f(2)=0$，$f(4)=6$，经比较可得，函数 $f(x)$ 在 $[-3,4]$ 上的最大值是 $f(-3)=20$，最小值是 $f(1)=f(2)=0$．

【例4】铁路线上 AB 段的距离是 100km．工厂 C 距 A 处 20km，AC 垂直于 AB，如图 3-4-6 所示．为了运输需要，要在铁路线 AB 上选定一点 D 向工厂修筑公路．已知每公里铁路货运运费与公路货运运费之比是 3:5．为使货物从供应站 B 运到工厂 C 的运费最低，点 D 应选在何处？

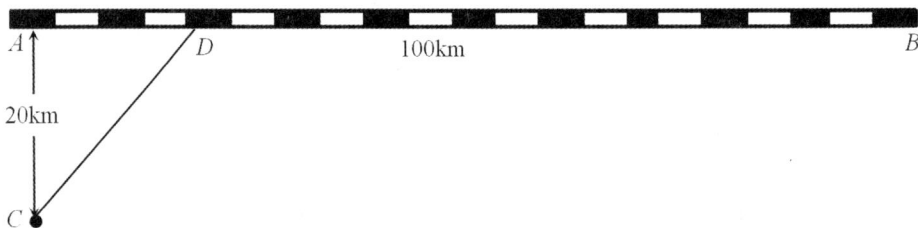

图 3-4-6

【解】设 $AD=x$ km，那么 $DB=(100-x)$ km.

$$CD=\sqrt{20^2+x^2}=\sqrt{400+x^2}$$

由于每公里铁路货运运费与每公里公路货运运费之比为 3:5，因此不妨设每公里铁路货运运费为 $3k$，每公里公路货运运费为 $5k$（k 为某个正数，因它与本题的解无关，所以不必定出具体的值）．设从 B 点到 C 点需要的总运费为 y，那么

$$y=5k\cdot CD+3k\cdot DB$$

即

$$y=5k\sqrt{400+x^2}+3k(100-x)\quad(0\leqslant x\leqslant100).$$

于是，问题转化为求 x 在 $[0,100]$ 上取何值时，能使目标函数 y 取到最小值．

先求导数，得

$$y'=k\left(\frac{5x}{\sqrt{400+x^2}}-3\right).$$

令 $y'=0$，解得 $x=15$．

$y\big|_{x=0}=400k$ ，$y\big|_{x=15}=380k$ ，$y\big|_{x=100}=500k\sqrt{1+\dfrac{1}{25}}$ ，其中以 $y\big|_{x=15}=380k$ 为最小，因此，当 $AD=15\,\mathrm{km}$ 时，总运费为最省.

求函数最值时，需要特别指出下述情形：如果函数 $f(x)$ 在某区间 I（或有限或无限，或开或闭）内可导且有唯一驻点 x_0，并且此驻点 x_0 还是函数 $f(x)$ 的极值点，则当 $f(x_0)$ 是极大值时，$f(x_0)$ 同时是函数 $f(x)$ 在 I 上的最大值（见图 3-4-7）；同理，当 $f(x_0)$ 是极小值时，$f(x_0)$ 同时也是函数 $f(x)$ 在 I 上的最小值（见图 3-4-8）. 在应用问题中经常遇到这样的情形.

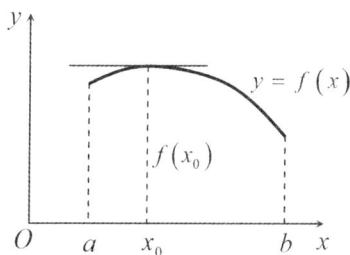 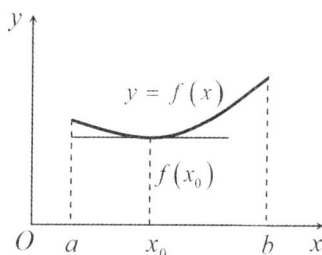

图 3-4-7　　　　　　　　　　　　　　图 3-4-8

在实际问题中，很多时候由问题的性质就能断定可导函数 $f(x)$ 确实存在最值，并且一定在可行域（目标函数的定义域）内部取得. 此时若函数 $f(x)$ 在可行域内部有唯一一个驻点 x_0，则不必讨论 $f(x_0)$ 是否为极值，直接可以断定 $f(x_0)$ 就是问题中的最值.

【例 5】直径为 d 的圆木被锯成截面是矩形的梁（见图 3-4-9），如何选择矩形的高 h 与宽 b，才能使梁的抗弯截面模量最大？

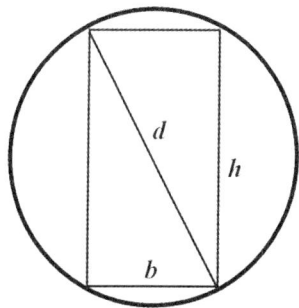

图 3-4-9

【解】由力学分析知道：矩形梁的抗弯截面模量为 $W=\dfrac{1}{6}bh^2$.

由图 3-4-9 可知，b 与 h 的关系为 $h^2=d^2-b^2$.

因此得到目标函数

$$W=\frac{1}{6}\left(d^2b-b^3\right)\qquad b\in(0,d)$$

于是，问题就转化为求 b 等于多少时，目标函数 W 可以取得最大值.

先求 W 对 b 的导数，得

$$W' = \frac{1}{6}\left(d^2 - 3b^2\right)$$

令 $W' = 0$，解得 $\qquad b = \sqrt{\frac{1}{3}}d.$

由于梁的抗弯截面模量的最大值一定存在，并且一定是 b 在 $(0,d)$ 内部时取得，而 $W' = 0$ 在 $(0,d)$ 内只有一个根 $b = \sqrt{\frac{1}{3}}d$，所以，当 $b = \sqrt{\frac{1}{3}}d$ 时，W 的值最大. 这时

$$h^2 = d^2 - b^2 = d^2 - \frac{1}{3}d^2 = \frac{2}{3}d^2$$

即 $\qquad h = \sqrt{\frac{2}{3}}d.$

结论：当 $d:h:b = \sqrt{3}:\sqrt{2}:1$ 时，梁的抗弯截面模量最大.

习题 3-4

1. 求下列函数的极值.

(1) $y = 2x^3 - 6x^2 - 18x + 7$；

(2) $y = x - \ln(1+x)$；

(3) $y = x^{\frac{1}{x}}$；

(4) $y = \dfrac{1+3x}{\sqrt{4+5x^2}}$.

2. a 为何值时，函数 $f(x) = a\sin x + \frac{1}{3}\sin 3x$ 在 $x = \frac{\pi}{3}$ 处取得极值？它是极大值还是极小值？求出此极值.

3. 求下列函数的最大值、最小值.

(1) $y = 2x^3 - 6x^2 - 18x - 7$，$1 \leqslant x \leqslant 4$；

(2) $y = x + \sqrt{1-x}$，$-5 \leqslant x \leqslant 1$.

4. 当 $x \geqslant 0$ 时，函数 $y = \dfrac{x}{x^2+1}$ 在何处取得最大值？

5. 要造体积为 V 的圆柱形油罐，问底面半径 r 和高 h 分别取多少时，油罐表面积最小（即用料最省）？此时，底面的直径与高之比为多少？

6. 某地拟把防空洞的截面建成一个矩形加一个半圆的形状，如图 3-4-10 所示，已知截面面积是 5m^2，问宽 x 取多少时，截面的周长最小，从而用料最省？

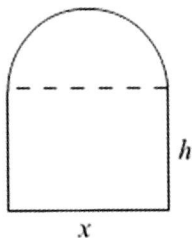

图 3-4-10

第 5 节　函数图形的描绘

本节先讨论曲线的渐近线问题，然后结合前面所学习的知识，利用函数的一阶、二阶导数的符号来判定曲线的升降、凹凸和极值，描绘函数的图形(即描绘函数对应的曲线，也称为描绘函数曲线).

描绘出函数的图形(即描绘出函数曲线)，可以帮助我们直观地了解函数的性状.

一、渐近线

如果函数曲线上动点的横坐标无限接近某定值或趋于无穷大时，曲线能无限接近某定直线，则称此定直线是曲线的渐近线.

1. 水平渐近线

若函数 $y = f(x)$ 的定义域是无限区间，且 $\lim\limits_{x \to \infty} f(x) = C$，则称直线 $y = C$ 是曲线 $y = f(x)$ 的水平渐近线，把 $x \to \infty$ 改为 $x \to +\infty$ 或 $x \to -\infty$，有类似的结论.

例如，直线 $y = 0$ 是曲线 $y = \dfrac{1}{x}$ 的水平渐近线.

2. 铅直渐近线

若函数 $y = f(x)$ 满足 $\lim\limits_{x \to x_0} f(x) = \infty$，则称直线 $x = x_0$ 是曲线 $y = f(x)$ 的铅直渐近线，把 $x \to x_0$ 改为 $x \to x_0^+$ 或 $x \to x_0^-$，有类似的结论.

例如，直线 $x = 1$ 是曲线 $y = \dfrac{1}{x-1}$ 的铅直渐近线.

3. 斜渐近线

若函数 $y = f(x)$ 的定义域为无限区间，且存在常数 a 和 b，使 $\lim\limits_{x \to \infty}\left[f(x) - (ax + b) \right] = 0$，则称直线 $y = ax + b$ 是曲线 $y = f(x)$ 的斜渐近线，其中

$$a = \lim_{x \to \infty} \frac{f(x)}{x}, \quad b = \lim_{x \to \infty}\left[f(x) - ax \right]$$

把 $x \to \infty$ 改为 $x \to +\infty$ 或 $x \to -\infty$，有类似的结论.

【例 1】求函数 $y = \dfrac{3x^3 + 2x}{x^2 - 1}$ 的曲线的斜渐近线.

【解】因为 $y = \lim\limits_{x \to \infty} \dfrac{f(x)}{x} = \lim\limits_{x \to \infty} \dfrac{3x^2 + 2}{x^2 - 1} = 3$，$b = \lim\limits_{x \to \infty}\left[f(x) - ax \right] = \lim\limits_{x \to \infty}\left(\dfrac{3x^3 + 2x}{x^2 - 1} - 3x \right) = 0$，

所以，直线 $y = 3x$ 是函数曲线的一条斜渐近线.

二、描绘函数图形

根据一阶导数的符号，可以确定函数的单调性、单调区间和极值；根据二阶导数的符号，可以确定函数图形的凹凸性、凹凸区间和拐点. 明确了函数的单调性、单调区间、极

值、凹凸性、凹凸区间和拐点后，就可以比较准确地掌握函数的性状，把函数的图形描绘出来.

描绘函数 $y = f(x)$ 的图形的步骤如下.

(1) 确定函数 $y = f(x)$ 的定义域 D 和函数具有的一些特性（如对称性、周期性等），并且求出函数的导数 $f'(x)$ 和 $f''(x)$.

(2) 求出方程 $f'(x) = 0$ 和 $f''(x) = 0$ 的全部实根以及 $f'(x)$ 和 $f''(x)$ 不存在的点，用这些点把函数的定义域 D 划分成若干个子区间.

(3) 在每个子区间上判断 $f'(x)$ 和 $f''(x)$ 的符号，从而确定函数图形在各个子区间上的单调性、凹凸性、极值点、拐点.

(4) 求出函数曲线的渐近线，并判断函数曲线其他必要的变化趋势.

(5) 求出(2)中的点对应的函数值，在坐标系上描出相应的点，有时可能还要补充一些点，例如曲线与坐标轴的交点等；然后结合(3)、(4)中得到的结果，连接这些点，即可描绘出函数 $y = f(x)$ 的图形.

【例 2】描绘函数 $y = \dfrac{1}{\sqrt{2\pi}} e^{-\frac{x^2}{2}}$ 的图形.

【解】(1) 函数 $f(x) = \dfrac{1}{\sqrt{2\pi}} e^{-\frac{x^2}{2}}$ 的定义域 $D = (-\infty, +\infty)$.

因为 $f(x)$ 是偶函数，所以其图形是关于 y 轴对称的，因此，我们可以只讨论 $[0, +\infty)$ 上该函数的图形.

求导数 $\quad f'(x) = \dfrac{1}{\sqrt{2\pi}} e^{-\frac{x^2}{2}} \cdot (-x) = -\dfrac{1}{\sqrt{2\pi}} x e^{-\frac{x^2}{2}}$,

$$f''(x) = -\dfrac{1}{\sqrt{2\pi}} \left[e^{-\frac{x^2}{2}} + x e^{-\frac{x^2}{2}} \cdot (-x) \right] = \dfrac{1}{\sqrt{2\pi}} e^{-\frac{x^2}{2}} (x^2 - 1).$$

(2) 在 $[0, +\infty)$ 上，方程 $f'(x) = 0$ 的根为 $x = 0$；方程 $f''(x) = 0$ 的根为 $x = 1$. 用点 $x = 1$ 把 $[0, +\infty)$ 划分成两个子区间 $[0, 1]$ 和 $[1, +\infty)$.

(3) 在 $(0, 1)$ 内，$f'(x) < 0$，$f''(x) < 0$，所以在 $[0, 1]$ 上的曲线弧下降而且是凸的. 结合 $f'(0) = 0$ 以及函数图形关于 y 轴对称可知，在点 $x = 0$ 处函数 $f(x)$ 取得极大值.

在 $(1, +\infty)$ 内，$f'(x) < 0$，$f''(x) > 0$，所以在 $[1, +\infty)$ 的曲线弧下降而且是凹的.

上述讨论结果，可以列成表 3-5-1.

表 3-5-1　函数情况讨论结果

x	0	$(0,1)$	1	$(1,+\infty)$
$f'(x)$	0	−	−	−
$f''(x)$	−	−	0	+
$y = f(x)$ 图形性状	极大	↘	拐点	↘

（4）因为 $\lim\limits_{x \to +\infty} f(x) = 0$，所以图形有一条水平渐近线 $y = 0$.

（5）算出 $f(0) = \dfrac{1}{\sqrt{2\pi}}$，$f(1) = \dfrac{1}{\sqrt{2\pi e}}$，从而得到函数 $y = \dfrac{1}{\sqrt{2\pi}} e^{-\frac{x^2}{2}}$ 图形上的两点

$M_1\left(0, \dfrac{1}{\sqrt{2\pi}}\right)$ 和 $M_2\left(1, \dfrac{1}{\sqrt{2\pi e}}\right)$；又由 $f(2) = \dfrac{1}{\sqrt{2\pi e^2}}$ 得 $M_3\left(2, \dfrac{1}{\sqrt{2\pi e^2}}\right)$，结合（3）、（4）的讨

论，画出函数 $y = \dfrac{1}{\sqrt{2\pi}} e^{-\frac{x^2}{2}}$ 在 $[0, +\infty)$ 上的图形. 最后，利用图形的对称性，便可得到函数

在 $(-\infty, 0]$ 上的图形，如图 3-5-1 所示.

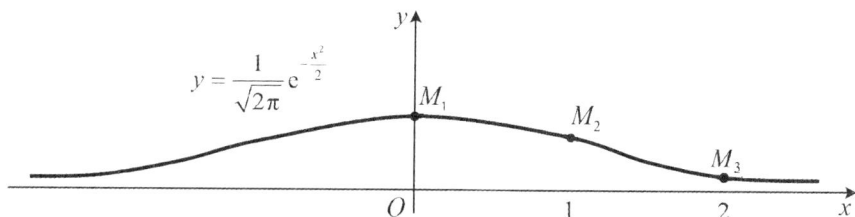

图 3-5-1

习题 3-5

1. 求曲线 $y = \dfrac{16}{x(x-4)}$ 的渐近线.

2. 求曲线 $y = \dfrac{1}{x\sqrt{x^2-4}}$ 的渐近线.

3. 描绘函数 $y = \dfrac{1}{5}\left(x^4 - 6x^2 + 8x + 7\right)$ 的图形.

4. 描绘函数 $y = \dfrac{x}{1+x^2}$ 的图形.

5. 描绘函数 $y = x^2 + \dfrac{1}{x}$ 的图形.

第 6 节　弧微分与曲率

在许多实际应用中，经常用到弧微分与曲率的知识，在以后的学习中，例如求曲线的弧长及第一类曲线积分的计算都离不开弧微分的知识.

一、弧微分

假设函数 $f(x)$ 在开区间 (a,b) 内有一阶连续导数. 在曲线 $y=f(x)$ 上取定点 $M_0(x_0,y_0)$ 作为度量弧长的基点，如图 3-6-1 所示，并规定沿 x 增大的方向为曲线的正方向. 在曲线上任取另一点 $M(x,y)$，规定有向曲线弧 $\overset{\frown}{M_0M}$ 长度的值（为简化叙述就用 $\overset{\frown}{M_0M}$ 表示）为弧长 s 的绝对值，当有向曲线弧 $\overset{\frown}{M_0M}$ 的方向与曲线正方向一致时 $s>0$，与曲线正方向相反时 $s<0$. 易知，弧长 s 是 x 的函数 $s=s(x)$，并且 $s(x)$ 是 x 的单调递增函数. 下面求 $s(x)$ 的导数和微分.

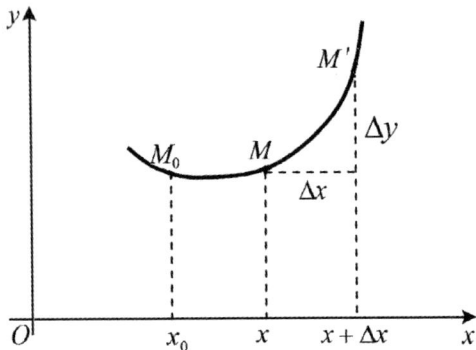

图 3-6-1

设 x，$x+\Delta x$ 是 (a,b) 上两个邻近的点，它们在曲线 $y=f(x)$ 上对应的点分别是 M，M'，设对应于 x 的增量 Δx，函数 y 的增量是 Δy，弧长 s 的增量是 Δs. 则有

$$\Delta s = \overset{\frown}{M_0M'} - \overset{\frown}{M_0M} = \overset{\frown}{MM'}$$

$$\left(\frac{\Delta s}{\Delta x}\right)^2 = \left(\frac{\overset{\frown}{MM'}}{\Delta x}\right)^2 = \left(\frac{\overset{\frown}{MM'}}{|MM'|}\right)^2 \cdot \frac{|MM'|^2}{(\Delta x)^2}$$

$$= \left(\frac{\overset{\frown}{MM'}}{|MM'|}\right)^2 \cdot \frac{(\Delta x)^2 + (\Delta y)^2}{(\Delta x)^2} = \left(\frac{\overset{\frown}{MM'}}{|MM'|}\right)^2 \left[1 + \left(\frac{\Delta y}{\Delta x}\right)^2\right]$$

$$\frac{\Delta s}{\Delta x} = \pm\sqrt{\left(\frac{\overset{\frown}{MM'}}{|MM'|}\right)^2 \cdot \left[1 + \left(\frac{\Delta y}{\Delta x}\right)^2\right]}$$

当 $\Delta x \to 0$ 时，$M' \to M$，此时弧长与弦长之比的极限等于 1，也就是

$$\lim_{M' \to M} \frac{\left|\overset{\frown}{MM'}\right|}{|MM'|} = 1$$

又

$$\lim_{\Delta x \to 0} \frac{\Delta y}{\Delta x} = y',$$

因此得

$$\frac{\mathrm{d}s}{\mathrm{d}x} = \pm\sqrt{1+y'^2}.$$

因为 $s=s(x)$ 单调递增，所以根号前面取正号，从而有

$$\mathrm{d}s = \sqrt{1+y'^2}\,\mathrm{d}x$$

上式就是弧微分公式.

针对表示曲线对应的函数的不同表达形式, 有不同形式的弧微分公式.

设表示曲线 C 的函数都是连续可导的, 则有以下结论:

C：$x = \varphi(y)$，$\mathrm{d}s = \sqrt{1 + \varphi'^2(y)}\,\mathrm{d}y$；

C：$x = \varphi(t)$，$y = \psi(t)$，$\mathrm{d}s = \sqrt{\varphi'^2(t) + \psi'^2(t)}\,\mathrm{d}t$；

C：$r = r(\theta)$，$\mathrm{d}s = \sqrt{r^2(\theta) + r'^2(\theta)}\,\mathrm{d}\theta$；

C：$x = \varphi(t)$，$y = \psi(t)$，$z = \omega(t)$，$\mathrm{d}s = \sqrt{\varphi'^2(t) + \psi'^2(t) + \omega'^2(t)}\,\mathrm{d}t$.

【例 1】计算下列曲线的弧微分.

(1) C：$x = a\cos t$，$y = a\sin t$ $(a > 0)$；　　　　(2) C：$r = a(1 + \cos\theta)$ $(a > 0)$.

【解】(1) $\mathrm{d}s = \sqrt{\varphi'^2(t) + \psi'^2(t)}\,\mathrm{d}t = \sqrt{a^2(-\sin t)^2 + a^2\cos^2 t}\,\mathrm{d}t = a\,\mathrm{d}t$；

(2) $\mathrm{d}s = \sqrt{r^2(\theta) + r'^2(\theta)}\,\mathrm{d}\theta = \sqrt{a^2(1 + \cos\theta)^2 + a^2\sin^2\theta}\,\mathrm{d}\theta = \sqrt{2}a\sqrt{1 + \cos\theta}\,\mathrm{d}\theta$.

二、曲率

在工程技术等领域中, 很多时候需要研究曲线的弯曲程度. 例如, 机床的转轴、船体结构中的钢梁等在荷载作用下会产生弯曲变形, 所以在设计时对它们的弯曲程度必须有一定的限制, 这时就要定量地研究其弯曲程度. 下面, 我们讨论如何度量曲线的弯曲程度.

由图 3-6-2 可以看出, 曲线弧 $\overset{\frown}{M_1M_2}$ 比较平直, 当动点沿曲线弧 $\overset{\frown}{M_1M_2}$ 从点 M_1 移到点 M_2 时, 切线转过的角度 φ_1 并不大；而曲线弧 $\overset{\frown}{M_2M_3}$ 比曲线弧 $\overset{\frown}{M_1M_2}$ 弯曲的程度大, 当动点沿曲线弧 $\overset{\frown}{M_2M_3}$ 从点 M_2 移到点 M_3 时, 切线转过的角 φ_2 比较大.

但是, 曲线的弯曲程度并不完全由切线转过的角度确定. 如图 3-6-3 所示, 对曲线弧 $\overset{\frown}{M_1M_2}$ 和 $\overset{\frown}{N_1N_2}$ 来说, 虽然从点 M_1 到点 M_2 和从点 N_1 到点 N_2, 切线分别转过的角度都是 φ, 但是两个曲线弧弯曲的程度却并不相同, 短曲线弧比长曲线弧弯曲得厉害. 因此, 曲线的弯曲程度还和曲线弧的长度有关.

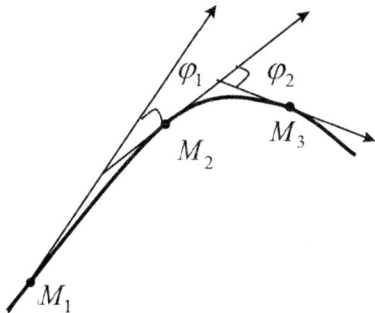

图 3-6-2

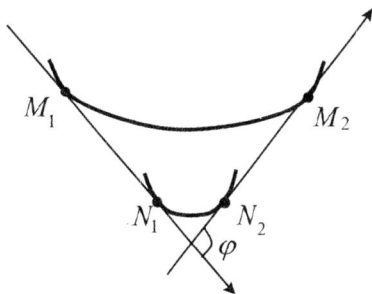

图 3-6-3

综上所述, 我们引入曲率(刻画曲线的弯曲程度)的概念.

在光滑曲线弧 C 上取定点 M_0 作为度量弧长 s 的基点. 设曲线上的点 M 对应弧长 s，在点 M 处切线的倾斜角为 α，曲线上另一点 M' 对应弧长 $s + \Delta s$，在点 M' 处切线的倾斜角为 $\alpha + \Delta \alpha$，如图 3-6-4 所示，曲线弧 $\overset{\frown}{MM'}$ 的长度为 $|\Delta s|$，动点从点 M 移到点 M' 时切线转过的角度为 $|\Delta \alpha|$.

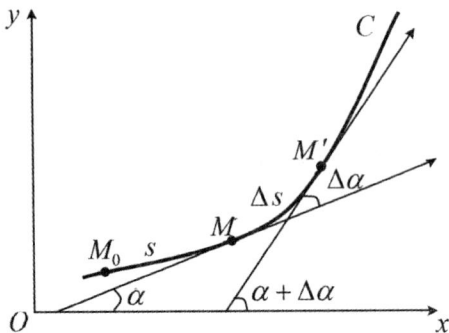

图 3-6-4

用比值 $\left| \dfrac{\Delta \alpha}{\Delta s} \right|$，即单位长度曲线弧上切线转过的角度来表示曲线弧 $\overset{\frown}{MM'}$ 的平均弯曲程度，此比值称为曲线弧 $\overset{\frown}{MM'}$ 的平均曲率，记为 $\overline{K}$，即 $\overline{K} = \left| \dfrac{\Delta \alpha}{\Delta s} \right|$.

定义　根据以上描述，当 $\Delta s \to 0$（即 $M' \to M$）时，称 $K = \lim\limits_{\Delta s \to 0} \left| \dfrac{\Delta \alpha}{\Delta s} \right|$ 为曲线 C 在点 M 处的曲率.

若 $\lim\limits_{\Delta s \to 0} \dfrac{\Delta \alpha}{\Delta s} = \dfrac{\mathrm{d}\alpha}{\mathrm{d}s}$ 存在，则曲率 K 也能表示为 $K = \left| \dfrac{\mathrm{d}\alpha}{\mathrm{d}s} \right|$.

对直线来说，因为直线的切线与直线本身重合，所以切线的倾斜角 α 不变，如图 3-6-5 所示，从而得到 $K = \left| \dfrac{\mathrm{d}\alpha}{\mathrm{d}s} \right| = 0$. 这就是说，直线上任一点 M 处的曲率都等于零，这与我们的直觉"直线不弯"一致.

对圆来说，设圆的半径是 r，则圆上两点 M、M' 处的切线转过的角 $\Delta \alpha$ 等于 $\overset{\frown}{MM'}$ 弧所对的圆心角 $\angle MDM'$，如图 3-6-6 所示，因为 $\angle MDM' = \dfrac{\Delta s}{r}$，$\dfrac{\Delta \alpha}{\Delta s} = \dfrac{\frac{\Delta s}{r}}{\Delta s} = \dfrac{1}{r}$，所以

$$K = \left| \dfrac{\mathrm{d}\alpha}{\mathrm{d}s} \right| = \dfrac{1}{r}$$

由点 M 的任意性可知，圆上各点处的曲率都等于半径 r 的倒数 $\dfrac{1}{r}$，即圆的每一点处的弯曲程度都一样，并且半径越小曲率越大，即半径越小的圆弯曲程度越大.

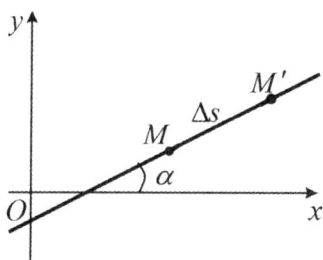

图 3-6-5

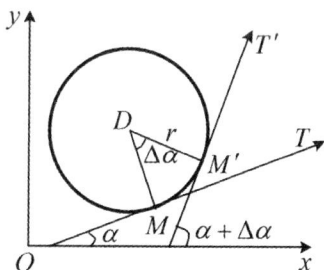

图 3-6-6

下面，我们由曲率的表达式 $K = \left| \dfrac{\mathrm{d}\alpha}{\mathrm{d}s} \right|$ 导出计算曲率的公式.

设曲线的方程是 $y = f(x)$，并且函数 $f(x)$ 存在二阶导数. 由于 $\tan\alpha = y'$，故

$$\sec^2\alpha \frac{\mathrm{d}\alpha}{\mathrm{d}x} = y''$$

$$\frac{\mathrm{d}\alpha}{\mathrm{d}x} = \frac{y''}{1 + \tan^2\alpha} = \frac{y''}{1 + y'^2}$$

于是

$$\mathrm{d}\alpha = \frac{y''}{1 + y'^2}\mathrm{d}x$$

又因为

$$\mathrm{d}s = \sqrt{1 + y'^2}\,\mathrm{d}x.$$

所以，根据曲率 K 的表达式 $K = \left| \dfrac{\mathrm{d}\alpha}{\mathrm{d}s} \right|$，有

$$K = \frac{|y''|}{\left(1 + y'^2\right)^{\frac{3}{2}}}$$

设曲线的参数方程是 $\begin{cases} x = \varphi(t) \\ y = \psi(t) \end{cases}$，根据参数方程确定的函数的求导方法，求出 y_x' 及 y_x''，代入上式可得

$$K = \frac{\left| \varphi'(t)\psi''(t) - \varphi''(t)\psi'(t) \right|}{\left[\varphi'^2(t) + \psi'^2(t) \right]^{\frac{3}{2}}}$$

【例 2】计算双曲线 $xy = 1$ 在点 $(1,1)$ 处的曲率.

【解】因为 $y = \dfrac{1}{x}$，所以 $y' = -\dfrac{1}{x^2}$，$y'' = \dfrac{2}{x^3}$.

从而有　　　　$y'|_{x=1} = -1$，$y''|_{x=1} = 2$.

代入公式 $K = \dfrac{|y''|}{\left(1 + y'^2\right)^{\frac{3}{2}}}$，得到双曲线 $xy = 1$ 在点 $(1,1)$ 处的曲率

$$K = \frac{2}{\left[1 + (-1)^2 \right]^{\frac{3}{2}}} = \frac{\sqrt{2}}{2}$$

【例 3】 求抛物线 $y = ax^2 + bx + c$ 上曲率最大的点.

【解】 由 $y = ax^2 + bx + c$，得 $y' = 2ax + b$，$y'' = 2a$.

代入公式 $K = \dfrac{|y''|}{\left(1 + y'^2\right)^{\frac{3}{2}}}$，得

$$K = \frac{|2a|}{\left[1 + \left(2ax + b\right)^2\right]^{\frac{3}{2}}}$$

由于 K 的分子为常数 $|2a|$，故要使 K 最大，只需要分母最小. 易知，当 $2ax + b = 0$，即 $x = -\dfrac{b}{2a}$ 时，分母取最小值 1，此时 K 有最大值 $|2a|$. 而 $x = -\dfrac{b}{2a}$ 对应的点是抛物线的顶点. 所以，顶点是抛物线上曲率最大的点.

三、曲率圆与曲率半径

设曲线 $y = f(x)$ 在点 $M(x, y)$ 处的曲率为 K（$K \neq 0$）. 在曲线凹的一侧取点 D，使 $|DM| = \dfrac{1}{K} = \rho$，然后以点 D 为圆心，以 ρ 为半径作圆，如图 3-6-7 所示，此圆称为曲线在点 M 处的曲率圆，圆心 D 称为曲线在点 M 处的曲率中心，曲率圆的半径 ρ 称为曲线在点 M 处的曲率半径.

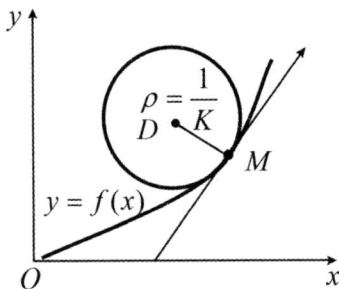

图 3-6-7

由上述定义可知，曲率圆与曲线在点 M 处有相同的切线和曲率，并且在点 M 邻近有相同的弯曲方向. 所以，在实际问题中，常用曲率圆在点 M 处的一段圆弧来近似代替曲线弧，以简化问题.

由上述定义可知，曲线在点 M 处的曲率 K ($K \neq 0$) 与曲线在点 M 处的曲率半径 ρ 有下述关系

$$\rho = \frac{1}{K}, \quad K = \frac{1}{\rho}$$

这就是说：曲线上某点处的曲率半径与曲线在该点处的曲率互为倒数.

【例 4】 某工件内表面的截线是抛物线 $y = 0.4x^2$，如图 3-6-8 所示，现需要对其内表面进行磨削，问磨削用的砂轮的直径多大比较合适.

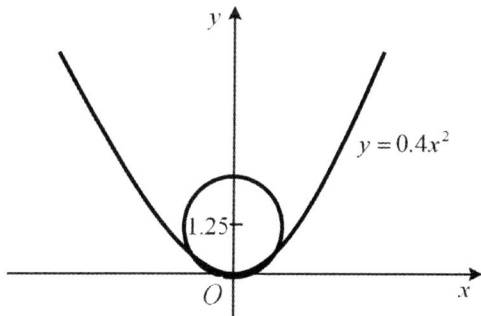

图 3-6-8

【解】 为使砂轮不磨掉太多的工件内表面材料，砂轮的半径应该小于或等于内表面曲线上各点处曲率半径中的最小值．由例 3 可知，抛物线顶点处的曲率最大，因此，抛物线在顶点处曲率半径最小．因此，只要求出 $y = 0.4x^2$ 在顶点 $O(0,0)$ 处的曲率半径即可．

因为 $\qquad\qquad\qquad y' = 0.8x\,, y'' = 0.8\,,$

所以 $\qquad\qquad\qquad y'\big|_{x=0} = 0\,, y''\big|_{x=0} = 0.8\,.$

把上述数据代入求曲率的公式，得到 $K = 0.8\,.$

抛物线在顶点处的曲率半径为

$$\rho = \frac{1}{K} = 1.25$$

因此，选用砂轮的半径不应超过 1.25 单位长，直径不应超过 2.50 单位长．

对于其他用砂轮磨一般工件内表面的情形，有类似结论．也就是说，所用砂轮的半径应该小于或等于此工件内表面截线上各点处曲率半径的最小值．

习题 3-6

1. 求圆 $x^2 + y^2 = ax$ $(a > 0)$ 的弧微分．

2. 求曲线 $y = x^2 + 1$ 的弧微分．

3. 求曲线 $x = a\cos t\,, y = a\sin t\,, z = at$ $(a > 0)$ 的弧微分．

4. 求曲线 $x = t^2\,, y = t^3$ 在点 $(1,1)$ 处的曲率．

5. 求曲线 $x^2 + xy + y^2 = 3$ 在点 $(1,1)$ 处的曲率半径．

第 4 章　不定积分

微分与积分是微积分学中两个不可分割的重要概念,本章讨论求微分的逆运算——不定积分. 求一个已知函数的不定积分, 就是求一个函数, 使它的导数等于该已知函数, 即已知函数 $f(x)$, 求未知函数 $F(x)$, 使 $F'(x) = f(x)$.

在现实生活中, 我们也经常会碰到类似的问题, 例如, 已知物体的加速度函数, 求物体的速度函数; 已知边际成本函数, 求总成本函数等.

第 1 节　不定积分的概念与性质

一、原函数

定义　设函数 $f(x)$ 在区间 I 上有定义, 若对任意的 $x \in I$, 都有
$$F'(x) = f(x) \quad \text{或} \quad \mathrm{d}F(x) = f(x)\mathrm{d}x$$
则称函数 $F(x)$ 为 $f(x)$ 在区间 I 上的一个原函数.

例如, 当 $x \in (-\infty, +\infty)$ 时, $(\sin x)' = \cos x$, 故 $\sin x$ 是 $\cos x$ 在 $(-\infty, +\infty)$ 上的一个原函数; 又如, 当 $x \in (0, +\infty)$ 时, $(\ln x)' = \dfrac{1}{x}$, 故 $\ln x$ 是 $\dfrac{1}{x}$ 在 $(0, +\infty)$ 上的一个原函数.

函数在一个区间上的可导要满足一定的条件, 那么函数在一个区间上是否也要具备一定的条件, 才存在原函数呢?

定理 1 连续的函数一定有原函数.

注：在某区间上有不连续点的函数也可能存在原函数，由于这个结论涉及更多的数学理论，这里不展开讨论.

下面讨论两个问题.

（1）若函数 $f(x)$ 存在原函数，那么它的原函数有多少个，是否唯一？

（2）若函数 $f(x)$ 存在原函数，且原函数若不唯一，则各个原函数间存在什么关系？

定理 2 若在区间 I 上有 $F'(x)=f(x)$，则 $F(x)+C$（C 为任意常数）是函数 $f(x)$ 在区间 I 上的全部原函数.

证明 若 $F'(x)=f(x)$，则 $\left[F(x)+C\right]'=f(x)$，其中 C 为任意常数. 这说明 $F(x)+C$ 是函数 $f(x)$ 的原函数，且函数 $f(x)$ 的原函数有无穷多个.

设 $\varPhi'(x)=f(x)$，则有

$$\left[\varPhi(x)-F(x)\right]'=\varPhi'(x)-F'(x)=f(x)-f(x)=0$$

由拉格朗日中值定理的推论 1 可知

$$\varPhi(x)-F(x)=C \quad（C 是常数）$$

即

$$\varPhi(x)=F(x)+C.$$

这表明 $f(x)$ 的全体原函数均以 $F(x)+C$ 的形式存在.

二、不定积分的定义

定义 若在某区间上有 $F'(x)=f(x)$ 或 $\mathrm{d}F(x)=f(x)\mathrm{d}x$，则称 $F(x)+C$（C 为任意常数）是 $f(x)$ 在该区间上的不定积分，记为 $\displaystyle\int f(x)\mathrm{d}x$，即

$$\int f(x)\mathrm{d}x=F(x)+C \quad（C 为任意常数）$$

其中，$\displaystyle\int$ 称为积分号，$f(x)$ 称为被积函数，$f(x)\mathrm{d}x$ 称为被积表达式，x 称为积分变量.

由定义可知，要计算函数 $f(x)$ 的不定积分，只需求出函数 $f(x)$ 的一个原函数，再加上一个任意常数 C 即可.

例如，$\displaystyle\int x^2\mathrm{d}x=\frac{1}{3}x^3+C$，$\displaystyle\int \cos x\mathrm{d}x=\sin x+C$，$\displaystyle\int \frac{1}{1+x^2}\mathrm{d}x=\arctan x+C$.

结合不定积分的定义，从下述关系可以体会求导数（或求微分）与求不定积分是互逆的.

由于 $\displaystyle\int f(x)\mathrm{d}x$ 是 $f(x)$ 的原函数，所以

$$\frac{\mathrm{d}}{\mathrm{d}x}\left[\int f(x)\mathrm{d}x\right]=f(x)$$

或

$$\mathrm{d}\left[\int f(x)\mathrm{d}x\right]=f(x)\mathrm{d}x$$

又由于 $F(x)$ 是 $F'(x)$ 的原函数，所以

$$\int F'(x)\mathrm{d}x=F(x)+C$$

或
$$\int \mathrm{d}F(x) = F(x) + C$$

综上可知，对函数先求不定积分后求导数，两者相互抵消；对函数先求导数后求不定积分，两者相互抵消后相差一个常数.

【例 1】 求 $\int \dfrac{1}{x}\mathrm{d}x$.

【解】 当 $x > 0$ 时，由于 $(\ln x)' = \dfrac{1}{x}$ ，因此，在 $(0, +\infty)$ 上有
$$\int \frac{1}{x}\mathrm{d}x = \ln x + C$$

当 $x < 0$ 时，由于 $\left[\ln(-x)\right]' = \dfrac{1}{-x}(-1) = \dfrac{1}{x}$ ，因此，在 $(-\infty, 0)$ 上有
$$\int \frac{1}{x}\mathrm{d}x = \ln(-x) + C$$

综合 $x > 0$ 和 $x < 0$ 的结果，可得
$$\int \frac{1}{x}\mathrm{d}x = \ln|x| + C$$

【例 2】 已知 $f'(\ln x) = x$ ，求函数 $f(x)$.

【解】 因为 $f'(\ln x) = x$ ，所以 $f'(x) = \mathrm{e}^x$.

因此
$$f(x) = \int f'(x)\mathrm{d}x = \int \mathrm{e}^x \mathrm{d}x = \mathrm{e}^x + C .$$

三、基本积分公式

因为求不定积分的运算与求导数的运算互逆，所以可以由求导数的公式得到相应的求不定积分的公式，有以下基本的不定积分公式(简称为基本积分公式).

(1) $\int k\mathrm{d}x = kx + C$ （ k 是常数）；　　(2) $\int x^{\mu}\mathrm{d}x = \dfrac{x^{\mu+1}}{\mu+1} + C$ （ $\mu \neq -1$ ）；

(3) $\int \dfrac{\mathrm{d}x}{x} = \ln|x| + C$ ；　　(4) $\int \dfrac{\mathrm{d}x}{1+x^2} = \arctan x + C = -\operatorname{arccot} x + C$ ；

(5) $\int \dfrac{\mathrm{d}x}{\sqrt{1-x^2}} = \arcsin x + C = -\arccos x + C$ ；

(6) $\int \cos x \mathrm{d}x = \sin x + C$ ；　　(7) $\int \sin x \mathrm{d}x = -\cos x + C$ ；

(8) $\int \dfrac{\mathrm{d}x}{\cos^2 x} = \int \sec^2 x \mathrm{d}x = \tan x + C$ ；　　(9) $\int \dfrac{\mathrm{d}x}{\sin^2 x} = \int \csc^2 x \mathrm{d}x = -\cot x + C$ ；

(10) $\int \sec x \tan x \mathrm{d}x = \sec x + C$ ；　　(11) $\int \csc x \cot x \mathrm{d}x = -\csc x + C$ ；

(12) $\int \mathrm{e}^x \mathrm{d}x = \mathrm{e}^x + C$ ；　　(13) $\int a^x \mathrm{d}x = \dfrac{a^x}{\ln a} + C$.

以上 13 个基本积分公式是求不定积分的基础，必须熟记.

四、不定积分的性质

性质 1　设函数 $f(x)$ 及 $g(x)$ 都存在原函数，则

$$\int \left[f(x) \pm g(x) \right] \mathrm{d}x = \int f(x)\mathrm{d}x \pm \int g(x)\mathrm{d}x$$

性质 2　设函数 $f(x)$ 存在原函数，k 为非零常数，则

$$\int k f(x)\mathrm{d}x = k \int f(x)\mathrm{d}x$$

利用上述的性质和基本积分公式，可以求一些简单函数的不定积分.

【例 3】 求 $\int \left(\dfrac{1}{x} + 2\sin x \right)\mathrm{d}x$.

【解】 $\int \left(\dfrac{1}{x} + 2\sin x \right)\mathrm{d}x = \int \dfrac{1}{x}\mathrm{d}x + 2\int \sin x\mathrm{d}x = \ln|x| - 2\cos x + C$.

【例 4】 求 $\int \left(\mathrm{e}^x - 3\cos x \right)\mathrm{d}x$.

【解】 $\int \left(\mathrm{e}^x - 3\cos x \right)\mathrm{d}x = \int \mathrm{e}^x \mathrm{d}x - 3\int \cos x\mathrm{d}x = \mathrm{e}^x - 3\sin x + C$.

【例 5】 求 $\int \tan^2 x\mathrm{d}x$.

【解】 基本积分公式中没有求 $\int \tan^2 x\mathrm{d}x$ 的公式，可以利用三角恒等式 $1 + \tan^2 x = \sec^2 x$ 进行化简，然后再逐项求解，得

$$\int \tan^2 x\mathrm{d}x = \int \left(\sec^2 x - 1 \right)\mathrm{d}x = \int \sec^2 x\mathrm{d}x - \int \mathrm{d}x = \tan x - x + C$$

【例 6】 求 $\int \sin^2 \dfrac{x}{2}\mathrm{d}x$.

【解】 利用倍角公式 $\sin^2 \dfrac{x}{2} = \dfrac{1 - \cos x}{2}$ 对被积函数变形，得

$$\int \sin^2 \dfrac{x}{2}\mathrm{d}x = \int \dfrac{1}{2}(1 - \cos x)\mathrm{d}x = \dfrac{1}{2}\int (1 - \cos x)\mathrm{d}x$$

$$= \dfrac{1}{2}\left(\int \mathrm{d}x - \int \cos x\mathrm{d}x \right) = \dfrac{1}{2}(x - \sin x) + C$$

【例 7】 求 $\int \dfrac{2x^4 + x^2 + 3}{x^2 + 1}\mathrm{d}x$.

【解】 被积函数的分子和分母都是多项式，通过多项式除法(或通过对分子添减项)，可以把它化成基本积分公式中所列类型的不定积分，然后再逐项求解.

$$\int \dfrac{2x^4 + x^2 + 3}{x^2 + 1}\mathrm{d}x = \int \left(2x^2 - 1 + \dfrac{4}{x^2 + 1} \right)\mathrm{d}x$$

$$= 2\int x^2\mathrm{d}x - \int 1\mathrm{d}x + 4\int \dfrac{1}{x^2 + 1}\mathrm{d}x$$

$$= \dfrac{2}{3}x^3 - x + 4\arctan x + C$$

习题 4-1

1. 求下列不定积分.

(1) $\int (x^2 - 3x + 2) \mathrm{d}x$；

(2) $\int \dfrac{\mathrm{d}h}{\sqrt{2gh}}$ （g 是常数）；

(3) $\int \dfrac{(1-x)^2}{\sqrt{x}} \mathrm{d}x$；

(4) $\int \left(2\mathrm{e}^x + \dfrac{3}{x} \right) \mathrm{d}x$；

(5) $\int \left(\dfrac{3}{1+x^2} - \dfrac{2}{\sqrt{1-x^2}} \right) \mathrm{d}x$；

(6) $\int 3^x \mathrm{e}^x \mathrm{d}x$；

(7) $\int \dfrac{1}{\sin^2 \frac{x}{2} \cos^2 \frac{x}{2}} \mathrm{d}x$；

(8) $\int \cos^2 \dfrac{x}{2} \mathrm{d}x$；

(9) $\int \sec x (\sec x - \tan x) \mathrm{d}x$；

(10) $\int \dfrac{\cos 2x}{\cos^2 x \sin^2 x} \mathrm{d}x$；

(11) $\int \cot^2 x \mathrm{d}x$；

(12) $\int \dfrac{x^2}{x^2+1} \mathrm{d}x$.

2. 求过点 $\left(\dfrac{\pi}{2}, 0 \right)$ 且在任一点处的切线斜率为 $\cos x$ 的曲线对应的函数式.

3. 一个物体从 A 点出发，以变速直线运动到达 B 点，已知时刻 t 的速度为 $v(t) = 3t^2$.

(1) 当 $t = 6$ 时，物体移动的距离是多少？

(2) 已知 A、B 两点的距离是 1000，物体从 A 点移动到 B 点的时间是多少？

4. 求证函数 $\arcsin(2x-1)$、$\arccos(1-2x)$、$2\arctan\sqrt{\dfrac{x}{1-x}}$ 都是函数 $\dfrac{1}{\sqrt{x-x^2}}$ 的原函数.

第 2 节　换元积分法

在求不定积分时，能直接利用基本积分公式计算的毕竟是少数. 因此，有必要进一步研究一些切实可行的求不定积分的方法.

下面介绍通过变量代换将某些不定积分转化为利用基本积分公式进行计算的方法——换元法，它建立在复合函数求导公式的基础上，分为第一类换元法和第二类换元法.

一、第一类换元法

我们先来观察一个例子，计算 $\int \mathrm{e}^{2x} \mathrm{d}x$. 很显然，函数 $y = \mathrm{e}^{2x}$ 是由 $y = \mathrm{e}^u$，$u = 2x$ 复合而成的函数. 根据基本积分公式可知，$\int \mathrm{e}^x \mathrm{d}x = \mathrm{e}^x + C$. 我们不妨将 $\int \mathrm{e}^{2x} \mathrm{d}x$ 变形为以下形式：

$$\frac{1}{2} \int \mathrm{e}^{2x} \mathrm{d}(2x)$$

令 $u = 2x$ ，则

$$\int e^{2x} dx = \frac{1}{2} \int e^{2x} d(2x) = \frac{1}{2} \int e^u du = \frac{1}{2} e^u + C$$

再将变量 $u = 2x$ 代回，可得

$$\int e^{2x} dx = \frac{1}{2} e^{2x} + C$$

上述例题采用了变量代换的方法，将复杂的不定积分化为基本积分公式中给出的不定积分，从而达到简化计算的目的.

定理 1　设 $\int f(u) du = F(u) + C$ ， $u = \varphi(x)$ 可导，则有换元公式

$$\int f[\varphi(x)] \varphi'(x) dx \overset{凑微分}{=} F[\varphi(x)] d\varphi(x) \Big|_{u=\varphi(x)} \overset{换元}{=} \int f(u) du$$

$$\overset{代回}{=} F(u) + C = F[\varphi(x)] + C$$

定理 1 中用凑微分的方法给出了一种换元方法，因此这种换元方法也称为凑微分法，下面给出几种常见的凑微分形式.

(1) $a dx = d(ax + b)$ $(a \neq 0)$ ；

(2) $x dx = \frac{1}{2} dx^2$ ；

(3) $-\sin x dx = d\cos x$ ；

(4) $\cos x dx = d\sin x$ ；

(5) $\frac{1}{\sqrt{x}} dx = 2 d\sqrt{x}$ ；

(6) $\frac{1}{x^2} dx = -d\frac{1}{x}$ ；

(7) $\frac{1}{x} dx = d\ln x$ $(x > 0)$ ；

(8) $e^x dx = de^x$ ；

(9) $\frac{1}{1 + x^2} dx = d\arctan x$ ；

(10) $\frac{1}{\sqrt{1 - x^2}} dx = d\arcsin x$.

【例 1】 求 $\int 2\sin 2x dx$.

【解】 被积函数中， $2 dx = d2x$. 因此，进行变换 $u = 2x$ ，得

$$\int 2\sin 2x dx = \int \sin 2x \cdot 2 dx = \int \sin 2x \cdot (2x)' dx$$

$$= \int \sin 2x d2x = \int \sin u du = -\cos u + C$$

再将 $u = 2x$ 代回，即得

$$\int 2\sin 2x dx = -\cos 2x + C$$

【例 2】 求 $\int \frac{1}{3 + 2x} dx$.

【解】 凑微分：

$$\frac{1}{3 + 2x} = \frac{1}{2} \cdot \frac{1}{3 + 2x} \cdot 2 = \frac{1}{2} \cdot \frac{1}{3 + 2x} (3 + 2x)'$$

令 $u = 3 + 2x$ ，便有

$$\int \frac{1}{3+2x} dx = \int \frac{1}{2} \cdot \frac{1}{3+2x} (3+2x)' dx = \frac{1}{2} \int \frac{1}{3+2x} d(3+2x)$$

$$= \frac{1}{2} \int \frac{1}{u} du = \frac{1}{2} \ln|u| + C = \frac{1}{2} \ln|3+2x| + C$$

一般地，对于不定积分 $\int f(ax+b) dx$，总可进行变换 $u=ax+b$，把它化为

$$\int f(ax+b) dx = \int \frac{1}{a} f(ax+b) d(ax+b) \Bigg|_{u=ax+b} = \frac{1}{a} \int f(u) du$$

【例 3】求 $\int 2xe^{x^2} dx$.

【解】被积函数中，$2x dx = dx^2$，所以

$$\int 2xe^{x^2} dx = \int e^{x^2} d(x^2) = \int e^u du = e^u + C = e^{x^2} + C$$

在对变量代换比较熟练以后，就不必写出中间变量 u 了。

【例 4】求 $\int \frac{1}{a^2 + x^2} dx \ (a>0)$.

【解】$\int \frac{1}{a^2+x^2} dx = \int \frac{1}{a^2} \cdot \frac{1}{1+\left(\frac{x}{a}\right)^2} dx = \frac{1}{a} \int \frac{1}{1+\left(\frac{x}{a}\right)^2} d\frac{x}{a} = \frac{1}{a} \arctan \frac{x}{a} + C$.

【例 5】求 $\int \frac{dx}{\sqrt{a^2-x^2}} \ (a>0)$.

【解】$\int \frac{dx}{\sqrt{a^2-x^2}} = \int \frac{1}{a} \frac{dx}{\sqrt{1-\left(\frac{x}{a}\right)^2}} = \int \frac{d\frac{x}{a}}{\sqrt{1-\left(\frac{x}{a}\right)^2}} = \arcsin \frac{x}{a} + C$.

【例 6】求 $\int \frac{dx}{x(1+\ln x)}$.

【解】$\int \frac{dx}{x(1+\ln x)} = \int \frac{d(\ln x)}{1+\ln x} = \int \frac{d(1+\ln x)}{1+\ln x} = \ln|1+\ln x| + C$.

【例 7】求 $\int \frac{e^{\sqrt{x}}}{\sqrt{x}} dx$.

【解】因为 $d\sqrt{x} = \frac{1}{2} \frac{dx}{\sqrt{x}}$，即 $\frac{dx}{\sqrt{x}} = 2d\sqrt{x}$，

所以 $\qquad \int \frac{e^{\sqrt{x}}}{\sqrt{x}} dx = 2 \int e^{\sqrt{x}} d\sqrt{x} = 2e^{\sqrt{x}} + C$.

在计算三角函数的不定积分时，常用到三角公式：

(1) $\cos^2 x - \sin^2 x = \cos 2x$；　　　　(2) $2\sin^2 x = 1 - \cos 2x$；

(3) $\cos^2 x + \sin^2 x = 1$；　　　　(4) $2\cos^2 x = 1 + \cos 2x$；

(5) $\sec^2 x - \tan^2 x = 1$；　　　　(6) $\csc^2 x - \cot^2 x = 1$.

【例 8】求 $\int \sin^3 x \mathrm{d}x$.

【解】$\int \sin^3 x \mathrm{d}x = \int \sin^2 x \sin x \mathrm{d}x$

$$= -\int \left(1 - \cos^2 x\right) \mathrm{d}\left(\cos x\right) = -\cos x + \frac{1}{3}\cos^3 x + C .$$

【例 9】$\int \tan x \mathrm{d}x$.

【解】$\int \tan x \mathrm{d}x = \int \dfrac{\sin x}{\cos x} \mathrm{d}x = -\int \dfrac{1}{\cos x} \mathrm{d}\left(\cos x\right) = -\ln|\cos x| + C$.

类似地，可得 $\int \cot x \mathrm{d}x = \ln|\sin x| + C$.

【例 10】求 $\int \cos^2 x \mathrm{d}x$.

【解】$\int \cos^2 x \mathrm{d}x = \int \dfrac{1 + \cos 2x}{2} \mathrm{d}x = \dfrac{1}{2}\left(\int \mathrm{d}x + \int \cos 2x \mathrm{d}x\right)$

$$= \frac{1}{2}\int \mathrm{d}x + \frac{1}{4}\int \cos 2x \mathrm{d}\left(2x\right) = \frac{x}{2} + \frac{\sin 2x}{4} + C .$$

【例 11】求 $\int \csc x \mathrm{d}x$.

【解】$\displaystyle\int \csc x \mathrm{d}x = \int \dfrac{\mathrm{d}x}{\sin x} = \int \dfrac{\mathrm{d}x}{2\sin \dfrac{x}{2} \cos \dfrac{x}{2}}$

$$= \int \frac{\mathrm{d}\dfrac{x}{2}}{\tan \dfrac{x}{2} \cos^2 \dfrac{x}{2}} = \int \frac{\mathrm{d}\left(\tan \dfrac{x}{2}\right)}{\tan \dfrac{x}{2}} = \ln\left|\tan \frac{x}{2}\right| + C .$$

因为 $\tan \dfrac{x}{2} = \dfrac{\sin \dfrac{x}{2}}{\cos \dfrac{x}{2}} = \dfrac{2\sin^2 \dfrac{x}{2}}{\sin x} = \dfrac{1 - \cos x}{\sin x} = \csc x - \cot x$,

所以，上述不定积分又可以表示为

$$\int \csc x \mathrm{d}x = \ln|\csc x - \cot x| + C$$

利用上例的结果，可得

$$\int \sec x \mathrm{d}x = \int \csc\left(x + \frac{\pi}{2}\right) \mathrm{d}\left(x + \frac{\pi}{2}\right)$$

$$= \ln\left|\csc\left(x + \frac{\pi}{2}\right) - \cot\left(x + \frac{\pi}{2}\right)\right| + C$$

$$= \ln|\sec x + \tan x| + C$$

【例 12】求 $\int \cos 3x \cos 2x \mathrm{d}x$.

【解】利用三角函数的积化和差公式

$$\cos A \cos B = \frac{1}{2}\left[\cos\left(A - B\right) + \cos\left(A + B\right)\right]$$

得　　　　　$\cos 3x \cos 2x = \dfrac{1}{2}\left(\cos x + \cos 5x\right)$,

因此
$$\int \cos 3x \cos 2x \mathrm{d}x = \frac{1}{2}\int (\cos x + \cos 5x)\mathrm{d}x$$
$$= \frac{1}{2}\left[\int \cos x \mathrm{d}x + \frac{1}{5}\int \cos 5x \mathrm{d}(5x)\right]$$
$$= \frac{1}{2}\sin x + \frac{1}{10}\sin 5x + C.$$

二、第二类换元法

对于形式较复杂的被积函数 $f(x)$，适当地选择变量代换 $x = \psi(t)$，将不定积分 $\int f(x)\mathrm{d}x$ 化为不定积分 $\int f[\psi(t)]\psi'(t)\mathrm{d}t$，得到
$$\int f(x)\mathrm{d}x = \int f[\psi(t)]\psi'(t)\mathrm{d}t$$

设 $f[\psi(t)]\psi'(t)$ 的原函数为 $\Phi(t)$，记 $\Phi[\psi^{-1}(x)] = F(x)$，利用复合函数及反函数的求导法则，得到
$$F'(x) = \frac{\mathrm{d}\Phi}{\mathrm{d}t}\cdot\frac{\mathrm{d}t}{\mathrm{d}x} = f[\psi(t)]\psi'(t)\cdot\frac{1}{\psi'(t)} = f[\psi(t)] = f(x)$$

由上式可知，$F(x)$ 是 $f(x)$ 的原函数，所以有
$$\int f(x)\mathrm{d}x = F(x) + C = \Phi[\psi^{-1}(x)] + C = \int f[\psi(t)]\psi'(t)\mathrm{d}t\Big|_{t=\psi^{-1}(x)}$$

说明：（1）以上推导过程用到了反函数求导法则，所以要求 $x = \psi(t)$ 是单调、可导的函数，并且 $\psi'(t) \neq 0$.

（2）在最后结果中，必须把 $t = \psi^{-1}(x)$ 代回去.

观察不定积分 $\int \frac{1}{x+\sqrt{x}}\mathrm{d}x$，被积函数中出现根式 $\sqrt{x}$，用第一类换元法很难解决，我们可以设法先去掉根号. 令 $t = \sqrt{x}$，则 $x = t^2$，$\mathrm{d}x = 2t\mathrm{d}t$，因此可得到
$$\int \frac{1}{x+\sqrt{x}}\mathrm{d}x = \int \frac{1}{t^2+t}\cdot 2t\mathrm{d}t = 2\int \frac{1}{t+1}\mathrm{d}t$$
$$= 2\ln|t+1| + C = 2\ln(1+\sqrt{x}) + C$$

定理 2 设函数 $f(x)$ 连续，函数 $x = \psi(t)$ 存在反函数 $t = \psi^{-1}(x)$ 且导数 $\psi'(t)$ 连续，则有换元公式
$$\int f(x)\mathrm{d}x = \int f[\psi(t)]\psi'(t)\mathrm{d}t\Big|_{t=\psi^{-1}(x)}$$

下面分类举例说明定理2的应用.

1. 根式代换

当被积函数为 $f(x, \sqrt[n]{ax+b})$，$f\left(x, \sqrt[n]{\frac{ax+b}{cx+d}}\right)$，$f(x, \sqrt[n]{ax+b}, \sqrt[m]{ax+b})$ 三者之一时，通常采用根式代换去掉根号，可以分别令 $t = \sqrt[n]{ax+b}$，$t = \sqrt[n]{\frac{ax+b}{cx+d}}$，$t = \sqrt[p]{ax+b}$（$p$ 为 m 和 n 的最小公倍数）.

【例 13】求 $\int \dfrac{\sqrt{x-1}}{x}\mathrm{d}x$.

【解】设 $t=\sqrt{x-1}$ ，得 $x=t^2+1$ ，$\mathrm{d}x=2t\mathrm{d}t$ ，则

$$\int \frac{\sqrt{x-1}}{x}\mathrm{d}x=\int \frac{t}{t^2+1}\cdot 2t\mathrm{d}t=2\int \frac{t^2}{t^2+1}\mathrm{d}t$$

$$=2\int \left(1-\frac{1}{1+t^2}\right)\mathrm{d}t=2\left(t-\arctan t\right)+C$$

$$=2\left(\sqrt{x-1}-\arctan \sqrt{x-1}\right)+C$$

【例 14】求 $\int \dfrac{\mathrm{d}x}{1+\sqrt[3]{x+2}}$.

【解】设 $t=\sqrt[3]{x+2}$ ，得 $x=t^3-2$ ，$\mathrm{d}x=3t^2\mathrm{d}t$ ，则

$$\int \frac{\mathrm{d}x}{1+\sqrt[3]{x+2}}=\int \frac{3t^2}{1+t}\mathrm{d}t=3\int \frac{t^2-1+1}{1+t}\mathrm{d}t$$

$$=3\int \left(t-1+\frac{1}{1+t}\right)\mathrm{d}t=3\left(\frac{t^2}{2}-t+\ln|1+t|\right)+C$$

$$=\frac{3}{2}\sqrt[3]{(x+2)^2}-3\sqrt[3]{x+2}+3\ln\left|1+\sqrt[3]{x+2}\right|+C$$

【例 15】求 $\int \dfrac{\mathrm{d}x}{\left(1+\sqrt[3]{x}\right)\sqrt{x}}$.

【解】被积函数中出现了两个根式 $\sqrt{x}$ 和 $\sqrt[3]{x}$. 为了同时消去这两个根式，可设 $t=\sqrt[6]{x}$ ，得 $x=t^6$ ，$\mathrm{d}x=6t^5\mathrm{d}t$ ，则

$$\int \frac{\mathrm{d}x}{\left(1+\sqrt[3]{x}\right)\sqrt{x}}=\int \frac{6t^5}{\left(1+t^2\right)t^3}\mathrm{d}t=6\int \frac{t^2}{1+t^2}\mathrm{d}t$$

$$=6\int \left(1-\frac{1}{1+t^2}\right)\mathrm{d}t=6\left(t-\arctan t\right)+C$$

$$=6\left(\sqrt[6]{x}-\arctan \sqrt[6]{x}\right)+C$$

【例 16】求 $\int \dfrac{1}{x}\sqrt{\dfrac{1+x}{x}}\mathrm{d}x$.

【解】设 $t=\sqrt{\dfrac{1+x}{x}}$ ，得 $\dfrac{1+x}{x}=t^2$ ，$x=\dfrac{1}{t^2-1}$ ，$\mathrm{d}x=-\dfrac{2t\mathrm{d}t}{\left(t^2-1\right)^2}$ ，则

$$\int \frac{1}{x}\sqrt{\frac{1+x}{x}}\mathrm{d}x=\int \left(t^2-1\right)t\cdot \frac{-2t}{\left(t^2-1\right)^2}\mathrm{d}t=-2\int \frac{t^2}{t^2-1}\mathrm{d}t$$

$$=-2\int \left(1+\frac{1}{t^2-1}\right)\mathrm{d}t=-2t-\ln\left|\frac{t-1}{t+1}\right|+C$$

$$=-2t+2\ln\left(t+1\right)-\ln\left|t^2-1\right|+C$$

$$= -2\sqrt{\frac{1+x}{x}} + 2\ln\left(\sqrt{\frac{1+x}{x}} + 1\right) + \ln|x| + C$$

2. 三角代换

当被积函数中出现形如 $\sqrt{a^2 - x^2}$，$\sqrt{x^2 + a^2}$，$\sqrt{x^2 - a^2}$ 的根式时，通常利用三角函数恒等式去掉根号，针对以上三种根式，可分别令 $x = a\sin t$，$t \in \left(-\dfrac{\pi}{2}, \dfrac{\pi}{2}\right)$；$x = a\tan t$，$t \in \left(-\dfrac{\pi}{2}, \dfrac{\pi}{2}\right)$；$x = a\sec t$，$t \in \left(0, \dfrac{\pi}{2}\right)$.

【例 17】 求 $\displaystyle\int \sqrt{a^2 - x^2}\,\mathrm{d}x$ $(a > 0)$.

【解】 利用三角公式 $\sin^2 t + \cos^2 t = 1$ 化去根式.

令 $x = a\sin t$，$-\dfrac{\pi}{2} < t < \dfrac{\pi}{2}$，得 $\sqrt{a^2 - x^2} = \sqrt{a^2 - a^2\sin^2 t} = a\cos t$，$\mathrm{d}x = a\cos t\,\mathrm{d}t$，则

$$\int \sqrt{a^2 - x^2}\,\mathrm{d}x = \int a\cos t \cdot a\cos t\,\mathrm{d}t = a^2 \int \cos^2 t\,\mathrm{d}t$$

利用例 10 的结果可得

$$\int \sqrt{a^2 - x^2}\,\mathrm{d}x = a^2\left(\frac{t}{2} + \frac{\sin 2t}{4}\right) + C$$

$$= \frac{a^2}{2}t + \frac{a^2}{2}\sin t \cos t + C$$

因为 $x = a\sin t$，$-\dfrac{\pi}{2} < t < \dfrac{\pi}{2}$，$t = \arcsin\dfrac{x}{a}$，所以

$$\cos t = \sqrt{1 - \sin^2 t} = \sqrt{1 - \left(\frac{x}{a}\right)^2} = \frac{\sqrt{a^2 - x^2}}{a}$$

因此

$$\int \sqrt{a^2 - x^2}\,\mathrm{d}x = \frac{a^2}{2}\arcsin\frac{x}{a} + \frac{1}{2}x\sqrt{a^2 - x^2} + C$$

【例 18】 求 $\displaystyle\int \dfrac{\mathrm{d}x}{\sqrt{x^2 + a^2}}$ $(a > 0)$.

【解】 利用三角公式 $1 + \tan^2 t = \sec^2 t$ 化去根式.

令 $x = a\tan t$，$-\dfrac{\pi}{2} < t < \dfrac{\pi}{2}$，得

$$\sqrt{x^2 + a^2} = \sqrt{a^2 + a^2\tan^2 t} = a\sqrt{1 + \tan^2 t} = a\sec t，\ \mathrm{d}x = a\sec^2 t\,\mathrm{d}t$$

则
$$\int \frac{\mathrm{d}x}{\sqrt{x^2 + a^2}} = \int \frac{a\sec^2 t}{a\sec t}\,\mathrm{d}t = \int \sec t\,\mathrm{d}t.$$

利用例 11 的结果可得

$$\int \frac{\mathrm{d}x}{\sqrt{x^2 + a^2}} = \ln|\sec t + \tan t| + C$$

为了把 $\sec t$ 及 $\tan t$ 换成 x 的函数，可以根据 $\tan t = \dfrac{x}{a}$ 作如图4-2-1所示的辅助直角三角形.

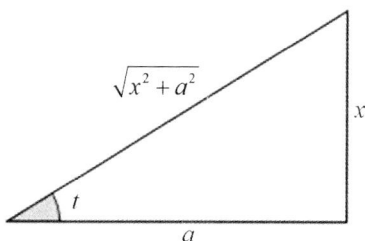

图4-2-1

根据图4-2-1可知 $\sec t = \dfrac{\sqrt{x^2 + a^2}}{a}$，且 $\sec t + \tan t > 0$，因此

$$\int \frac{\mathrm{d}x}{\sqrt{x^2 + a^2}} = \ln\left(\frac{x}{a} + \frac{\sqrt{x^2 + a^2}}{a}\right) + C = \ln\left(x + \sqrt{x^2 + a^2}\right) + C_1$$

其中 $C_1 = C - \ln a$.

【例 19】求 $\displaystyle\int \frac{\mathrm{d}x}{\sqrt{x^2 - a^2}}$　$(a > 0)$.

【解】利用三角公式 $\sec^2 t - 1 = \tan^2 t$ 化去根式. 注意到被积函数的定义域是 $x > a$ 和 $x < -a$ 两个区间，我们在两个区间上分别求不定积分.

当 $x > a$ 时，令 $x = a\sec t, 0 < t < \dfrac{\pi}{2}$，得

$$\sqrt{x^2 - a^2} = \sqrt{a^2 \sec^2 t - a^2} = a\sqrt{\sec^2 t - 1} = a\tan t, \quad \mathrm{d}x = a\sec t \tan t\,\mathrm{d}t$$

因此　　　　　　$\displaystyle\int \frac{\mathrm{d}x}{\sqrt{x^2 - a^2}} = \int \frac{a\sec t \tan t}{a\tan t}\mathrm{d}t = \int \sec t\,\mathrm{d}t = \ln\left(\sec t + \tan t\right) + C$

根据 $\sec t = \dfrac{x}{a}$ 作如图4-2-2所示的辅助直角三角形.

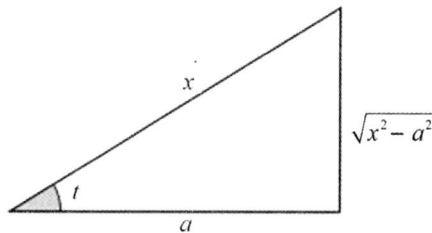

图4-2-2

根据图4-2-2可知 $\tan t = \dfrac{\sqrt{x^2 - a^2}}{a}$，因此

$$\int \frac{\mathrm{d}x}{\sqrt{x^2 - a^2}} = \ln\left(\frac{x}{a} + \frac{\sqrt{x^2 - a^2}}{a}\right) + C = \ln\left(x + \sqrt{x^2 - a^2}\right) + C_1$$

其中 $C_1 = C - \ln a$.

当 $x < -a$ 时，$-x > a$，令 $u = -x$，得

$$\int \frac{\mathrm{d}x}{\sqrt{x^2 - a^2}} = -\int \frac{\mathrm{d}u}{\sqrt{u^2 - a^2}} = -\ln\left(u + \sqrt{u^2 - a^2}\right) + C$$

$$= -\ln\left(-x + \sqrt{x^2 - a^2}\right) + C$$

$$= \ln \frac{-x - \sqrt{x^2 - a^2}}{a^2} + C$$

$$= \ln\left(-x - \sqrt{x^2 - a^2}\right) + C_2$$

其中 $C_2 = C - 2\ln a$.

综上可知

$$\int \frac{\mathrm{d}x}{\sqrt{x^2 - a^2}} = \ln\left|x + \sqrt{x^2 - a^2}\right| + C$$

根式代换和三角代换是第二类换元法常用的变换，它们都用来解决被积函数中出现根式这种类型的不定积分，但两者有本质区别：被积函数中被开方的式子如果是一次式，可用根式代换；被积函数中被开方的式子如果是二次式，则可选择三角代换. 还要注意，并非所有被积函数中出现根式的不定积分，都要用第二类换元法，例如 $\int x\sqrt{x^2 + a^2}\,\mathrm{d}x$，用第一类换元法就更简便.

3. 倒代换

第二类换元法的应用十分灵活，选择恰当的变量代换，可达到简化计算的目的. 下面我们通过例题介绍另一种很有用的代换——倒代换，利用它可消去分母次幂较高的被积函数分母中的变量因子 x.

【例 20】求 $\int \frac{\sqrt{a^2 - x^2}}{x^4}\,\mathrm{d}x$.

【解】设 $x = \frac{1}{t}$，得 $\mathrm{d}x = -\frac{\mathrm{d}t}{t^2}$，因此

$$\int \frac{\sqrt{a^2 - x^2}}{x^4}\,\mathrm{d}x = \int \frac{\sqrt{a^2 - \frac{1}{t^2}} \cdot \left(-\frac{\mathrm{d}t}{t^2}\right)}{\frac{1}{t^4}} = -\int \left(a^2 t^2 - 1\right)^{\frac{1}{2}} |t|\,\mathrm{d}t$$

当 $x > 0$ 时，有

$$\int \frac{\sqrt{a^2 - x^2}}{x^4}\,\mathrm{d}x = -\frac{1}{2a^2} \int \left(a^2 t^2 - 1\right)^{\frac{1}{2}} \mathrm{d}\left(a^2 t^2 - 1\right)$$

$$= -\frac{\left(a^2 t^2 - 1\right)^{\frac{3}{2}}}{3a^2} + C$$

$$= -\frac{\left(a^2 - x^2\right)^{\frac{3}{2}}}{3a^2 x^3} + C$$

当 $x < 0$ 时，有相同的结果.

4. 其他代换

【例 21】求 $\int x^2 (2-x)^{10} dx$.

【解】设 $t = 2 - x$，得 $x = 2 - t$，$dx = -dt$，因此

$$\int x^2 (2-x)^{10} dx = \int (2-t)^2 t^{10} (-dt) = -\int (4 - 4t + t^2) t^{10} dt$$

$$= \int (-4t^{10} + 4t^{11} - t^{12}) dt$$

$$= -\frac{4}{11} t^{11} + \frac{1}{3} t^{12} - \frac{1}{13} t^{13} + C$$

$$= -\frac{4}{11} (2-x)^{11} + \frac{1}{3} (2-x)^{12} - \frac{1}{13} (2-x)^{13} + C$$

前面我们已经给出了13个基本积分公式，根据上面例题中得到的结论，再给出以下9个基本积分公式（其中常数 $a > 0$）.

(14) $\int \tan x dx = -\ln |\cos x| + C$；　　　　(15) $\int \cot x dx = \ln |\sin x| + C$；

(16) $\int \sec x dx = \ln |\sec x + \tan x| + C$；　　(17) $\int \csc x dx = \ln |\csc x - \cot x| + C$；

(18) $\int \frac{dx}{a^2 + x^2} = \frac{1}{a} \arctan \frac{x}{a} + C$；　　(19) $\int \frac{dx}{\sqrt{a^2 - x^2}} = \arcsin \frac{x}{a} + C$；

(20) $\int \frac{dx}{\sqrt{x^2 + a^2}} = \ln \left(x + \sqrt{x^2 + a^2} \right) + C$；　　(21) $\int \frac{dx}{\sqrt{x^2 - a^2}} = \ln \left| x + \sqrt{x^2 - a^2} \right| + C$.

(22) $\int \frac{dx}{x^2 - a^2} = \frac{1}{2a} \ln \left| \frac{x-a}{x+a} \right| + C$　（见本章第4节例1）.

【例 22】求 $\int \frac{dx}{x^2 + 2x + 5}$.

【解】$\int \frac{dx}{x^2 + 2x + 5} = \int \frac{1}{(x+1)^2 + 2^2} d(x+1)$，利用公式(18)可得

$$\int \frac{dx}{x^2 + 2x + 5} = \frac{1}{2} \arctan \frac{x+1}{2} + C$$

【例 23】求 $\int \frac{dx}{\sqrt{1 + x - x^2}}$.

【解】$\int \frac{dx}{\sqrt{1 + x - x^2}} = \int \frac{d\left(x - \frac{1}{2} \right)}{\sqrt{\left(\frac{\sqrt{5}}{2} \right)^2 - \left(x - \frac{1}{2} \right)^2}}$，利用公式(19)可得

$$\int \frac{dx}{\sqrt{1 + x - x^2}} = \arcsin \frac{2x-1}{\sqrt{5}} + C$$

【例 24】求 $\int \frac{dx}{\sqrt{4x^2 + 9}}$.

【解】$\int \dfrac{\mathrm{d}x}{\sqrt{4x^2+9}} = \int \dfrac{\mathrm{d}x}{\sqrt{(2x)^2+3^2}} = \dfrac{1}{2}\int \dfrac{\mathrm{d}(2x)}{\sqrt{(2x)^2+3^2}}$ ，利用公式(20)可得

$$\int \dfrac{\mathrm{d}x}{\sqrt{4x^2+9}} = \dfrac{1}{2}\ln\left(2x+\sqrt{4x^2+9}\right)+C$$

习题4-3

求下列不定积分.

(1) $\int \sqrt{2-3x}\,\mathrm{d}x$ ；

(2) $\int \dfrac{\mathrm{d}x}{4-3x}$ ；

(3) $\int \cos(3x+5)\,\mathrm{d}x$ ；

(4) $\int \dfrac{\sin\sqrt{t}}{\sqrt{t}}\,\mathrm{d}t$ ；

(5) $\int x\mathrm{e}^{-x^2}\,\mathrm{d}x$ ；

(6) $\int \dfrac{3x^3}{1-x^4}\,\mathrm{d}x$ ；

(7) $\int \dfrac{x}{\sqrt{x^2+1}}\,\mathrm{d}x$ ；

(8) $\int \dfrac{2\mathrm{e}^x}{1+\mathrm{e}^{2x}}\,\mathrm{d}x$ ；

(9) $\int \dfrac{1+\ln^2 x}{x}\,\mathrm{d}x$ ；

(10) $\int \dfrac{1}{x^2}\sin\dfrac{1}{x}\,\mathrm{d}x$ ；

(11) $\int \dfrac{\sin x}{\cos^3 x}\,\mathrm{d}x$ ；

(12) $\int \dfrac{\arctan\sqrt{x}}{\sqrt{x}(1+x)}\,\mathrm{d}x$ ；

(13) $\int \sin^2 x\cos^4 x\,\mathrm{d}x$ ；

(14) $\int \sin^2 x\cos^5 x\,\mathrm{d}x$ ；

(15) $\int \tan^5 x\sec^3 x\,\mathrm{d}x$ ；

(16) $\int \sec^4 x\,\mathrm{d}x$ ；

(17) $\int \tan^5 x\sec^3 x\,\mathrm{d}x$ ；

(18) $\int \dfrac{\mathrm{d}x}{(x+1)(x-2)}$ ；

(19) $\int \dfrac{\mathrm{d}x}{1+\sqrt{2x}}$ ；

(20) $\int \dfrac{\mathrm{d}x}{1+\sqrt[3]{x+1}}$ ；

(21) $\int \dfrac{\mathrm{d}x}{\sqrt{x}+\sqrt[4]{x}}$ ；

(22) $\int \dfrac{1}{x}\sqrt{\dfrac{1-x}{1+x}}\,\mathrm{d}x$ ；

(23) $\int \dfrac{\mathrm{d}x}{1+\sqrt{1-x^2}}$ ；

(24) $\int \dfrac{\mathrm{d}x}{\sqrt{4+x^2}}$.

第3节 分部积分法

当被积函数可表示为两个函数的乘积时，这种被积函数分为以下两类.

(1) 两个函数中，一个函数是复合函数，另一个函数可以用复合函数的内函数的导数表示，例如 $\int \sin^2 x \cdot \cos x \mathrm{d}x$（可表示为 $\int \sin^2 x \mathrm{d}\sin x$），$\int \ln^5 x \cdot \dfrac{1}{x} \mathrm{d}x$（可表示为 $\int \ln^5 x \mathrm{d}\ln x$）等，对这类被积函数通常可以用用第一类换元法求不定积分.

(2) 两个函数是不同类型的函数，例如 $\int x \cdot \cos x \mathrm{d}x$，$\int x^2 \cdot \ln x \mathrm{d}x$ 等，对这类被积函数可以用下面介绍的分部积分法求不定积分.

设 $u = u(x)$ 和 $v = v(x)$ 具有连续导数. 那么，两个函数乘积的导数公式为

$$(uv)' = u'v + uv'$$

移项得

$$uv' = (uv)' - u'v .$$

在这个等式两边求不定积分，得分部积分公式

$$\int uv' \mathrm{d}x = uv - \int u'v \mathrm{d}x$$

或

$$\int u \mathrm{d}v = uv - \int v \mathrm{d}u .$$

用分部积分法求不定积分时，恰当选择 u 和 $\mathrm{d}v$ 是一个关键，如果 u 和 $\mathrm{d}v$ 选择不当，就求不出结果.

【例 1】 求 $\int x \cos x \mathrm{d}x$.

【解】 设 $u = x$，$\mathrm{d}v = \cos x \mathrm{d}x$，则 $v = \sin x$，$\mathrm{d}u = \mathrm{d}x$，代入分部积分公式，得

$$\int x \cos x \mathrm{d}x = x \sin x - \int \sin x \mathrm{d}x$$

而 $\int v \mathrm{d}u = \int \sin x \mathrm{d}x$ 容易求出，所以

$$\int x \cos x \mathrm{d}x = x \sin x + \cos x + C$$

上述过程也可以简写为

$$\int x \cos x \mathrm{d}x = \int x (\sin x)' \mathrm{d}x = \int x \mathrm{d}\sin x$$

$$= x \sin x - \int \sin x \mathrm{d}x = x \sin x + \cos x + C$$

求 $\int x \cos x \mathrm{d}x$ 时，如果设 $u = \cos x$，$\mathrm{d}v = x \mathrm{d}x$，则 $\mathrm{d}u = -\sin x \mathrm{d}x$，$v = \dfrac{x^2}{2}$.

于是

$$\int x \cos x \mathrm{d}x = \frac{x^2}{2} \cos x + \int \frac{x^2}{2} \sin x \mathrm{d}x .$$

上式右端的不定积分比原不定积分更难求出.

由上面的叙述可知，用分部积分法求不定积分，u 和 $\mathrm{d}v$ 的选择至关重要. 如果 u 和 $\mathrm{d}v$ 选择不当，就不能用分部积分法求出结果，关于 u 和 $\mathrm{d}v$ 的选择，要考虑以下两点：

(1) v 要容易求得；

(2) $\int v\mathrm{d}u$ 要比 $\int u\mathrm{d}v$ 容易求出，最多难度相当.

【例2】求 $\int x\mathrm{e}^x\mathrm{d}x$.

【解】设 $u=x$ ，$\mathrm{d}v=\mathrm{e}^x\mathrm{d}x$ ，则 $v=\mathrm{e}^x$ ，$\mathrm{d}u=\mathrm{d}x$ ，代入分部积分公式，得

$$\int x\mathrm{e}^x\mathrm{d}x=x\mathrm{e}^x-\int \mathrm{e}^x\mathrm{d}x=x\mathrm{e}^x-\mathrm{e}^x+C$$

同例1中对应的步骤，上述过程也可以简写为

$$\int x\mathrm{e}^x\mathrm{d}x=\int x\mathrm{d}\mathrm{e}^x=x\mathrm{e}^x-\int \mathrm{e}^x\mathrm{d}x=x\mathrm{e}^x-\mathrm{e}^x+C$$

【例3】求 $\int x\ln x\mathrm{d}x$.

【解】设 $u=\ln x$ ，$\mathrm{d}v=x\mathrm{d}x$ ，得

$$\int x\ln x\mathrm{d}x=\int \ln x\mathrm{d}\frac{x^2}{2}=\frac{x^2}{2}\ln x-\int \frac{x^2}{2}\mathrm{d}\left(\ln x\right)$$
$$=\frac{x^2}{2}\ln x-\frac{1}{2}\int x\mathrm{d}x$$
$$=\frac{x^2}{2}\ln x-\frac{x^2}{4}+C$$

【例4】求 $\int x\arctan x\mathrm{d}x$.

【解】设 $u=\arctan x$ ，$\mathrm{d}v=x\mathrm{d}x$ ，得

$$\int x\arctan x\mathrm{d}x=\int \arctan x\mathrm{d}\frac{x^2}{2}$$
$$=\frac{x^2}{2}\arctan x-\int \frac{x^2}{2}\mathrm{d}\arctan x$$
$$=\frac{x^2}{2}\arctan x-\int \frac{x^2}{2}\cdot\frac{1}{1+x^2}\mathrm{d}x$$
$$=\frac{x^2}{2}\arctan x-\frac{1}{2}\int \left(1-\frac{1}{1+x^2}\right)\mathrm{d}x$$
$$=\frac{x^2}{2}\arctan x-\frac{x}{2}+\frac{1}{2}\arctan x+C$$
$$=\frac{1}{2}\left(x^2+1\right)\arctan x-\frac{x}{2}+C$$

【例5】求 $\int \arccos x\mathrm{d}x$.

【解】设 $u=\arccos x$ ，$\mathrm{d}v=\mathrm{d}x$ ，得

$$\int \arccos x\mathrm{d}x=x\arccos x-\int x\mathrm{d}\left(\arccos x\right)$$
$$=x\arccos x+\int \frac{x}{\sqrt{1-x^2}}\mathrm{d}x$$
$$=x\arccos x-\frac{1}{2}\int \frac{1}{\left(1-x^2\right)^{\frac{1}{2}}}\mathrm{d}\left(1-x^2\right)$$
$$=x\arccos x-\sqrt{1-x^2}+C$$

　　结合上述例题，在用分部积分法解决问题的过程中，u 和 $\mathrm{d}v$ 的选择有以下规律：

　　按照"反对幂指三"或"反对幂三指"（分别指五种基本初等函数，"反"是反三角函数、"对"是对数函数、"幂"是幂函数、"指"是指数函数，"三"是三角函数）的顺序原则，选择排在后面的函数与 $\mathrm{d}x$ 的乘积为 $\mathrm{d}v$．

　　常见的类型如下：

　　(1) $\displaystyle\int x^n \cdot \sin ax\,\mathrm{d}x$，选 $\mathrm{d}v = \sin ax\,\mathrm{d}x$；

　　　　$\displaystyle\int x^n \cdot \cos ax\,\mathrm{d}x$，选 $\mathrm{d}v = \cos ax\,\mathrm{d}x$；

　　　　$\displaystyle\int x^n \cdot \mathrm{e}^{ax}\,\mathrm{d}x$，选 $\mathrm{d}v = \mathrm{e}^{ax}\,\mathrm{d}x$．

　　(2) $\displaystyle\int x^n \cdot \ln x\,\mathrm{d}x$，$\displaystyle\int x^n \cdot \arcsin x\,\mathrm{d}x$，$\displaystyle\int x^n \cdot \arccos x\,\mathrm{d}x$，$\displaystyle\int x^n \cdot \arctan x\,\mathrm{d}x$，均选 $\mathrm{d}v = x^n\,\mathrm{d}x$．

　　在熟练应用后，不必写出 u 和 $\mathrm{d}v$，可以通过直接凑微分，应用公式 $\displaystyle\int u\,\mathrm{d}v = uv - \int v\,\mathrm{d}u$．

　　在解题中，可能需要多次应用分部积分法，甚至会出现一些"循环式"．

　　【例 6】 求 $\displaystyle\int \mathrm{e}^x \sin x\,\mathrm{d}x$．

　　【解】 $\displaystyle\int \mathrm{e}^x \sin x\,\mathrm{d}x = \int \sin x\,\mathrm{d}\left(\mathrm{e}^x\right) = \mathrm{e}^x \sin x - \int \mathrm{e}^x \cos x\,\mathrm{d}x$

$$= \mathrm{e}^x \sin x - \int \cos x\,\mathrm{d}\left(\mathrm{e}^x\right)$$

$$= \mathrm{e}^x \sin x - \mathrm{e}^x \cos x - \int \mathrm{e}^x \sin x\,\mathrm{d}x．$$

　　将上式右边的 $\displaystyle\int \mathrm{e}^x \sin x\,\mathrm{d}x$ 移项，化简后可得

$$\int \mathrm{e}^x \sin x\,\mathrm{d}x = \frac{1}{2}\mathrm{e}^x\left(\sin x - \cos x\right) + C$$

　　因为上式的右边已不包含不定积分项，所以必须加上任意常数 C．本题也可选取 $u = \mathrm{e}^x$，计算的结果和难易程度完全相同，但要注意的是两次分部积分选取的 u 的函数类型必须相同．

　　【例 7】 求 $\displaystyle\int \sec^3 x\,\mathrm{d}x$．

　　【解】 $\displaystyle\int \sec^3 x\,\mathrm{d}x = \int \sec x\,\mathrm{d}\left(\tan x\right)$

$$= \sec x \tan x - \int \sec x \tan^2 x\,\mathrm{d}x$$

$$= \sec x \tan x - \int \sec x \left(\sec^2 x - 1\right)\mathrm{d}x$$

$$= \sec x \tan x - \int \sec^3 x\,\mathrm{d}x + \int \sec x\,\mathrm{d}x$$

$$= \sec x \tan x + \ln\left|\sec x + \tan x\right| - \int \sec^3 x\,\mathrm{d}x ．$$

　　将上式右边的 $\displaystyle\int \sec^3 x\,\mathrm{d}x$ 移项，化简后可得

$$\int \sec^3 x\,\mathrm{d}x = \frac{1}{2}\left(\sec x \tan x + \ln\left|\sec x + \tan x\right|\right) + C$$

习题 4-3

求下列不定积分.

(1) $\int x \sin x \mathrm{d}x$;

(2) $\int x^2 \cos x \mathrm{d}x$;

(3) $\int \ln^2 x \mathrm{d}x$;

(4) $\int x^2 \mathrm{e}^x \mathrm{d}x$;

(5) $\int \arcsin x \mathrm{d}x$;

(6) $\int x \arctan x \mathrm{d}x$;

(7) $\int t \mathrm{e}^{-2t} \mathrm{d}t$;

(8) $\int \ln x \mathrm{d}x$;

(9) $\int x^2 \ln x \mathrm{d}x$;

(10) $\int \mathrm{e}^{-x} \cos x \mathrm{d}x$;

(11) $\int x \cos \dfrac{x}{2} \mathrm{d}x$;

(12) $\int \left(x^2-1\right) \sin 2x \mathrm{d}x$;

(13) $\int x \ln \left(x-1\right) \mathrm{d}x$;

(14) $\int \mathrm{e}^{\sqrt{x}} \mathrm{d}x$;

(15) $\int \sin \sqrt{x} \mathrm{d}x$;

(16) $\int \cos \left(\ln x\right) \mathrm{d}x$.

第4节　有理函数与三角函数有理式的不定积分

一、有理函数的不定积分

形如 $R\left(x\right)=\dfrac{P\left(x\right)}{Q\left(x\right)}=\dfrac{a_0 x^n + a_1 x^{n-1} + \cdots + a_{n-1} x + a_n}{b_0 x^m + b_1 x^{m-1} + \cdots + b_{m-1} x + b_m}$ $\left(m, n \in \mathbf{N}^+\right)$ 的函数称为有理函数，又称为有理分式. 其中 $a_0, \cdots, a_n$; $b_0, \cdots, b_m$ 是多项式的系数，且 $a_0 \neq 0$, $b_0 \neq 0$.

当 $n < m$ 时，称 $R\left(x\right)$ 为有理真分式；当 $n \geq m$ 时，称 $R\left(x\right)$ 为有理假分式.

例如，$\dfrac{1}{x+2}$ ，$\dfrac{2x+3}{x^2+5x+6}$ 都是有理真分式；$\dfrac{x^4-2x^2-1}{x^3+1}$ ，$\dfrac{x^3}{x+3}$ 都是有理假分式. 所有的有理假分式都可以通过多项式除法化为一个多项式和一个有理真分式之和. 例如

$$\frac{x^3}{x+3} = \frac{x^2\left(x+3\right)-3x^2}{x+3} = \frac{x^2\left(x+3\right)-3x\left(x+3\right)+9x}{x+3}$$

$$= \frac{x^2\left(x+3\right)-3x\left(x+3\right)+9\left(x+3\right)-27}{x+3}$$

$$= x^2 - 3x + 9 - \frac{27}{x+3}$$

或

$$\frac{x^3}{x+3}=\frac{\left(x^3+27\right)-27}{x+3}=\frac{\left(x+3\right)\left(x^2-3x+9\right)-27}{x+3}$$

$$=x^2-3x+9-\frac{27}{x+3}$$

在把有理假分式化为一个多项式和一个有理真分式之和的过程中，经常使用平方差、立方差及立方和公式.

计算有理函数的不定积分，主要是解决有理真分式的不定积分，而有理真分式总可以分解成若干个简单分式之和. 于是求有理函数不定积分的问题可以转化为求简单分式不定积分的问题.

下面给出有理真分式 $\frac{P(x)}{Q(x)}$ 分解为若干个简单分式(简称为分解式)之和的步骤.

(1) 将有理真分式的分母 $Q(x)$ 分解为若干个一次因式与二次质因式(在实数范围内不能再分解的二次因式)的乘积.

(2) 如果 $Q(x)$ 的分解因式中含有 $\left(x-a\right)^k$，则 $\frac{P(x)}{Q(x)}$ 的分解式中含有如下形式的 k 项之和

$$\frac{A_1}{x-a}+\frac{A_2}{\left(x-a\right)^2}+\cdots+\frac{A_k}{\left(x-a\right)^k}$$

其中 $A_i\ \left(i=1,2,\cdots,k\right)$ 是常数.

如果 $Q(x)$ 的分解因式中含有 $\left(x^2+px+q\right)^r\ \left(其中 p^2-4q<0\right)$，则 $\frac{P(x)}{Q(x)}$ 的分解式中含有如下形式的 r 项之和

$$\frac{M_1x+N_1}{x^2+px+q}+\frac{M_2x+N_2}{\left(x^2+px+q\right)^2}+\cdots+\frac{M_rx+N_r}{\left(x^2+px+q\right)^r},$$

其中 M_j，$N_j\ \left(j=1,2,\cdots,r\right)$ 都是常数.

例如

$$\frac{x+1}{x^2-5x+6}=\frac{A}{x-3}+\frac{B}{x-2}$$

$$\frac{x+2}{\left(2x+1\right)\left(x^2+x+1\right)}=\frac{A}{2x+1}+\frac{Bx+C}{x^2+x+1}$$

上面两个式子中的 A、B、C 均为待定系数，对等式右边通分，利用等式两边分子中 x 同次幂系数相等的原理解出待定系数，即可把等式左边的有理真分式分解成几个简单分式之和.

【例 1】求 $\int\frac{1}{x^2-a^2}\mathrm{d}x$.

【解】因为 $\frac{1}{x^2-a^2}=\frac{1}{\left(x-a\right)\left(x+a\right)}=\frac{1}{2a}\left(\frac{1}{x-a}-\frac{1}{x+a}\right)$，所以

$$\int \frac{1}{x^2 - a^2} dx = \frac{1}{2a} \int \left(\frac{1}{x-a} - \frac{1}{x+a} \right) dx = \frac{1}{2a} \ln \left| \frac{x-a}{x+a} \right| + C$$

【例 2】求 $\int \frac{x+1}{x^2 - 5x + 6} dx$.

【解】被积函数的分母可以分解成 $(x-3)(x-2)$，故可设

$$\frac{x+1}{x^2 - 5x + 6} = \frac{A}{x-3} + \frac{B}{x-2}$$

上式中的 A、B 为待定系数. 对上式右边通分后得

$$x + 1 = A(x-2) + B(x-3)$$

即 $\qquad x + 1 = (A+B)x - 2A - 3B$.

比较上式两边 x 同次幂的系数可得

$$\begin{cases} A + B = 1 \\ 2A + 3B = -1 \end{cases}$$

解得 $\qquad A = 4, B = -3$.

因此

$$\int \frac{x+1}{x^2 - 5x + 6} dx = \int \left(\frac{4}{x-3} - \frac{3}{x-2} \right) dx$$
$$= 4\ln|x-3| - 3\ln|x-2| + C$$

【例 3】求 $\int \frac{1}{x(x^2+1)} dx$.

【解】设 $\frac{1}{x(x^2+1)} = \frac{A}{x} + \frac{Bx+C}{x^2+1}$，则有

$$1 = (A+B)x^2 + Cx + A$$

比较上式两边 x 同次幂的系数可得

$$\begin{cases} A + B = 0 \\ C = 0 \\ A = 1 \end{cases}$$

解得 $\qquad A=1$，$B=-1$，$C=0$.

因此

$$\int \frac{1}{x(x^2+1)} dx = \int \left(\frac{1}{x} - \frac{x}{x^2+1} \right) dx$$

$$= \ln|x| - \frac{1}{2}\ln(x^2+1) + C$$

注：计算有理函数的不定积分，关键在于把有理真分式分解成若干个简单分式之和(简称为裂项)，裂项过程可总结为：

(1) 对分母分解因式；

(2) 根据分母因式裂项；

（3）对裂项后所得的各个简单分式通分，比较等式两边分子中积分变量同次幂的系数，求出待定系数的值.

二、三角函数有理式的不定积分

形如 $R(\sin x,\cos x)$ 的函数称为三角函数有理式，例如 $\dfrac{1}{1+\cos x}$ ，$\dfrac{\sin x}{\sin x+\cos x}$ 等．此类函数，都可以通过万能代换：$u=\tan\dfrac{x}{2}$ ，化为有理函数.

【例 4】求 $\displaystyle\int\dfrac{1+\sin x}{\sin x(1+\cos x)}\mathrm{d}x$.

【解】$\sin x$ 与 $\cos x$ 都可以用 $\tan\dfrac{x}{2}$ 的有理式表示，即

$$\sin x = 2\sin\dfrac{x}{2}\cos\dfrac{x}{2}=\dfrac{2\tan\dfrac{x}{2}}{\sec^2\dfrac{x}{2}}=\dfrac{2\tan\dfrac{x}{2}}{1+\tan^2\dfrac{x}{2}}$$

$$\cos x = \cos^2\dfrac{x}{2}-\sin^2\dfrac{x}{2}=\dfrac{1-\tan^2\dfrac{x}{2}}{\sec^2\dfrac{x}{2}}=\dfrac{1-\tan^2\dfrac{x}{2}}{1+\tan^2\dfrac{x}{2}}$$

如果进行变换 $u=\tan\dfrac{x}{2}$ $(-\pi<x<\pi)$ ，那么

$$\sin x=\dfrac{2u}{1+u^2} , \ \cos x=\dfrac{1-u^2}{1+u^2}$$

而 $x=2\arctan u$ ，因此 $\mathrm{d}x=\dfrac{2}{1+u^2}\mathrm{d}u$.

于是可得

$$\int\dfrac{1+\sin x}{\sin x(1+\cos x)}\mathrm{d}x = \int\dfrac{\left(1+\dfrac{2u}{1+u^2}\right)\dfrac{2\mathrm{d}u}{1+u^2}}{\dfrac{2u}{1+u^2}\left(1+\dfrac{1-u^2}{1+u^2}\right)}$$

$$=\dfrac{1}{2}\int\left(u+2+\dfrac{1}{u}\right)\mathrm{d}u$$

$$=\dfrac{1}{2}\left(\dfrac{u^2}{2}+2u+\ln|u|\right)+C$$

$$=\dfrac{1}{4}\tan^2\dfrac{x}{2}+\tan\dfrac{x}{2}+\dfrac{1}{2}\ln\left|\tan\dfrac{x}{2}\right|+C$$

作为求导的逆运算，对初等函数求不定积分的技巧和难度比对初等函数求导要大得多．另外，对相同的被积函数可以用多种不同的积分方法求它的不定积分，方法不同，结果的

形式也可能不同，尤其是求三角函数的不定积分，灵活性比较高，需要我们多加练习．另外，一些看似简单的初等函数，其原函数不一定是初等函数，例如 $\dfrac{\sin x}{x}$，$\dfrac{e^x}{x}$，$\dfrac{1}{\ln x}$，$e^{\pm x^2}$，$\sin x^2$，$\cos x^2$ 等，对这类函数求不定积分，用常规方法是解决不了的．

习题4-4

求下列不定积分．

(1) $\displaystyle\int \dfrac{2x+3}{x^2+3x-10}dx$ ；

(2) $\displaystyle\int \dfrac{x+1}{x^2-2x+5}dx$ ；

(3) $\displaystyle\int \dfrac{x^2+1}{(x+1)^2(x-1)}dx$ ；

(4) $\displaystyle\int \dfrac{dx}{(x^2+1)(x^2+x+1)}$ ；

(5) $\displaystyle\int \dfrac{1}{x^4-1}dx$ ；

(6) $\displaystyle\int \dfrac{dx}{2+\sin x}$ ；

(7) $\displaystyle\int \dfrac{dx}{3+\sin^2 x}$ ；

(8) $\displaystyle\int \dfrac{dx}{1+\sin x+\cos x}$ ；

(9) $\displaystyle\int \dfrac{dx}{1+\cos^2 x}$ ；

(10) $\displaystyle\int \dfrac{\sin x}{\sin x+\cos x}dx$ ．

第 5 章 定 积 分

一元函数积分学包括不定积分和定积分两部分，上一章我们介绍了不定积分的计算方法，本章讨论定积分问题．定积分与不定积分有本质的区别，不定积分是一类特殊的函数，而定积分来源于一类求和问题，它是常数．本章通过求不规则图形的面积和求做变速直线运动物体经过的路程，引入定积分的概念，研究定积分的性质．利用特殊的函数——变上限积分函数，导入重要的微积分基本定理，建立不定积分和定积分的联系．以第 4 章为基础，本章又研究了定积分的换元法和分部积分法．

第 1 节 定积分的概念与性质

一、引例

引例 1 曲边梯形的面积

区间 $[a,b]$ 上连续非负函数 $y=f(x)$ 和直线 $x=a$，$x=b$，$y=0$ 所围成的图形称为曲边梯形，如图 5-1-1 所示．

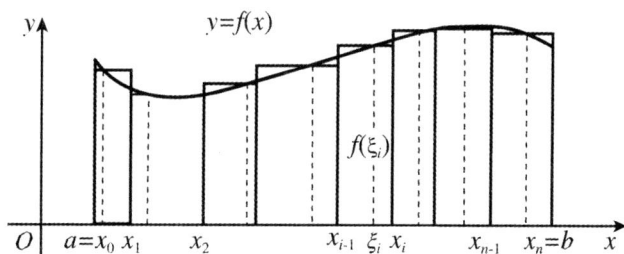

图 5-1-1

如果 $f(x) = C$（C 是常数），则对应的曲边梯形为矩形，其面积 = 高×底.

如果 $f(x)$ 在区间 $[a,b]$ 上不恒为常数，则对应的曲边梯形是一种不规则的图形，它的面积不能按"高×底"来定义和计算. 我们用局部以"直"代"曲"的方法研究这个问题，通过极限的思想求曲边梯形的面积，具体分为如下 4 步.

（1）分割

用平行于 y 轴的直线将曲边梯形任意分割成 n 个小曲边梯形，各个小曲边梯形垂直于 x 轴的边和 x 轴上的交点分别记为

$$a = x_0 < x_1 < x_2 < \cdots < x_{n-1} < x_n = b$$

相应地，区间 $[a,b]$ 被分成 n 个子区间 $[x_0,x_1],[x_1,x_2],\cdots,[x_{n-1},x_n]$，对应的各个子区间的长度分别记为 $\Delta x_1, \Delta x_2, \cdots, \Delta x_n$.

（2）代替

在每个子区间 $[x_{i-1},x_i]$ 上任取一点 ξ_i，以 x 轴上的区间 $[x_{i-1},x_i]$ 对应的线段为底边、以 $f(\xi_i)$ 为高组成小矩形，用"直边"代替"曲边"，得到第 i 个小矩形，设其面积为 ΔA_i，则

$$\Delta A_i \approx f(\xi_i) \Delta x_i, i = 1,2,3,\cdots,n$$

（3）求和

曲边梯形的面积 A 可以用 n 个小矩形面积之和近似代替，即

$$A \approx \sum_{i=1}^{n} f(\xi_i) \Delta x_i$$

（4）取极限

把曲边梯形无限"细分"（即把区间 $[a,b]$ 无限细分），则 $\sum_{i=1}^{n} f(\xi_i) \Delta x_i$ 与 A 将无限接近，令 $\lambda = \max\{\Delta x_1, \Delta x_2, \cdots, \Delta x_n\}$，则

$$A = \lim_{\lambda \to 0} \sum_{i=1}^{n} f(\xi_i) \Delta x_i$$

引例 2　做变速直线运动的物体经过的路程

一物体以速度 $v(t)$ 做变速直线运动，已知 $v(t) \geq 0$，计算 $[T_1,T_2]$ 时间段内物体经过的路程 s.

如果 $v(t) = v_0$（v_0 为常数），则 $s = v_0(T_2 - T_1)$.

现在物体做变速度直线运动，路程 s 不能直接用上述公式计算，我们同样在局部以"匀速"代替"变速"进行研究，通过极限的思想求物体在 $[T_1,T_2]$ 时间段内经过的路程，具体分为如下 4 步.

（1）分割

在 $[T_1,T_2]$ 上任意取分点

$$T_1 = t_0 < t_1 < t_2 < \cdots < t_{n-1} < t_n = T_2$$

把 $[T_1,T_2]$ 分成 n 个小时间段 $[t_0,t_1],[t_1,t_2],\cdots,[t_{n-1},t_n]$，各个小时间段的时间长度分别记为 $\Delta t_1, \Delta t_2, \cdots, \Delta t_n$.

(2) 代替

在每个小时间段 $[t_{i-1}, t_i]$ 上任取时刻 τ_i，$t_{i-1} \le \tau_i \le t_i$，将物体看作在这个小时间段内做匀速直线运动，速度为 $v(\tau_i)$. 第 i 个小时间段内物体经过的路程记为 Δs_i，则

$$\Delta s_i \approx v(\tau_i)\Delta t_i, \quad i = 1, 2, 3, \cdots, n$$

(3) 求和

将 n 个小时间段分别经过的路程相加，即得到物体做变速直线运动经过的路程 s 的近似值，即

$$s \approx \sum_{i=1}^{n} v(\tau_i)\Delta t_i$$

(4) 取极限

把 $[T_1, T_2]$ 时间段无限 "细分"（即把区间 $[T_1, T_2]$ 无限细分），则 $\sum_{i=1}^{n} v(\tau_i)\Delta t_i$ 与 s 将无限接近，令 $\lambda = \max\{\Delta t_1, \Delta t_2, \cdots, \Delta t_n\}$，则

$$s = \lim_{\lambda \to 0} \sum_{i=1}^{n} v(\tau_i)\Delta t_i$$

二、定积分的概念

以上两个引例给出的问题虽然研究对象不同，但解决问题的思路和方法相同，最后都归结为求同一类型和式的极限. 我们把它们的共性抽象出来，得到定积分的概念.

定义 设 $f(x)$ 为区间 $[a, b]$ 上的有界函数，用分点 $a = x_0 < x_1 < x_2 < \cdots < x_{n-1} < x_n = b$ 将区间 $[a, b]$ 任意分成 n 个子区间 $[x_0, x_1], [x_1, x_2], \cdots, [x_{n-1}, x_n]$，各个子区间对应的长度分别为

$$\Delta x_1 = x_1 - x_0, \Delta x_2 = x_2 - x_1, \cdots, \Delta x_n = x_n - x_{n-1}$$

记 $\lambda = \max\{\Delta x_1, \Delta x_2, \cdots, \Delta x_n\}$. 在每个子区间 $[x_{i-1}, x_i]$ 上任取一点 ξ_i，$x_{i-1} \le \xi_i \le x_i$，组成乘积 $f(\xi_i)\Delta x_i$（$i = 1, 2, \cdots, n$），并组成和 $\sum_{i=1}^{n} f(\xi_i)\Delta x_i$. 不论对区间 $[a, b]$ 如何分割和点 ξ_i 在子区间 $[x_{i-1}, x_i]$ 上如何选取，当 $\lambda \to 0$ 时，如果 $\sum_{i=1}^{n} f(\xi_i)\Delta x_i$ 的极限总存在，则称函数 $f(x)$ 在区间 $[a, b]$ 上可积，$\lim_{\lambda \to 0} \sum_{i=0}^{n} f(\xi_i)\Delta x_i$ 的值称为函数 $f(x)$ 在区间 $[a, b]$ 上的定积分，记为 $\int_a^b f(x)\mathrm{d}x$，即

$$\int_a^b f(x)\mathrm{d}x = \lim_{\lambda \to 0} \sum_{i=1}^{n} f(\xi_i)\Delta x_i$$

其中，$f(x)$ 称为被积函数，$f(x)\mathrm{d}x$ 称为被积表达式，x 称为积分变量，$[a, b]$ 称为积分区间，a 称为积分下限，b 称为积分上限.

根据定义，本节引例 1 和引例 2 中的结论可分别用定积分表示.

(1) 由直线 $x = a$，$x = b$，$y = 0$ 及曲线 $y = f(x)$（$f(x) \ge 0$）所围成的曲边梯形的面积为

$$A = \int_a^b f(x)\mathrm{d}x$$

（2）物体以速度 $v = v(t)\ \left(v(t) \geqslant 0\right)$ 做变速直线运动，从 T_1 时刻到 T_2 时刻经过的路程为

$$s = \int_{T_1}^{T_2} v(t)\mathrm{d}t$$

三、定积分的几何意义

由前面关于曲边梯形面积的引例可知，若在区间 $[a,b]$ 上，函数 $f(x) \geqslant 0$，则对应的曲边梯形位于 x 轴上方，于是

$$\int_a^b f(x)\mathrm{d}x = A$$

其中 A 表示曲线 $y = f(x)$ 与直线 $x = a$，$x = b$，$y = 0$ 所围成的曲边梯形的面积.

若在区间 $[a,b]$ 上，函数 $f(x) < 0$，则曲边梯形位于 x 轴下方. 因为 $f(\xi_i) < 0$，根据定义 $\int_a^b f(x)\mathrm{d}x = \lim\limits_{\lambda \to 0}\sum\limits_{i=1}^n f(\xi_i)\Delta x_i$ 可知，$\int_a^b f(x)\mathrm{d}x < 0$，于是

$$\int_a^b f(x)\mathrm{d}x = -A$$

若在区间 $[a,b]$ 上，函数 $f(x)$ 有正有负，如图 5-1-2 所示.

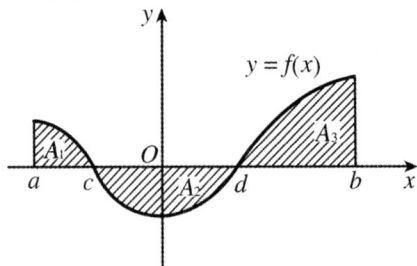

图 5-1-2

根据函数 $f(x)$ 的正负将 $[a,b]$ 分成 3 个子区间，各个子区间上的曲边梯形的面积分别记为 A_1、A_2、A_3，则

$$\int_a^b f(x)\mathrm{d}x = A_1 - A_2 + A_3$$

根据定积分的几何意义，我们对它进行如下说明.

（1）若函数 $f(x)$ 在区间 $[a,b]$ 上连续，则对应图形的面积存在，从而定积分存在，所以函数 $f(x)$ 在该区间上可积.

（2）因为定积分与图形的面积有关，所以当曲边 $y = f(x)$ 和直边 $x = a$，$x = b$ 一旦确定，它就是一个确定的数值，因此定积分只与被积函数和积分区间有关，而与积分区间的划分方法和点 ξ_i 的取法无关，与积分变量的记法无关，即

$$\int_a^b f(x)\mathrm{d}x = \int_a^b f(u)\mathrm{d}u = \int_a^b f(t)\mathrm{d}t$$

例如，$\int_0^{\frac{\pi}{2}} \sin x\mathrm{d}x = \int_0^{\frac{\pi}{2}} \sin u\mathrm{d}u = \int_0^{\frac{\pi}{2}} \sin t\mathrm{d}t$.

【例 1】利用定积分的几何意义，计算 $\int_{-1}^{1} \sqrt{1-x^2}\,\mathrm{d}x$ 的值.

【解】因为在几何上，$\int_{-1}^{1} \sqrt{1-x^2}\,\mathrm{d}x$ 表示圆心在坐标原点、半径为 1 的圆在第一、第二象限部分的面积，如图 5-1-3 所示，所以

$$\int_{-1}^{1} \sqrt{1-x^2}\,\mathrm{d}x = \frac{1}{2}\pi \cdot 1^2 = \frac{\pi}{2}$$

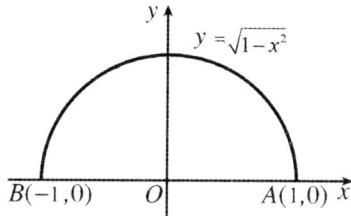

图 5-1-3

【例 2】利用定积分的几何意义，计算 $\int_{-\pi}^{\pi} \sin x\,\mathrm{d}x$ 的值.

【解】因为 $y = \sin x$ 是区间 $[-\pi,\pi]$ 上的奇函数，所以在 $[-\pi,\pi]$ 上 $y = \sin x$ 对应的曲边梯形位于 x 轴上方和下方的面积相等，如图 5-1-4 所示，所以 $\int_{-\pi}^{\pi} \sin x\,\mathrm{d}x = 0$.

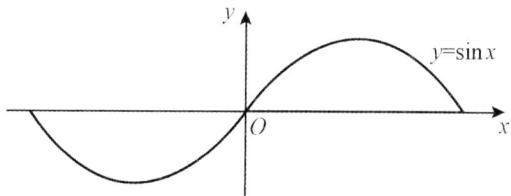

图 5-1-4

四、定积分的性质

前面介绍的定积分的积分限均满足 $a < b$，现在补充以下两个规定：

(1) 当 $a = b$ 时，$\int_{a}^{b} f(x)\,\mathrm{d}x = 0$；

(2) 当 $a > b$ 时，$\int_{a}^{b} f(x)\,\mathrm{d}x = -\int_{b}^{a} f(x)\,\mathrm{d}x$.

假设函数 $f(x)$、$g(x)$ 在 $[a,b]$ 上均可积，在实际应用中，我们经常需要用到以下的定积分的性质.

性质 1　$\int_{a}^{b} \left[f(x) \pm g(x) \right]\mathrm{d}x = \int_{a}^{b} f(x)\,\mathrm{d}x \pm \int_{a}^{b} g(x)\,\mathrm{d}x$.

性质 2　$\int_{a}^{b} k f(x)\,\mathrm{d}x = k\int_{a}^{b} f(x)\,\mathrm{d}x$　（k 为常数）.

上述两个性质称为定积分的线性性质，证明从略.

性质 3（区间可加性）　设 $a < c < b$，则

$$\int_{a}^{b} f(x)\,\mathrm{d}x = \int_{a}^{c} f(x)\,\mathrm{d}x + \int_{c}^{b} f(x)\,\mathrm{d}x$$

注：对任意的 a,b,c，性质 3 仍然成立.

下面证明"注"中提到的结论，不妨设 $a < b < c$，因为

$$\int_a^c f(x)\mathrm{d}x = \int_a^b f(x)\mathrm{d}x + \int_b^c f(x)\mathrm{d}x$$

所以

$$\int_a^b f(x)\mathrm{d}x = \int_a^c f(x)\mathrm{d}x - \int_b^c f(x)\mathrm{d}x$$

$$= \int_a^c f(x)\mathrm{d}x + \int_c^b f(x)\mathrm{d}x$$

性质 4　如果在区间 $[a,b]$ 上 $f(x) \equiv 1$，则

$$\int_a^b 1\mathrm{d}x = \int_a^b \mathrm{d}x = b - a$$

上式中的 $b - a$ 就是积分区间的长度.

性质 5（不等式性）　如果在区间 $[a,b]$ 上，函数 $f(x) \leqslant g(x)$，则

$$\int_a^b f(x)\mathrm{d}x \leqslant \int_a^b g(x)\mathrm{d}x$$

证明　因为 $g(x) - f(x) \geqslant 0$，由定积分的几何意义得

$$\int_a^b \left[g(x) - f(x)\right]\mathrm{d}x \geqslant 0$$

由线性性质可得结论 $\int_a^b f(x)\mathrm{d}x \leqslant \int_a^b g(x)\mathrm{d}x$.

推论（绝对值不等式性）　$\left|\int_a^b f(x)\mathrm{d}x\right| \leqslant \int_a^b |f(x)|\mathrm{d}x \quad (a < b)$.

说明：如果函数 $f(x)$ 在区间 $[a,b]$ 上恒正或恒负，当 $a < b$ 时，$\left|\int_a^b f(x)\mathrm{d}x\right|$ 和 $\int_a^b |f(x)|\mathrm{d}x$ 相等，均表示以曲线 $y = f(x)$ 为曲边，以 x 轴上的区间 $[a,b]$ 为底边的曲边梯形的面积. 如果函数 $y = f(x)$ 在区间 $[a,b]$ 上有正有负时，则有 $\left|\int_a^b f(x)\mathrm{d}x\right| = \left|A_上 - A_下\right|$，$\int_a^b |f(x)|\mathrm{d}x = \left|A_上 + A_下\right|$，其中 $A_上$ 代表在区间 $[a,b]$ 上位于 x 轴上方的曲边梯形的面积，$A_下$ 代表在区间 $[a,b]$ 上位于 x 轴下方的曲边梯形的面积，显然 $\left|A_上 - A_下\right| < \left|A_上 + A_下\right|$，因此 $\left|\int_a^b f(x)\mathrm{d}x\right| < \int_a^b |f(x)|\mathrm{d}x \ (a < b)$.

【例 3】 不实际计算，比较 $\int_1^2 2^x \mathrm{d}x$ 和 $\int_1^2 3^x \mathrm{d}x$ 的大小.

【解】 当 $1 \leqslant x \leqslant 2$ 时，有 $2^x < 3^x$，由性质 5 可得

$$\int_1^2 2^x \mathrm{d}x < \int_1^2 3^x \mathrm{d}x$$

性质 6（估值定理）　设 $M = \max\limits_{a \leqslant x \leqslant b} f(x)$，$m = \min\limits_{a \leqslant x \leqslant b} f(x)$，则 $a < b$ 时有

$$m(b-a) \leqslant \int_a^b f(x)\mathrm{d}x \leqslant M(b-a)$$

证明　因为 $m \leqslant f(x) \leqslant M$，所以由性质 5 可得 $\int_a^b m\mathrm{d}x \leqslant \int_a^b f(x)\mathrm{d}x \leqslant \int_a^b M\mathrm{d}x$.
再由性质 2 及性质 4，即得所要证的不等式.

【例 4】估计定积分 $\int_0^\pi \left(1+\sin^2 x\right)\mathrm{d}x$ 的值.

【解】当 $0 \leqslant x \leqslant \pi$ 时，恒有 $1 \leqslant 1+\sin^2 x \leqslant 2$，由性质 6 可得

$$1 \cdot \left(\pi - 0\right) \leqslant \int_0^\pi \left(1+\sin^2 x\right)\mathrm{d}x \leqslant 2\left(\pi - 0\right)$$

即

$$\pi \leqslant \int_0^\pi \left(1+\sin^2 x\right)\mathrm{d}x \leqslant 2\pi$$

性质 7（积分中值定理） 如果函数 $f(x)$ 在区间 $[a,b]$ 上连续，则在区间 $[a,b]$ 上至少存在一点 ξ，使得

$$\int_a^b f(x)\mathrm{d}x = f(\xi)(b-a) \quad (a \leqslant \xi \leqslant b)$$

上述公式称为积分中值公式.

证明 因为函数 $f(x)$ 在区间 $[a,b]$ 上连续，所以函数 $f(x)$ 在区间 $[a,b]$ 上能取到最小值 m 及最大值 M，由性质 6 化简可得

$$m \leqslant \frac{1}{b-a}\int_a^b f(x)\mathrm{d}x \leqslant M$$

由上式可知，$\dfrac{1}{b-a}\displaystyle\int_a^b f(x)\mathrm{d}x$ 是介于 m 及 M 之间的一个常数，由介值定理可知，至少存在一点 $\xi \in [a,b]$，使得 $\dfrac{1}{b-a}\displaystyle\int_a^b f(x)\mathrm{d}x = f(\xi)$ $(a \leqslant \xi \leqslant b)$，即

$$\int_a^b f(x)\mathrm{d}x = f(\xi)(b-a)$$

积分中值定理的几何解释：闭区间上连续非负函数所对应的曲边梯形的面积一定与该闭区间所对应的某个矩形面积相等，如图 5-1-5 所示.

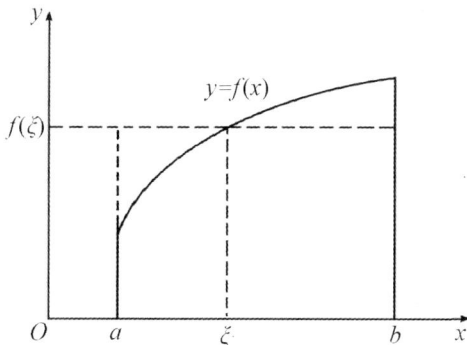

图 5-1-5

按积分中值公式所得的

$$f(\xi) = \frac{1}{b-a}\int_a^b f(x)\mathrm{d}x$$

中的 $f(\xi)$ 称为函数 $f(x)$ 在区间 $[a,b]$ 上的平均值. 例如，如图 5-1-5 所示，$f(\xi)$ 可看作图中曲边梯形的平均高度.

习题 5-1

1. 利用定积分的几何意义，证明下列等式.

(1) $\int_0^1 2x\mathrm{d}x = 1$；

(2) $\int_0^1 \sqrt{1-x^2}\,\mathrm{d}x = \dfrac{\pi}{4}$；

(3) $\int_{-\frac{\pi}{2}}^{\frac{\pi}{2}} \cos x\mathrm{d}x = 2\int_0^{\frac{\pi}{2}} \cos x\mathrm{d}x$.

2. 设 $\int_{-1}^1 3f(x)\mathrm{d}x = 9$，$\int_{-1}^3 f(x)\mathrm{d}x = 4$，$\int_{-1}^3 g(x)\mathrm{d}x = 3$，求下列积分值.

(1) $\int_{-1}^1 f(x)\mathrm{d}x$；

(2) $\int_1^3 f(x)\mathrm{d}x$；

(3) $\int_3^{-1} g(x)\mathrm{d}x$；

(4) $\int_{-1}^3 \dfrac{1}{5}\left[4f(x)+3g(x)\right]\mathrm{d}x$.

3. 估计下列各积分的值.

(1) $\int_1^2 (x^2+1)\mathrm{d}x$；

(2) $\int_{-1}^1 \mathrm{e}^{-x^2}\mathrm{d}x$.

4. 不计算，比较下列各对积分哪一个的值较大.

(1) $\int_0^1 x^2\mathrm{d}x$ 与 $\int_0^1 x^3\mathrm{d}x$；

(2) $\int_1^2 \ln x\mathrm{d}x$ 与 $\int_1^2 (\ln x)^2\mathrm{d}x$.

第 2 节　变上限积分函数与微积分基本定理

　　根据定积分的定义可知，定积分是一个和式的极限，用求极限的方法求定积分是非常困难的，因此我们有必要研究一种简便的求定积分的方法.

　　下面从实际问题中寻找求定积分的方法，先进一步研究上一节中的引例 2.

　　设物体做直线运动，速度为 $v = v(t)$，在时间段 $[T_1, T_2]$ 内经过的路程为

$$\int_{T_1}^{T_2} v(t)\mathrm{d}t$$

　　另一方面，这段路程等于位置函数 $s(t)$ 在区间 $[T_1, T_2]$ 上的增量 $s(T_2) - s(T_1)$，由此可见

$$\int_{T_1}^{T_2} v(t)\mathrm{d}t = s(T_2) - s(T_1)$$

其中 $s'(t) = v(t)$. 这一结论是否具有普遍性？下面我们先研究一种特殊的函数——变上限积分函数.

一、变上限积分函数

设函数 $f(x)$ 在区间 $[a,b]$ 上连续，在区间 $[a,b]$ 上任取一点 x，则函数 $f(x)$ 在区间 $[a,x]$ 上可积，即定积分 $\int_a^x f(x)\mathrm{d}x$ 存在，且随着上限 x 的改变而改变，我们称其为变上限积分函数，记为 $\varPhi(x)$，即

$$\varPhi(x) = \int_a^x f(x)\mathrm{d}x \quad (a \leqslant x \leqslant b)$$

为了清晰起见，改用其他字母表示积分变量．例如，用 t 来表示，则上式可表示为

$$\varPhi(x) = \int_a^x f(t)\mathrm{d}t \quad (a \leqslant x \leqslant b).$$

类似地，我们可以定义变下限积分函数 $\int_x^b f(t)\mathrm{d}t$．

定理 1 设函数 $f(x)$ 在区间 $[a,b]$ 上连续，则变上限积分函数 $\varPhi(x) = \int_a^x f(t)\mathrm{d}t$ 在区间 $[a,b]$ 上可导，并且

$$\varPhi'(x) = \frac{\mathrm{d}}{\mathrm{d}x}\int_a^x f(t)\mathrm{d}t = f(x) \quad (a \leqslant x \leqslant b)$$

证明 若 $x \in (a,b)$，设 x 获得增量 Δx，其绝对值足够小，使得 $x + \Delta x \in (a,b)$，则

$$\Delta\varPhi = \varPhi(x+\Delta x) - \varPhi(x) = \int_a^{x+\Delta x} f(t)\mathrm{d}t - \int_a^x f(t)\mathrm{d}t$$

$$= \int_a^x f(t)\mathrm{d}t + \int_x^{x+\Delta x} f(t)\mathrm{d}t - \int_a^x f(t)\mathrm{d}t$$

$$= \int_x^{x+\Delta x} f(t)\mathrm{d}t$$

如图 5-2-1 所示，应用积分中值定理，即有等式 $\Delta\varPhi = f(\xi)\Delta x$，其中 ξ 在 x 与 $x+\Delta x$ 之间．

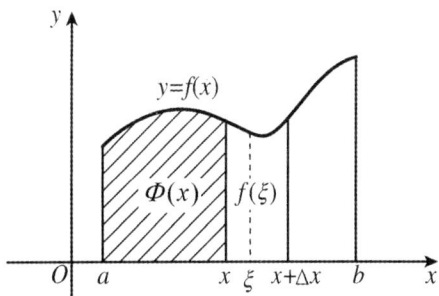

图 5-2-1

从 $\Delta\varPhi = f(\xi)\Delta x$ 得到 $\dfrac{\Delta\varPhi}{\Delta x} = f(\xi)$．已知函数 $f(x)$ 在区间 $[a,b]$ 上连续，并且当 $\Delta x \to 0$ 时，$\xi \to x$，因此

$$\lim_{\Delta x \to 0} f(\xi) = f(x)$$

即 $$\varPhi'(x) = f(x) \quad \text{或} \quad \left(\int_a^x f(t)\mathrm{d}t\right)' = f(x).$$

定理 1 说明，$\int_a^x f(t)\mathrm{d}t$ 是连续函数 $f(x)$ 的一个原函数．由不定积分的定义可知

$$\int f(x)\mathrm{d}x = \int_a^x f(t)\mathrm{d}t + C$$

【例 1】 设 $\Phi(x) = \int_0^x \sin t^2 \mathrm{d}t$，求 $\Phi'(x)$.

【解】 $\Phi'(x) = \sin x^2$.

变上限积分函数及其导数可以进一步推广. 设函数 $f(x)$ 在区间 $[a, b]$ 上连续，函数 $\alpha(x), \beta(x)$ 在区间 $[a, b]$ 上可导，则有：

(1) $\dfrac{\mathrm{d}}{\mathrm{d}x}\int_x^b f(t)\mathrm{d}t = -f(x)$；

(2) $\dfrac{\mathrm{d}}{\mathrm{d}x}\int_a^{\beta(x)} f(t)\mathrm{d}t = f[\beta(x)]\beta'(x)$；

(3) $\dfrac{\mathrm{d}}{\mathrm{d}x}\int_{\alpha(x)}^b f(t)\mathrm{d}t = -f[\alpha(x)]\alpha'(x)$；

(4) $\dfrac{\mathrm{d}}{\mathrm{d}x}\int_{\alpha(x)}^{\beta(x)} f(t)\mathrm{d}t = f[\beta(x)]\beta'(x) - f[\alpha(x)]\alpha'(x)$.

【例 2】 求 $\dfrac{\mathrm{d}}{\mathrm{d}x}\int_{x^2}^1 \mathrm{e}^t \mathrm{d}t$.

【解】 $\dfrac{\mathrm{d}}{\mathrm{d}x}\int_{x^2}^1 \mathrm{e}^t \mathrm{d}t = -\mathrm{e}^{x^2} \cdot \left(x^2\right)' = -2x\mathrm{e}^{x^2}$.

【例 3】 求 $\dfrac{\mathrm{d}}{\mathrm{d}x}\int_{x^2}^{x^3} \dfrac{\mathrm{d}t}{\sqrt{1+t^4}}$.

【解】 $\dfrac{\mathrm{d}}{\mathrm{d}x}\int_{x^2}^{x^3} \dfrac{\mathrm{d}t}{\sqrt{1+t^4}} = \dfrac{\left(x^3\right)'}{\sqrt{1+\left(x^3\right)^4}} - \dfrac{\left(x^2\right)'}{\sqrt{1+\left(x^2\right)^4}} = \dfrac{3x^2}{\sqrt{1+x^{12}}} - \dfrac{2x}{\sqrt{1+x^8}}$.

【例 4】 求 $\displaystyle\lim_{x \to 0} \dfrac{\int_{\cos x}^1 \mathrm{e}^{-t^2}\mathrm{d}t}{x^2}$.

【解】 这是 $\dfrac{0}{0}$ 型未定式，可利用洛必达法则计算.

因为

$$\frac{\mathrm{d}}{\mathrm{d}x}\int_{\cos x}^1 \mathrm{e}^{-t^2}\mathrm{d}t = -\frac{\mathrm{d}}{\mathrm{d}x}\int_1^{\cos x} \mathrm{e}^{-t^2}\mathrm{d}t$$

$$= -\mathrm{e}^{-\cos^2 x} \cdot (-\sin x)$$

$$= \mathrm{e}^{-\cos^2 x}\sin x$$

所以 $\displaystyle\lim_{x \to 0} \dfrac{\int_{\cos x}^1 \mathrm{e}^{-t^2}\mathrm{d}t}{x^2} = \lim_{x \to 0}\dfrac{\mathrm{e}^{-\cos^2 x}\sin x}{2x} = \dfrac{1}{2\mathrm{e}}$.

二、微积分基本定理

定理 2 若函数 $f(x)$ 在区间 $[a, b]$ 上连续，且 $F'(x) = f(x)$，则

$$\int_a^b f(x)\mathrm{d}x = F(b) - F(a)$$

定理 2 称为微积分基本定理，上述公式称为微积分基本公式，也称为牛顿—莱布尼茨公式(简称为牛—莱公式).

证明　已知函数 $F(x)$ 是函数 $f(x)$ 的一个原函数，根据定理 1 可知 $\Phi(x) = \int_a^x f(t)\mathrm{d}t$ 也是函数 $f(x)$ 的一个原函数，从而有

$$F(x) - \Phi(x) = C \quad (a \leqslant x \leqslant b)$$

令 $x = a$ ，则 $F(a) - \Phi(a) = C$ ，而 $\Phi(a) = \int_a^a f(t)\mathrm{d}t = 0$ ，因此 $F(a) = C$ ，即

$$\Phi(x) = F(x) - F(a)$$

也就是

$$\int_a^x f(t)\mathrm{d}t = F(x) - F(a)$$

令 $x = b$ ，则有

$$\int_a^b f(x)\mathrm{d}x = F(b) - F(a)$$

定理 2 说明，求连续函数 $f(x)$ 的定积分，只需求出函数 $f(x)$ 的一个原函数 $F(x)$，然后计算函数 $F(x)$ 在区间端点的函数值的差即可.

为了书写方便，牛—莱公式可简记为

$$\int_a^b f(x)\mathrm{d}x = F(b) - F(a) = F(x)\Big|_a^b = \Big[F(x)\Big]_a^b$$

【例 5】计算 $\int_0^1 x^2 \mathrm{d}x$.

【解】$\int_0^1 x^2 \mathrm{d}x = \dfrac{x^3}{3}\bigg|_0^1 = \dfrac{1^3}{3} - \dfrac{0^3}{3} = \dfrac{1}{3} - 0 = \dfrac{1}{3}$.

【例 6】计算 $\int_{-2}^{-1} \dfrac{\mathrm{d}x}{x}$.

【解】$\int_{-2}^{-1} \dfrac{\mathrm{d}x}{x} = \ln|x|\Big|_{-2}^{-1} = \ln 1 - \ln 2 = -\ln 2$.

注：由于函数 $\dfrac{1}{x}$ 在区间 $[-1,1]$ 上无界，故下面的计算是错误的.

$$\int_{-1}^1 \dfrac{\mathrm{d}x}{x} = \ln|x|\Big|_{-1}^1 = \ln 1 - \ln 1 = 0$$

【例 7】设 $f(x) = \begin{cases} 2x, & 0 \leqslant x \leqslant 1 \\ 5, & 1 < x \leqslant 2 \end{cases}$，计算 $\int_0^2 f(x)\mathrm{d}x$.

【解】$\int_0^2 f(x)\mathrm{d}x = \int_0^1 2x\mathrm{d}x + \int_1^2 5\mathrm{d}x = x^2\Big|_0^1 + 5x\Big|_1^2 = 6$.

习题 5-2

1. 求下列各导数.

(1) $\dfrac{\mathrm{d}}{\mathrm{d}x}\displaystyle\int_0^{x^2}\sqrt{1+t^2}\,\mathrm{d}t$;

(2) $\dfrac{\mathrm{d}}{\mathrm{d}x}\displaystyle\int_{\sin x}^{\cos x}\cos\left(\pi t^2\right)\mathrm{d}t$.

2. 计算下列各定积分.

(1) $\displaystyle\int_0^a\left(3x^2-x+1\right)\mathrm{d}x$;

(2) $\displaystyle\int_1^2\left(x^2+\dfrac{1}{x^4}\right)\mathrm{d}x$;

(3) $\displaystyle\int_4^9\sqrt{x}\left(1+\sqrt{x}\right)\mathrm{d}x$;

(4) $\displaystyle\int_{-\frac{1}{2}}^{\frac{1}{2}}\dfrac{\mathrm{d}x}{\sqrt{1-x^2}}$;

(5) $\displaystyle\int_0^{\sqrt{3}a}\dfrac{\mathrm{d}x}{a^2+x^2}$;

(6) $\displaystyle\int_0^{2\pi}\left|\sin x\right|\mathrm{d}x$;

(7) $\displaystyle\int_0^2 f\left(x\right)\mathrm{d}x$, 其中 $f\left(x\right)=\begin{cases}x+1, & 0\leqslant x<1 \\ x^2, & 1\leqslant x\leqslant 2\end{cases}$.

3. 求下列极限.

(1) $\displaystyle\lim_{x\to0}\dfrac{\displaystyle\int_0^x\cos t^2\mathrm{d}t}{x}$;

(2) $\displaystyle\lim_{x\to0}\dfrac{\left(\displaystyle\int_0^x\mathrm{e}^{t^2}\mathrm{d}t\right)^2}{\displaystyle\int_0^x t\mathrm{e}^{2t^2}\mathrm{d}t}$.

4. 设 $f\left(x\right)=\begin{cases}x^2, & 0\leqslant x<1 \\ x, & 1\leqslant x\leqslant 2\end{cases}$, 求 $\varPhi\left(x\right)=\displaystyle\int_0^x f\left(t\right)\mathrm{d}t$ 在 $[0,2]$ 上的表达式, 并讨论 $\varPhi\left(x\right)$ 在 $\left(0,2\right)$ 上的连续性.

第 3 节 定积分的换元法与分部积分法

由牛—莱公式可知, 计算定积分 $\displaystyle\int_a^b f\left(x\right)\mathrm{d}x$ 只需求出函数 $f\left(x\right)$ 的一个原函数即可. 在上一章中提到, 可以用换元积分法和分部积分法求一些函数的原函数. 本节讨论怎样用这两种方法计算定积分.

一、定积分的换元法

定理 设函数 $f\left(x\right)$ 在区间 $[a,b]$ 上连续, 若

(1) $x=\varphi\left(t\right)$ 在区间 $[\alpha,\beta]$ 或 $[\beta,\alpha]$ 上单调连续, 且 $R_\varphi=[a,b]$;

(2) $\varphi'\left(t\right)$ 在区间 $[\alpha,\beta]$ 或 $[\beta,\alpha]$ 上连续;

(3) $\varphi\left(\alpha\right)=a,\varphi\left(\beta\right)=b$,

则有定积分换元公式

$$\int_a^b f(x)\mathrm{d}x = \int_\alpha^\beta f\big[\varphi(t)\big]\varphi'(t)\mathrm{d}t$$

证明　因为函数 $f(x)$ 在区间 $[a,b]$ 上连续，$x = \varphi(t)$ 在区间 $[\alpha,\beta]$ 或 $[\beta,\alpha]$ 上连续，所以复合函数 $f\big[\varphi(t)\big]$ 在 $[\alpha,\beta]$ 或 $[\beta,\alpha]$ 上连续，因此 $f(x)$ 和 $f\big[\varphi(t)\big]\varphi'(t)$ 在相应的区间上可积. 设 $F(x)$ 是 $f(x)$ 的一个原函数，则

$$\int_a^b f(x)\mathrm{d}x = F(b) - F(a)$$

记 $\Phi(t) = F\big[\varphi(t)\big]$，由复合函数求导法则，得

$$\Phi'(t) = \frac{\mathrm{d}F}{\mathrm{d}x}\frac{\mathrm{d}x}{\mathrm{d}t} = f(x)\varphi'(t) = f\big[\varphi(t)\big]\varphi'(t)$$

这表明 $\Phi(t)$ 是 $f\big[\varphi(t)\big]\varphi'(t)$ 的一个原函数，因此有

$$\int_\alpha^\beta f\big[\varphi(t)\big]\varphi'(t)\mathrm{d}t = \Phi(\beta) - \Phi(\alpha)$$
$$= F\big[\varphi(\beta)\big] - F\big[\varphi(\alpha)\big] = F(b) - F(a)$$

注：（1）定积分的换元法遵循的原则是，换元必换限（上限对上限，下限对下限），不必变量代回.

（2）换元公式也可以反过来使用，把换元公式中左右两边调换位置，即

$$\int_\alpha^\beta\big[\varphi(t)\big]\varphi'(t)\mathrm{d}t = \int_a^b f(x)\mathrm{d}x$$

这个公式中用到了凑微分法.

【例 1】计算 $\int_0^a \sqrt{a^2 - x^2}\mathrm{d}x\ (a > 0)$.

【解】设 $x = a\sin t$，则 $\mathrm{d}x = a\cos t\mathrm{d}t$. 当 $x = 0$ 时，$t = 0$；当 $x = a$ 时，$t = \dfrac{\pi}{2}$.

于是有

$$\int_0^a \sqrt{a^2 - x^2}\mathrm{d}x = a^2\int_0^{\frac{\pi}{2}}\cos^2 t\mathrm{d}t = \frac{a^2}{2}\int_0^{\frac{\pi}{2}}(1 + \cos 2t)\mathrm{d}t$$

$$= \frac{a^2}{2}\left(t + \frac{1}{2}\sin 2t\right)\Bigg|_0^{\frac{\pi}{2}} = \frac{\pi a^2}{4}$$

注：此题也可用定积分的几何意义求解.

【例 2】计算 $\int_0^{\frac{\pi}{2}}\cos^5 x\sin x\mathrm{d}x$.

【解】设 $t = \cos x$，则 $\mathrm{d}t = -\sin x\mathrm{d}x$. 当 $x = 0$ 时，$t = 1$；当 $x = \dfrac{\pi}{2}$ 时，$t = 0$.

于是有

$$\int_0^{\frac{\pi}{2}}\cos^5 x\sin x\mathrm{d}x = -\int_0^{\frac{\pi}{2}}\cos^5 x\mathrm{d}\cos x = -\int_1^0 t^5\mathrm{d}t = \frac{t^6}{6}\Bigg|_0^1 = \frac{1}{6}$$

在求解本例时，如果不写出变量代换的过程，则定积分的上、下限不变. 具体解题过程如下：

$$\int_0^{\frac{\pi}{2}}\cos^5 x\sin x\mathrm{d}x = -\int_0^{\frac{\pi}{2}}\cos^5 x\mathrm{d}\big(\cos x\big)$$

$$= -\frac{\cos^6 x}{6}\Bigg|_0^{\frac{\pi}{2}} = -\left(0 - \frac{1}{6}\right) = \frac{1}{6}$$

【例3】计算 $\int_0^4 \frac{x+2}{\sqrt{2x+1}}\mathrm{d}x$.

【解】设 $t = \sqrt{2x+1}$，则 $x = \frac{t^2-1}{2}$，$\mathrm{d}x = t\mathrm{d}t$. 当 $x=0$ 时，$t=1$；当 $x=4$ 时，$t=3$.

于是有

$$\int_0^4 \frac{x+2}{\sqrt{2x+1}}\mathrm{d}x = \int_1^3 \frac{\frac{t^2-1}{2}+2}{t} \cdot t\mathrm{d}t = \frac{1}{2}\int_1^3 \left(t^2+3\right)\mathrm{d}t$$

$$= \frac{1}{2}\left(\frac{t^3}{3}+3t\right)\Bigg|_1^3 = \frac{1}{2}\left[\left(\frac{27}{3}+9\right) - \left(\frac{1}{3}+3\right)\right]$$

$$= \frac{22}{3}$$

【例4】设函数 $f(x) = \begin{cases} x\mathrm{e}^{-x^2}, & x \geqslant 0 \\ \dfrac{1}{1+\cos x}, & -\pi < x < 0 \end{cases}$，计算 $\int_1^4 f(x-2)\mathrm{d}x$.

【解】设 $t = x-2$，则 $\mathrm{d}t = \mathrm{d}x$. 当 $x=1$ 时，$t=-1$；当 $x=4$ 时，$t=2$.

于是有

$$\int_1^4 f(x-2)\mathrm{d}x = \int_{-1}^2 f(t)\mathrm{d}t = \int_{-1}^0 \frac{\mathrm{d}t}{1+\cos t} + \int_0^2 t\mathrm{e}^{-t^2}\mathrm{d}t$$

$$= \tan\frac{t}{2}\Bigg|_{-1}^0 - \frac{1}{2}\mathrm{e}^{-t^2}\Bigg|_0^2$$

$$= \tan\frac{1}{2} - \frac{1}{2}\mathrm{e}^{-4} + \frac{1}{2}$$

【例5】求证：

(1) 若函数 $f(x)$ 在区间 $[-a,a]$ 上连续且为偶函数，则

$$\int_{-a}^a f(x)\mathrm{d}x = 2\int_0^a f(x)\mathrm{d}x$$

(2) 若函数 $f(x)$ 在区间 $[-a,a]$ 上连续且为奇函数，则

$$\int_{-a}^a f(x)\mathrm{d}x = 0$$

【证明】$\int_{-a}^a f(x)\mathrm{d}x = \int_{-a}^0 f(x)\mathrm{d}x + \int_0^a f(x)\mathrm{d}x$，

对定积分 $\int_{-a}^0 f(x)\mathrm{d}x$ 进行代换 $x = -t$，则得

$$\int_{-a}^0 f(x)\mathrm{d}x = -\int_a^0 f(-t)\mathrm{d}t = \int_0^a f(-t)\mathrm{d}t = \int_0^a f(-x)\mathrm{d}x$$

于是有

$$\int_{-a}^a f(x)\mathrm{d}x = \int_0^a f(-x)\mathrm{d}x + \int_0^a f(x)\mathrm{d}x，$$

$$= \int_0^a \left[f(x) + f(-x)\right]\mathrm{d}x$$

（1）若函数 $f(x)$ 为偶函数，则

$$f(x)+f(-x)=2f(x)$$

$$\int_{-a}^{a}f(x)\mathrm{d}x=2\int_{0}^{a}f(x)\mathrm{d}x$$

（2）若函数 $f(x)$ 为奇函数，则

$$f(x)+f(-x)=0$$

$$\int_{-a}^{a}f(x)\mathrm{d}x=0$$

关于原点对称区间上的定积分，利用例 5 可简化计算.

例如，$\int_{-3}^{3}\dfrac{x^{3}\sin^{2}x}{1+\cos x}\mathrm{d}x=0$，$\int_{-5}^{5}\dfrac{x^{5}\sin^{2}x}{x^{4}+2x^{2}+1}\mathrm{d}x=0$.

二、定积分的分部积分法

设函数 $u(x)$，$v(x)$ 在区间 $[a,b]$ 上连续、可导，则有分部积分公式

$$\int_{a}^{b}uv'\mathrm{d}x=(uv)\Big|_{a}^{b}-\int_{a}^{b}u'v\mathrm{d}x$$

或

$$\int_{a}^{b}u\mathrm{d}v=(uv)\Big|_{a}^{b}-\int_{a}^{b}v\mathrm{d}u.$$

【例 6】计算 $\int_{0}^{1}x\mathrm{e}^{x}\mathrm{d}x$.

【解】$\int_{0}^{1}x\mathrm{e}^{x}\mathrm{d}x=\int_{0}^{1}x\mathrm{d}(\mathrm{e}^{x})=(x\mathrm{e}^{x})\Big|_{0}^{1}-\int_{0}^{1}\mathrm{e}^{x}\mathrm{d}x=\mathrm{e}-\mathrm{e}^{x}\Big|_{0}^{1}$

$$=\mathrm{e}-\mathrm{e}+1=1.$$

【例 7】计算 $\int_{0}^{\frac{1}{2}}\arcsin x\mathrm{d}x$.

【解】$\int_{0}^{\frac{1}{2}}\arcsin x\mathrm{d}x=(x\arcsin x)\Big|_{0}^{\frac{1}{2}}-\int_{0}^{\frac{1}{2}}\dfrac{x}{\sqrt{1-x^{2}}}\mathrm{d}x$

$$=\dfrac{1}{2}\cdot\dfrac{\pi}{6}+\sqrt{1-x^{2}}\Big|_{0}^{\frac{1}{2}}=\dfrac{\pi}{12}+\dfrac{\sqrt{3}}{2}-1.$$

习题 5-3

计算下列定积分.

（1）$\int_{\frac{\pi}{3}}^{\pi}\sin\left(x+\dfrac{\pi}{3}\right)\mathrm{d}x$；

（2）$\int_{-2}^{1}\dfrac{\mathrm{d}x}{(11+5x)^{3}}$；

（3）$\int_{0}^{\pi}(1-\sin^{3}\theta)\mathrm{d}\theta$；

（4）$\int_{0}^{\sqrt{2}}\sqrt{2-x^{2}}\mathrm{d}x$；

（5）$\int_{1}^{4}\dfrac{\mathrm{d}x}{1+\sqrt{x}}$；

（6）$\int_{0}^{1}t\mathrm{e}^{-\frac{t^{2}}{2}}\mathrm{d}t$；

（7）$\int_{-\pi}^{\pi}x^{4}\sin x\mathrm{d}x$；

（8）$\int_{-\frac{1}{2}}^{\frac{1}{2}}\dfrac{(\arcsin x)^{2}}{\sqrt{1-x^{2}}}\mathrm{d}x$；

(9) $\int_0^\pi \sqrt{1+\cos 2x}\,dx$;

(10) $\int_0^1 xe^{-x}\,dx$;

(11) $\int_1^e x\ln x\,dx$;

(12) $\int_0^1 x\arctan x\,dx$;

(13) $\int_1^4 \dfrac{\ln x}{\sqrt{x}}\,dx$;

(14) $\int_1^e \sin(\ln x)\,dx$.

第 4 节　反常积分

定积分是指积分区间为有限区间且被积函数在区间上有界的函数的积分.

现在我们进行推广：(1) 积分区间为无限区间；(2) 被积函数在有限区间上无界，从而形成反常积分的概念，反常积分又称为广义积分.

一、无穷限反常积分

定义　设函数 $f(x)$ 在 $[a,+\infty)$ 上连续，任取 $t>a$，则称 $\lim\limits_{t\to+\infty}\int_a^t f(x)\,dx$ 为函数 $f(x)$ 在 $[a,+\infty)$ 上的反常积分，记为 $\int_a^{+\infty} f(x)\,dx$，即

$$\int_a^{+\infty} f(x)\,dx = \lim_{t\to+\infty}\int_a^t f(x)\,dx$$

若极限 $\lim\limits_{t\to+\infty}\int_a^t f(x)\,dx$ 存在，则称反常积分 $\int_a^{+\infty} f(x)\,dx$ 收敛；若极限 $\lim\limits_{t\to+\infty}\int_a^t f(x)\,dx$ 不存在，则称反常积分 $\int_a^{+\infty} f(x)\,dx$ 发散.

类似地，可定义函数 $f(x)$ 在 $(-\infty,b]$ 上的反常积分为

$$\int_{-\infty}^b f(x)\,dx = \lim_{t\to-\infty}\int_t^b f(x)\,dx$$

函数 $f(x)$ 在 $(-\infty,+\infty)$ 上的反常积分为

$$\int_{-\infty}^{+\infty} f(x)\,dx = \int_{-\infty}^c f(x)\,dx + \int_c^{+\infty} f(x)\,dx$$
$$= \lim_{t\to-\infty}\int_t^c f(x)\,dx + \lim_{t\to+\infty}\int_c^t f(x)\,dx$$

上式右端两个极限都存在，则称反常积分 $\int_{-\infty}^{+\infty} f(x)\,dx$ 收敛；否则，称其发散.

根据上述定义可知，无穷限的反常积分是用定积分的极限来定义的.

用极限的方法来计算积分比较麻烦，无穷限的反常积分也有类似的牛—莱公式.

设函数 $f(x)$ 在相应区间上均存在原函数 $F(x)$，若 $\lim\limits_{x\to+\infty}F(x)$，$\lim\limits_{x\to-\infty}F(x)$ 两者极限均存在，则分别把它们记为 $F(+\infty)$，$F(-\infty)$.

$$\int_a^{+\infty} f(x)\,dx = F(x)\Big|_a^{+\infty} = \lim_{x\to+\infty}F(x)-F(a) = F(+\infty)-F(a)$$

$$\int_{-\infty}^b f(x)\,dx = F(x)\Big|_{-\infty}^b = F(b)-F(-\infty)$$

$$\int_{-\infty}^{+\infty} f(x)\mathrm{d}x = F(x)\Big|_{-\infty}^{+\infty} = F(+\infty) - F(-\infty)$$

【例 1】计算反常积分 $\int_{2}^{+\infty}\dfrac{\mathrm{d}x}{x^2}$.

【解】$\int_{2}^{+\infty}\dfrac{1}{x^2}\mathrm{d}x = -\dfrac{1}{x}\Big|_{2}^{+\infty} = -\left(\lim\limits_{x\to+\infty}\dfrac{1}{x} - \dfrac{1}{2}\right) = \dfrac{1}{2}$.

推广：对于 $\int_{a}^{+\infty}\dfrac{\mathrm{d}x}{x^p}$ $(a>0)$，当 $p>1$ 时，$\int_{a}^{+\infty}\dfrac{\mathrm{d}x}{x^p}$ 收敛，其值为 $\dfrac{a^{1-p}}{p-1}$；当 $p\leqslant 1$ 时，$\int_{a}^{+\infty}\dfrac{\mathrm{d}x}{x^p}$ 发散.

【例 2】计算反常积分 $\int_{-\infty}^{-1} t^{-5}\mathrm{d}t$.

【解】$\int_{-\infty}^{-1} t^{-5}\mathrm{d}t = -\dfrac{1}{4}t^{-4}\Big|_{-\infty}^{-1} = -\dfrac{1}{4}\left(1 - \lim\limits_{t\to-\infty}\dfrac{1}{t^4}\right) = -\dfrac{1}{4}$.

【例 3】计算反常积分 $\int_{-\infty}^{+\infty}\dfrac{\mathrm{d}x}{1+x^2}$.

【解】$\int_{-\infty}^{+\infty}\dfrac{\mathrm{d}x}{1+x^2} = \arctan x\Big|_{-\infty}^{+\infty} = \lim\limits_{x\to+\infty}\arctan x - \lim\limits_{x\to-\infty}\arctan x$

$$= \dfrac{\pi}{2} - \left(-\dfrac{\pi}{2}\right) = \pi.$$

定积分 $\int_{a}^{b}\dfrac{\mathrm{d}x}{1+x^2}$ 表示由曲线 $y = \dfrac{1}{1+x^2}$ 和直线 $x=a$，$x=b$ 以及 x 轴所围成的闭口的曲边梯形的面积，如图 5-4-1 所示.

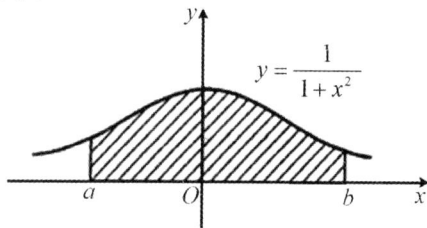

图 5-4-1

由例 3 可知，当 $a\to-\infty$，$b\to+\infty$ 时，这个两端开口的曲边梯形的面积存在，可用 $\int_{-\infty}^{+\infty}\dfrac{\mathrm{d}x}{1+x^2}$ 表示. 这个例子很好地反映了定积分与无穷限的反常积分之间的关系.

二、无界函数的反常积分

若函数 $f(x)$ 在点 $x=a$ 的任一邻域内都无界，即 $\lim\limits_{x\to\left(a^+,a^-\right)} f(x) = \infty \ (+\infty, -\infty)$，那么点 a 称为函数 $f(x)$ 的瑕点（也称为无界间断点）. 无界函数的反常积分又称为瑕积分.

定义 若函数 $f(x)$ 在 $(a,b]$ 上连续，点 a 为函数 $f(x)$ 的瑕点，取 $t>a$，称 $\lim\limits_{t\to a^+}\int_{t}^{b} f(x)\mathrm{d}x$ 为函数 $f(x)$ 在 $(a,b]$ 上的瑕积分，记为 $\int_{a}^{b} f(x)\mathrm{d}x$，即

$$\int_{a}^{b} f(x)\mathrm{d}x = \lim\limits_{t\to a^+}\int_{t}^{b} f(x)\mathrm{d}x$$

若极限 $\lim\limits_{t \to a^+} \int_t^b f(x)\mathrm{d}x$ 存在，则称瑕积分 $\int_a^b f(x)\mathrm{d}x$ 收敛；否则，称其发散.

类似地，若函数 $f(x)$ 在 $[a,b]$ 上连续，点 b 为函数 $f(x)$ 的瑕点，取 $t < b$，则定义

$$\int_a^b f(x)\mathrm{d}x = \lim\limits_{t \to b^-} \int_a^t f(x)\mathrm{d}x$$

为函数 $f(x)$ 在 $[a,b]$ 上的瑕积分.

若函数 $f(x)$ 在 $[a,c)$ 和 $(c,b]$ 上连续，点 c 为函数 $f(x)$ 的瑕点，则定义

$$\int_a^b f(x)\mathrm{d}x = \int_a^c f(x)\mathrm{d}x + \int_c^b f(x)\mathrm{d}x$$

$$= \lim\limits_{t \to c^-} \int_a^t f(x)\mathrm{d}x + \lim\limits_{t \to c^+} \int_t^b f(x)\mathrm{d}x$$

为函数 $f(x)$ 在 $[a,b]$ 上的瑕积分.

若上述两个极限都存在，则称瑕积分 $\int_a^b f(x)\mathrm{d}x$ 收敛；否则，就称瑕积分 $\int_a^b f(x)\mathrm{d}x$ 发散.

计算无界函数的反常积分，也可以借助牛顿—莱布尼茨公式.

设点 a 为函数 $f(x)$ 的瑕点，在 $(a,b]$ 上 $F'(x) = f(x)$，若极限 $\lim\limits_{x \to a^+} F(x)$ 存在，则称瑕积分收敛，且有

$$\int_a^b f(x)\mathrm{d}x = F(b) - \lim\limits_{x \to a^+} F(x) = F(b) - F(a^+)$$

若 $\lim\limits_{x \to a^+} F(x)$ 不存在，则称瑕积分 $\int_a^b f(x)\mathrm{d}x$ 发散.

我们仍用记号 $F(x)\big|_a^b$ 表示 $F(b) - F(a^+)$，从而形式上仍有

$$\int_a^b f(x)\mathrm{d}x = F(x)\big|_a^b$$

对于函数 $f(x)$ 在 $[a,b)$ 上连续，点 b 为瑕点的反常积分，也有类似的计算公式，这里不再详述.

【例 4】计算反常积分 $\int_0^1 \dfrac{1}{\sqrt{x}}\mathrm{d}x$.

【解】因为

$$\lim\limits_{x \to 0^+} \frac{1}{\sqrt{x}} = +\infty$$

所以点 $x = 0$ 是 $f(x) = \dfrac{1}{\sqrt{x}}$ 的瑕点，于是有

$$\int_0^1 \frac{1}{\sqrt{x}}\mathrm{d}x = 2\sqrt{x}\,\big|_0^1 = 2 - 2\lim\limits_{x \to 0^+}\sqrt{x} = 2$$

推广：对于 $\int_a^b \dfrac{1}{(x-a)^p}\mathrm{d}x$，点 $x = a$ 为 $f(x) = \dfrac{1}{(x-a)^p}$ 的瑕点，当 $0 < p < 1$ 时，$\int_a^b \dfrac{1}{(x-a)^p}\mathrm{d}x$ 收敛，其值为 $\dfrac{(b-a)^{1-p}}{1-p}$；当 $p \geqslant 1$ 时，$\int_a^b \dfrac{1}{(x-a)^p}\mathrm{d}x$ 发散.

【**例 5**】计算反常积分 $\int_0^a \dfrac{1}{\sqrt{a^2-x^2}}\mathrm{d}x \ (a>0)$.

【**解**】因为

$$\lim_{x\to a^-}\frac{1}{\sqrt{a^2-x^2}}=+\infty$$

所以点 $x=a$ 是 $f(x)=\dfrac{1}{\sqrt{a^2-x^2}}$ 的瑕点，于是有

$$\int_0^a\frac{1}{\sqrt{a^2-x^2}}\mathrm{d}x=\arcsin\frac{x}{a}\Big|_0^a=\lim_{x\to a^-}\arcsin\frac{x}{a}-0=\frac{\pi}{2}$$

【**例 6**】讨论反常积分 $\int_{-1}^1\dfrac{\mathrm{d}x}{x^2}$ 的收敛性.

【**解**】被积函数 $f(x)=\dfrac{1}{x^2}$ 在积分区间 $[-1,1]$ 上除点 $x=0$ 外连续，且 $\lim\limits_{x\to 0}\dfrac{1}{x^2}=\infty$.
由于

$$\int_{-1}^0\frac{\mathrm{d}x}{x^2}=-\frac{1}{x}\Big|_{-1}^0=\lim_{x\to 0^-}\left(-\frac{1}{x}\right)-1=+\infty$$

因此，反常积分 $\int_{-1}^0\dfrac{\mathrm{d}x}{x^2}$ 发散，所以 $\int_{-1}^1\dfrac{\mathrm{d}x}{x^2}$ 发散.

注：如果疏忽了点 $x=0$ 是被积函数的瑕点的事实，就会得到以下错误的结果：

$$\int_{-1}^1\frac{\mathrm{d}x}{x^2}=-\frac{1}{x}\Big|_{-1}^1=-1-1=-2$$

习题 5-4

1. 计算下列反常积分.

(1) $\int_1^{+\infty}\dfrac{\mathrm{d}x}{x^4}$;

(2) $\int_1^{+\infty}\dfrac{\mathrm{d}x}{\sqrt{x}}$;

(3) $\int_0^{+\infty}\mathrm{e}^{-\alpha x}\mathrm{d}x \ (\alpha>0)$;

(4) $\int_{-\infty}^{+\infty}\dfrac{\mathrm{d}x}{x^2+2x+2}$;

(5) $\int_0^{+\infty}x\mathrm{e}^{-x}\mathrm{d}x$;

(6) $\int_1^2\dfrac{x\mathrm{d}x}{\sqrt{x-1}}$;

(7) $\int_0^1\dfrac{x\mathrm{d}x}{\sqrt{1-x^2}}$;

(8) $\int_0^2\dfrac{\mathrm{d}x}{(1-x)^2}$.

2. 设反常积分 $I=\int_2^{+\infty}\dfrac{\mathrm{d}x}{x(\ln x)^k}$ ，k 为何值时，(1) I 发散；(2) I 收敛；(3) I 取得最小值？

第 6 章　定积分的应用

在第 5 章，我们通过研究曲边梯形的面积和做变速直线运动的物体经过的路程这两个例子，引入了定积分的概念，本章我们将利用第 5 章介绍的定积分的理论分析实际问题. 定积分理论的核心思想是"元素法"，就是先求出子区间上相应的元素，例如面积元素、体积元素、弧长元素等，然后再积分求出结果的方法. 定积分的元素法有很广泛的应用，使用元素法解决问题的关键是如何用定积分表示一个量.

第 1 节　定积分的元素法

定积分是一种特殊和式的极限，通过子区间上以"直"代"曲"，以"常"代"变"的方法，求出相应的近似值(元素)，然后在整个区间上求和、取极限(积分)，就得到了要求的量，因此能用定积分解决的量必须具有区间可加性和在子区间上能取得近似值的特性.

下面我们结合如图 6-1-1 所示的曲边梯形的面积这一实例，说明定积分的元素法.

(1) 选取合适的积分变量，确定变量的变化区间(积分区间)，例如，选 x 为积分变量，$x \in [a, b]$.

(2) 任取一个子区间，求出相应的面积元素 $\mathrm{d}A$，例如，对 $\forall [x, x+\mathrm{d}x] \subset [a, b]$，面积元素为 $\mathrm{d}A = f(x)\mathrm{d}x$.

（3）在整个区间上取定积分，得到所求的量 A．例如，曲边梯形的面积 $A = \int_a^b f(x) \mathrm{d}x$．

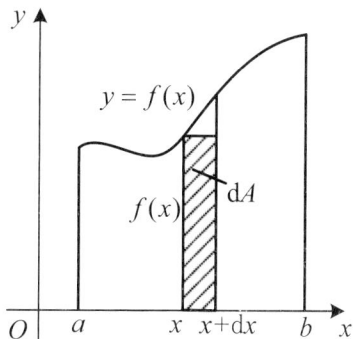

图 6-1-1

第 2 节　定积分的几何应用

一、平面图形的面积

1. 直角坐标系下平面图形的面积

（1）求曲线 $y = f_1(x)$，$y = f_2(x)$ 及直线 $x = a$，$x = b$ $(a < b)$ 所围成的平面图形的面积 A．

元素法解决步骤：选取 x 为积分变量，$x \in [a, b]$；任取 $[a, b]$ 的一个子区间 $[x, x + \mathrm{d}x]$，其对应的窄平面图形的面积元素 $\mathrm{d}A = |f_1(x) - f_2(x)| \mathrm{d}x$，则

$$A = \int_a^b |f_1(x) - f_2(x)| \mathrm{d}x$$

（2）求曲线 $x = \varphi_1(y)$，$x = \varphi_2(y)$ 及直线 $y = c$，$y = d$ $(c < d)$ 所围成的平面图形的面积 A．

元素法解决步骤：选取 y 为积分变量，$y \in [c, d]$；任取 $[c, d]$ 的一个子区间 $[y, y + \mathrm{d}y]$，其对应的窄平面图形的面积元素 $\mathrm{d}A = |\varphi_1(y) - \varphi_2(y)| \mathrm{d}y$，则

$$A = \int_c^d |\varphi_1(y) - \varphi_2(y)| \mathrm{d}y$$

【例 1】计算由曲线 $y^2 = x$ 和 $y = x^2$ 所围成的图形的面积．

【解】用定积分的元素法计算平面图形的面积一般分为以下四步．

（1）作图，求两条曲线的交点．

两曲线所围成的图形如图 6-2-1 所示．

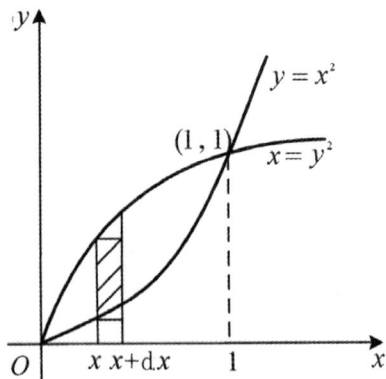

图 6-2-1

解方程组 $\begin{cases} y^2 = x \\ y = x^2 \end{cases}$，得到交点坐标为 $(0,0),(1,1)$.

（2）选 x 为积分变量，$x \in [0,1]$.

（3）任取 $[x, x+dx] \subset [0,1]$，则面积元素为

$$dA = \left(\sqrt{x} - x^2 \right) dx$$

（4）在积分区间 $[0,1]$ 上取定积分，得到所求图形的面积为

$$A = \int_0^1 \left(\sqrt{x} - x^2 \right) dx = \left(\frac{2}{3} x^{\frac{3}{2}} - \frac{x^3}{3} \right) \Bigg|_0^1 = \frac{1}{3}$$

【例2】计算由抛物线 $y^2 = 2x$ 与直线 $y = x - 4$ 所围成的图形的面积.

【解】（1）作图，求两条曲线的交点.

两曲线所围成的图形如图 6-2-2 所示.

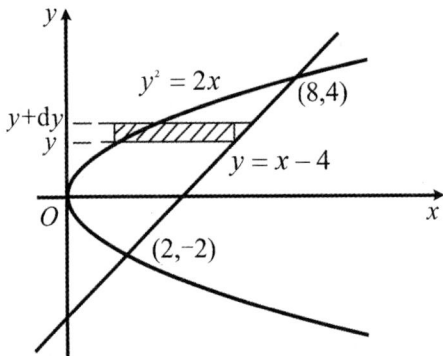

图 6-2-2

解方程组 $\begin{cases} y^2 = 2x \\ y = x - 4 \end{cases}$，得到交点坐标为 $(2,-2),(8,4)$.

（2）选 y 为积分变量，$y \in [-2,4]$.（读者可以考虑，本例为什么不选 x 为积分变量，如果选 x 为积分变量，有什么不方便的地方.）

（3）任取 $[y, y+dy] \subset [-2,4]$，则面积元素为

$$\mathrm{d}A = \left(y + 4 - \frac{1}{2}y^2 \right)\mathrm{d}y$$

(4) 在积分区间 $[-2, 4]$ 上取定积分，得到所求图形的面积为

$$A = \int_{-2}^{4} \left(y + 4 - \frac{1}{2}y^2 \right)\mathrm{d}y$$

$$= \left(\frac{y^2}{2} + 4y - \frac{y^3}{6} \right)\bigg|_{-2}^{4}$$

$$= 18$$

注：由例 2 可以看到，适当选取积分变量，可以简化计算.

【例 3】计算椭圆 $\dfrac{x^2}{a^2} + \dfrac{y^2}{b^2} = 1$ 所围成的图形的面积.

【解】(1) 作图，得到椭圆 $\dfrac{x^2}{a^2} + \dfrac{y^2}{b^2} = 1$ 所围成的图形如图 6-2-3 所示.

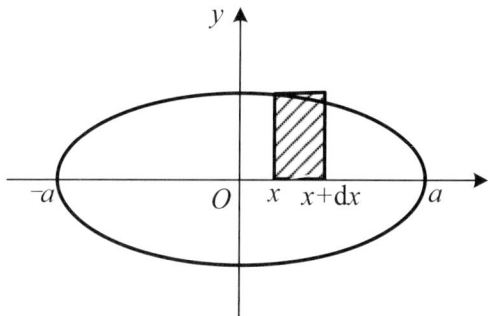

图 6-2-3

解方程组 $\begin{cases} \dfrac{x^2}{a^2} + \dfrac{y^2}{b^2} = 1 \\ y = 0 \end{cases}$ ，得到椭圆和 x 轴的交点坐标为 $(-a, 0), (a, 0)$.

因为椭圆关于两坐标轴都对称，所以椭圆围成的图形的面积为

$$A = 4A_1$$

其中的 A_1 为该椭圆在第一象限部分与两坐标轴所围图形的面积.

(2) 选 x 为积分变量，$x \in [0, a]$.

(3) 任取 $[x, x+\mathrm{d}x] \subset [0, a]$，则面积元素为

$$\mathrm{d}A_1 = y\mathrm{d}x$$

(4) 在积分区间 $[0, a]$ 上取定积分，得到椭圆在第一象限部分的面积为

$$A_1 = \int_0^a y\mathrm{d}x$$

利用椭圆的参数方程

$$\begin{cases} x = a\cos t \\ y = b\sin t \end{cases} \quad \left(0 \leqslant t \leqslant \frac{\pi}{2} \right)$$

应用定积分换元法，令 $x = a\cos t$，$y = b\sin t$，$\mathrm{d}x = -a\sin t\mathrm{d}t$.

得到

$$A_1 = \int_{\frac{\pi}{2}}^{0} b\sin t\left(-a\sin t\right)\mathrm{d}t = -ab\int_{\frac{\pi}{2}}^{0}\sin^2 t\mathrm{d}t$$

$$= ab\int_{0}^{\frac{\pi}{2}}\sin^2 t\mathrm{d}t = ab\times\frac{1}{2}\times\frac{\pi}{2} = \frac{\pi}{4}ab$$

$$A = 4A_1 = \pi ab$$

当 $a = b$ 时，就得到大家所熟悉的圆的面积公式 $A = \pi a^2$.

2. 极坐标系下平面图形的面积

过平面上的一点 O，作两条相互垂直的数轴——x 轴和 y 轴，就构成了平面直角坐标系，点 O 称为原点. 平面直角坐标系下点 P 对应一对横、纵坐标，表示为 $P(x, y)$. 直角坐标系是我们最常用的一种坐标系，但有时解决问题，用极坐标系更方便. 极坐标系由极点和极轴构成. 过平面内一个定点 O 引射线 Ox，Ox 称为极轴，O 称为极点. 极坐标系下的点 P 用极径和极角表示，即表示为 $P(r, \theta)$，其中极径 $r = |OP|$，极角 θ 为从极轴 Ox 按逆时针方向旋转至射线 OP 位置时转过的角度.

直角坐标系和极坐标系关系非常密切. 取直角坐标系的原点为极点，取 x 轴的正半轴 Ox 为极轴，则平面内的点 P 的坐标在两种坐标系下的关系为

$$\begin{cases} x = r\cos\theta \\ y = r\sin\theta \end{cases}$$

并有 $x^2 + y^2 = r^2$，$\tan\theta = \dfrac{y}{x}$ $(x \neq 0)$.

设由连续曲线 $r = \varphi(\theta)$ $(\varphi(\theta) \geq 0)$ 及射线 $\theta = \alpha$，$\theta = \beta$ 围成一平面图形(简称为曲边扇形)，如图 6-2-4 所示，现在要计算它的面积.

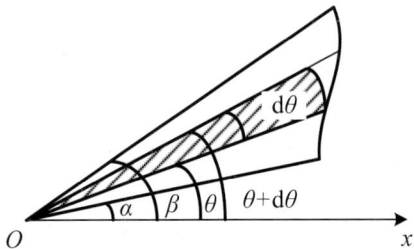

图 6-2-4

用元素法求曲边扇形面积的步骤如下：选取 θ 为积分变量，$\theta \in [\alpha, \beta]$；任取 $[\alpha, \beta]$ 的一个子区间 $[\theta, \theta + \mathrm{d}\theta]$，其对应的窄曲边扇形的面积元素 $\mathrm{d}A = \dfrac{1}{2}[\varphi(\theta)]^2 \mathrm{d}\theta$，则有

$$A = \int_{\alpha}^{\beta} \frac{1}{2}[\varphi(\theta)]^2 \mathrm{d}\theta$$

【例 4】计算阿基米德螺线 $r = a\theta$ $(a > 0)$ 上，θ 从 0 变到 2π 的一段弧与极轴所围成的图形的面积.

【解】(1) 作图. 曲线所围成的图形如图 6-2-5 所示.

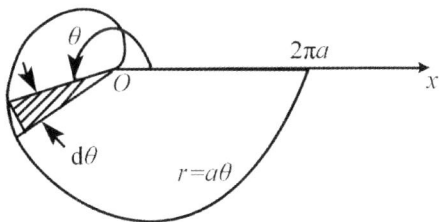

图 6-2-5

(2) 选 θ 为积分变量，$\theta \in [0, 2\pi]$.

(3) 任取 $[\theta, \theta + \mathrm{d}\theta] \subset [0, 2\pi]$，则面积元素为

$$\mathrm{d}A = \frac{1}{2}(a\theta)^2 \mathrm{d}\theta$$

(4) 在积分区间 $[0, 2\pi]$ 上取定积分，得到所求图形的面积为

$$A = \int_0^{2\pi} \frac{a^2}{2}\theta^2 \mathrm{d}\theta = \frac{a^2}{2} \cdot \frac{\theta^3}{3}\Big|_0^{2\pi} = \frac{4}{3}a^2\pi^3$$

二、空间立体的体积

1. 旋转体的体积

平面上的图形绕该平面内的一条直线旋转一周所得的立体，称为旋转体. 常见的旋转体有圆锥、圆台、球等，求这几种旋转体的体积有公式，现在我们用定积分的元素法计算一般旋转体的体积.

计算如图 6-2-6 所示的，由连续曲线 $y = f(x)$，直线 $x = a$、$x = b$ 及 x 轴所围成的曲边梯形绕 x 轴旋转一周而成的立体的体积.

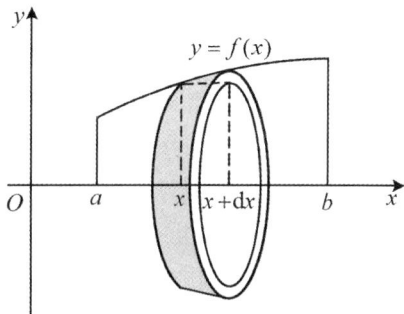

图 6-2-6

用元素法计算上述体积的步骤如下：选 x 为积分变量，$x \in [a, b]$；任取 $[a, b]$ 的一个子区间 $[x, x + \mathrm{d}x]$，其对应的小旋转体的体积元素 $\mathrm{d}V = \pi f^2(x)\mathrm{d}x$，则立体的体积为

$$V = \pi \int_a^b f^2(x)\mathrm{d}x$$

同理可得，由连续曲线 $x = \varphi(y)$，直线 $y = c$、$y = d$ 及 y 轴所围成的曲边梯形绕 y 轴旋转一周而成的立体的体积为

$$V = \pi \int_c^d \varphi^2(y)\mathrm{d}y$$

【例5】 已知点 P 的坐标为 (h,r)，计算由直线 OP，$x=h$ 及 x 轴所围成的直角三角形绕 x 轴旋转一周而成的圆锥体的体积.

【解】 （1）作图. 圆锥体的图形如图 6-2-7 所示.

直线 OP 的方程为 $y=\dfrac{r}{h}x$.

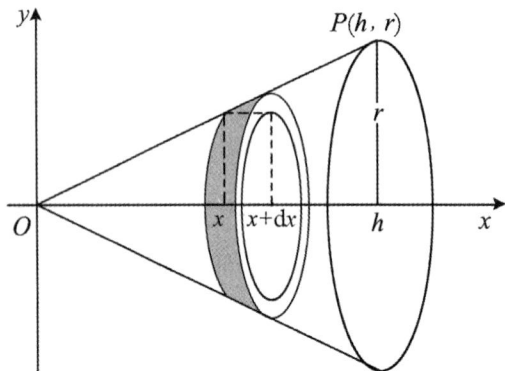

图 6-2-7

（2）选 x 为积分变量，$x\in[0,h]$.

（3）任取 $[x,x+\mathrm{d}x]\subset[0,h]$，则体积元素为

$$\mathrm{d}V=\pi\left(\frac{r}{h}x\right)^2\mathrm{d}x$$

（4）在积分区间 $[0,h]$ 上取定积分，得圆锥体的体积为

$$V=\pi\int_0^h\left(\frac{r}{h}x\right)^2\mathrm{d}\theta=\pi\frac{r^2}{h^2}\cdot\frac{x^3}{3}\bigg|_0^h=\frac{\pi r^2 h}{3}$$

2. 平行截面面积已知的立体的体积

若一立体的底面和顶面与定轴垂直，且用垂直于定轴的平面去截该立体，所得的截面的面积可求，则该立体的体积可用定积分的元素法计算.

不妨取定轴为 x 轴，过点 x 且垂直于 x 轴的截面面积为 $A(x)$，如图 6-2-8 所示，求该立体介于 $x=a$，$x=b$ 两个平面之间的体积.

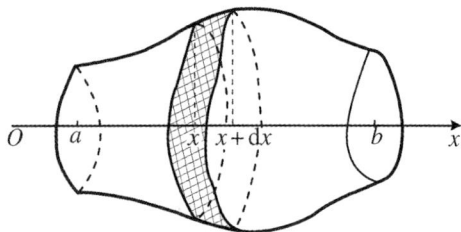

图 6-2-8

用元素法求上述体积的步骤如下：选 x 为积分变量，$x\in[a,b]$；任取 $[a,b]$ 的一个子区间 $[x,x+\mathrm{d}x]$，其对应的扁立体的体积元素 $\mathrm{d}V=A(x)\mathrm{d}x$，则

$$V=\int_a^b A(x)\mathrm{d}x$$

【例 6】一圆柱体 $x^2 + y^2 = R^2$ 被一过底面圆直径并与底面交成 α 角的平面所截，计算圆柱体被平面截下立体的体积.

【解】（1）作图. 圆柱体被平面截下立体的图形如图 6-2-9 所示.

取底面圆的圆心 O 为坐标原点，直径所在直线为 x 轴，底面上过圆心且垂直于 x 轴的直线为 y 轴.

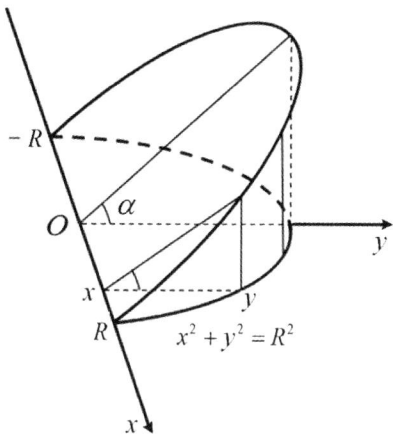

图 6-2-9

（2）选 x 为积分变量，$x \in [-R, R]$.

（3）任取 $[x, x+dx] \subset [-R, R]$，则体积元素为

$$dV = \frac{1}{2}\left(R^2 - x^2\right)\tan\alpha\, dx$$

（4）在积分区间 $[-R, R]$ 上取定积分，得立体的体积为

$$V = \int_{-R}^{R} \frac{1}{2}\left(R^2 - x^2\right)\tan\alpha\, dx = \frac{1}{2}\tan\alpha\left(R^2 x - \frac{1}{3}x^3\right)\Big|_{-R}^{R}$$

$$= \frac{2}{3}R^3 \tan\alpha$$

三、平面曲线的长度

为方便讨论，先给出以下结论.

定理　光滑曲线的长度是可求的.

上面提到的光滑曲线是指闭区间上具有一阶连续导数的函数式所对应的曲线. 下面我们讨论的曲线都是光滑可求长的. 有些曲线的整体不是光滑的，但是如果它可以分割成多段光滑的曲线，则也可以计算整体曲线的长度.

1. 直角坐标系下光滑曲线的长度

下面计算区间 $[a, b]$ 上光滑曲线 $y = f(x)$ 的长度 s.

用元素法求长度 s 的步骤如下：选 x 为积分变量，$x \in [a, b]$；任取 $[a, b]$ 的一个子区间 $[x, x+dx]$，其对应的小曲线弧的弧长元素 $ds = \sqrt{(dx)^2 + (dy)^2} = \sqrt{1 + (y')^2}\, dx$，则

$$s = \int_a^b \sqrt{1 + \left(y'\right)^2}\, \mathrm{d}x$$

【例7】计算如图 6-2-10 所示的曲线 $y = \dfrac{2}{3} x^{\frac{3}{2}}$ $(a \leqslant x \leqslant b)$ 的长度.

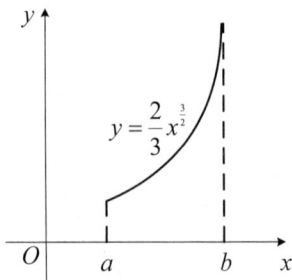

图 6-2-10

【解】（1）选 x 为积分变量，$x \in [a, b]$.

（2）任取 $[x, x + \mathrm{d}x] \subset [-R, R]$，则弧长元素为

$$\mathrm{d}s = \sqrt{1 + \left(y'\right)^2}\, \mathrm{d}x$$

$$= \sqrt{1 + \left(\sqrt{x}\right)^2}\, \mathrm{d}x = \sqrt{1 + x}\, \mathrm{d}x$$

（3）在积分区间 $[a, b]$ 上取定积分，得曲线的长度为

$$s = \int_a^b \sqrt{1 + x}\, \mathrm{d}x = \left[\frac{2}{3}(1 + x)^{\frac{3}{2}}\right]_a^b = \frac{2}{3}\left[(1 + b)^{\frac{3}{2}} - (1 + a)^{\frac{3}{2}}\right]$$

在求曲线的长度时，可直接利用第 3 章第 6 节中提到的弧微分的计算公式，从而简化元素法的计算过程.

设曲线 C 对应的函数都是连续可导的，则有以下结论.

C：$x = \varphi(y)$，$\mathrm{d}s = \sqrt{1 + \varphi^2(y)}\, \mathrm{d}y$；

C：$x = \varphi(t)$，$y = \psi(t)$，$\mathrm{d}s = \sqrt{\varphi'^2(t) + \psi'^2(t)}\, \mathrm{d}t$；

C：$r = r(\theta)$，$\mathrm{d}s = \sqrt{r^2(\theta) + r'^2(\theta)}\, \mathrm{d}\theta$.

2. 用参数方程表示的光滑曲线的长度

若光滑曲线的参数方程为

$$\begin{cases} x = \varphi(t) \\ y = \psi(t) \end{cases} (\alpha \leqslant t \leqslant \beta)$$

则其弧长元素为

$$\mathrm{d}s = \sqrt{\varphi'^2(t) + \psi'^2(t)}\, \mathrm{d}t$$

从而有

$$s = \int_\alpha^\beta \sqrt{\varphi'^2(t) + \psi'^2(t)}\, \mathrm{d}t$$

【例8】计算半径为 r 的圆周长度.

【解】圆的参数方程为

$$\begin{cases} x = r\cos t \\ y = r\sin t \end{cases} (0 \le t \le 2\pi)$$

(1) 选 t 为积分变量，$t \in [0, 2\pi]$.

(2) 弧长元素为 $\mathrm{d}s = \sqrt{(-r\sin t)^2 + (r\cos t)^2}\, \mathrm{d}t = r\mathrm{d}t$.

(3) 在积分区间 $[0, 2\pi]$ 上取定积分，得曲线的长度为

$$s = \int_0^{2\pi} r\mathrm{d}t = 2\pi r$$

3. 极坐标系下光滑曲线的长度

若光滑曲线的极坐标方程为

$$r = r(\theta) \quad (\alpha \le \theta \le \beta),$$

则其弧长元素为

$$\mathrm{d}s = \sqrt{r^2(\theta) + r'^2(\theta)}\,\mathrm{d}\theta$$

从而有

$$s = \int_\alpha^\beta \sqrt{r^2(\theta) + r'^2(\theta)}\,\mathrm{d}\theta$$

【例 9】计算心形线 $r = a(1 + \cos\theta)$ $(0 \le \theta \le 2\pi)$ 的长度.

【解】(1) 选 θ 为积分变量，$\theta \in [0, 2\pi]$.

(2) 弧长元素为

$$\begin{aligned} \mathrm{d}s &= \sqrt{a^2(1 + \cos\theta)^2 + (-a\sin\theta)^2}\,\mathrm{d}\theta \\ &= \sqrt{4a^2 \frac{1 + \cos\theta}{2}}\,\mathrm{d}\theta \\ &= 2a \left| \cos\frac{\theta}{2} \right| \mathrm{d}\theta \end{aligned}$$

(3) 在积分区间 $[0, 2\pi]$ 上取定积分，得曲线的长度为

$$s = \int_0^{2\pi} 2a \left| \cos\frac{\theta}{2} \right| \mathrm{d}\theta = 4a\int_0^\pi \cos\frac{\theta}{2}\mathrm{d}\theta = 8a\sin\frac{\theta}{2}\Big|_0^\pi = 8a$$

习题 6-2

1. 计算由下列各曲线所围成的图形的面积.

(1) 由曲线 $y = x$，$y = \sqrt{x}$ 围成的图形;

(2) 由曲线 $y = \mathrm{e}^x$，$y = \mathrm{e}$，$x = 0$ 围成的图形;

(3) 由曲线 $y = 2x$，$y = 3 - x^2$ 围成的图形;

(4) 由曲线 $y = 2x + 3$，$y = x^2$ 围成的图形.

2. 计算由下列各曲线所围成的图形的面积.

(1) 由曲线 $r = 2a\cos\theta$ 围成的图形;

（2）由曲线 $x = a\cos^3 t$，$y = a\sin^3 t$ 围成的图形.

3. 计算由摆线 $x = a(t - \sin t)$，$y = a(1 - \cos t)$ 的一拱 $(0 \leqslant t \leqslant 2\pi)$ 与横轴所围成的图形的面积.

4. 由 $y = x^3$，$x = 2$，$y = 0$ 所围成的图形，分别绕 x 轴及 y 轴旋转，计算所得到的两个旋转体的体积.

5. 计算如图 6-2-11 所示的立体的体积，该立体的底面是半径为 R 的圆，垂直于底面上一条固定直径的所有与立体相交的平面截立体所得的截面都是等边三角形.

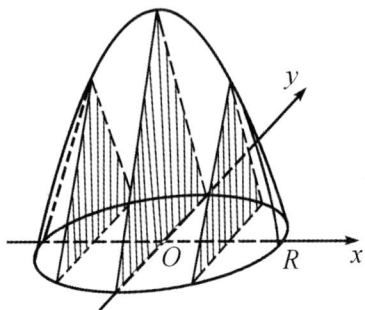

图 6-2-11

6. 计算曲线 $y = \ln x$ 上对应于 $\sqrt{3} \leqslant x \leqslant \sqrt{8}$ 的一段弧的长度.

第 7 章 微分方程

在研究客观事物之间的数量关系时，需要建立数学模型，这类模型往往可以通过函数来反映. 在实际应用中，有时不能直接找到表示数量之间关系的未知函数，但可以建立未知函数和它的导数(或微分)之间的关系式，进而找出未知函数，这样的关系式称为微分方程. 未知函数是一元函数的微分方程称为常微分方程(以下简称为微分方程，在不会产生误解的情况下，也简称为方程)，本章主要研究几种常见的微分方程的概念和解法.

第 1 节 微分方程的基本概念

一、两个例子

【例 1】(几何问题)　一曲线通过点 $(1,2)$，且该曲线上任一点 $M(x,y)$ 处切线的斜率为 $2x$，求这条曲线的方程.

【解】设所求曲线的方程为 $y=y(x)$，由题意可得

$$\begin{cases} \dfrac{\mathrm{d}y}{\mathrm{d}x}=2x \\ y\big|_{x=1}=2 \end{cases}$$

在 $\dfrac{\mathrm{d}y}{\mathrm{d}x}=2x$ 的两边同时积分，得 $y=\displaystyle\int 2x\mathrm{d}x$，即

$$y = x^2 + C$$

上式中 C 是待定的常数，代入 $y|_{x=1} = 2$，得 $C = 1$，故所求曲线方程为

$$y = x^2 + 1$$

【例2】（物理问题） 一物体在重力的作用下从静止开始下落，在不计空气阻力的情况下，求物体的运动距离和运动时间的关系.

【解】 设物体的运动距离 s 和运动时间 t 的关系为 $s = s(t)$，运动速度 v 和运动时间 t 的关系为 $v = v(t)$，根据题意得

$$\begin{cases} \dfrac{\mathrm{d}^2 s}{\mathrm{d}t^2} = g \\ s|_{t=0} = 0 \\ v|_{t=0} = 0 \end{cases}$$

在 $\dfrac{\mathrm{d}^2 s}{\mathrm{d}t^2} = g$ 的两边同时积分，得

$$v = \frac{\mathrm{d}s}{\mathrm{d}t} = gt + C_1$$

在 $\dfrac{\mathrm{d}s}{\mathrm{d}t} = gt + C_1$ 的两边再同时积分，得

$$s = \frac{1}{2}gt^2 + C_1 t + C_2$$

上式中，C_1、C_2 是待定的常数.

把 $s|_{t=0} = 0$ 和 $v|_{t=0} = 0$ 分别代入 $s = \dfrac{1}{2}gt^2 + C_1 t + C_2$ 和 $v = gt + C_1$，得

$$C_1 = 0，\quad C_2 = 0$$

把 C_1、C_2 的值代入 $s = \dfrac{1}{2}gt^2 + C_1 t + C_2$，得到物体（即自由落体）的运动距离和运动时间的关系为

$$s = \frac{1}{2}gt^2$$

二、基本概念

例1和例2中的两个方程 $\dfrac{\mathrm{d}y}{\mathrm{d}x} = 2x$ 和 $\dfrac{\mathrm{d}^2 s}{\mathrm{d}t^2} = g$ 与我们以前学过的方程不同，方程中分别出现了未知函数 y 和 s 的导数，这就是我们要研究的微分方程.

定义 包含未知函数的导数或微分的方程称为微分方程.

例如，$y' + 2y = x$，$(x - 2xy)\mathrm{d}y + y\mathrm{d}x = 0$，$y^{(4)} - 2y' = x^2$ 等都是微分方程.

定义 微分方程中出现的未知函数导数的最高阶数，称为微分方程的阶.

例如，例 1 中的微分方程是一阶微分方程，例 2 中的微分方程是二阶微分方程，$y^{(4)} - 2y' = x^2$ 是四阶微分方程. n 阶微分方程的一般形式为

$$F\left(x,y,y',y'',\cdots,y^{(n)}\right)=0 \quad \text{或} \quad y^{(n)}=f\left(x,y,y',y'',\cdots,y^{(n-1)}\right)$$

定义 若将函数 $y=y(x)$ 及其导数代入微分方程，能使方程成为恒等式，则称函数 $y=y(x)$ 为微分方程的解（显式解）．若由关系式 $\varphi(x,y)=0$ 确定的隐函数 $y=y(x)$ 是微分方程的解，则称 $\varphi(x,y)=0$ 为微分方程的隐式解．含有相互独立（不能合并）的任意常数，且任意常数的个数与微分方程的阶数相同的解称为微分方程的通解．

例如，函数 $y=x^2+C$ 是微分方程 $\dfrac{\mathrm{d}y}{\mathrm{d}x}=2x$ 的通解．

函数 $s=\dfrac{1}{2}gt^2+C_1t+C_2$ 是 $\dfrac{\mathrm{d}^2s}{\mathrm{d}t^2}=g$ 的解，因为 C_1、C_2 是两个相互独立的任意常数，所以 $s=\dfrac{1}{2}gt^2+C_1t+C_2$ 是微分方程 $\dfrac{\mathrm{d}^2s}{\mathrm{d}t^2}=g$ 的通解．

定义 确定微分方程通解中任意常数的条件称为初始条件．

如果未知函数是 $y=y(x)$，则在一般情况下，一阶微分方程的初始条件为 $y\big|_{x=x_0}=y_0$，二阶微分方程的初始条件为 $y\big|_{x=x_0}=y_0$，$y'\big|_{x=x_0}=y_1$．

定义 微分方程的不含任意常数的解称为微分方程的特解．

例如，函数 $y=x^2+1$ 是微分方程 $\dfrac{\mathrm{d}y}{\mathrm{d}x}=2x$ 的一个特解；函数 $s=\dfrac{1}{2}gt^2$ 是微分方程 $\dfrac{\mathrm{d}^2s}{\mathrm{d}t^2}=g$ 的一个特解．

定义 求微分方程满足初始条件的解的问题称为初值问题．

求一阶微分方程 $y'=f(x,y)$ 满足 $y\big|_{x=x_0}=y_0$ 的特解的初值问题表示为

$$\begin{cases} y'=f(x,y) \\ y\big|_{x=x_0}=y_0 \end{cases}$$

类似地，求二阶微分方程的特解的初值问题表示为

$$\begin{cases} y''=f(x,y,y') \\ y\big|_{x=x_0}=y_0 \\ y'\big|_{x=x_0}=y_1 \end{cases}$$

定义 微分方程的解所表示的图形称为微分方程的积分曲线．

抛物线 $y=x^2+C$ 是微分方程 $\dfrac{\mathrm{d}y}{\mathrm{d}x}=2x$ 的一族积分曲线，而 $y=x^2+1$ 是这族积分曲线中通过点 $(1,2)$ 的一条特定的曲线．

【例 3】 验证函数 $x=C_1\cos kt+C_2\sin kt$ 是微分方程 $\dfrac{\mathrm{d}^2x}{\mathrm{d}t^2}+k^2x=0$ 的解，并当 $k\neq0$ 时求满足初始条件 $x\big|_{t=0}=A$，$x'\big|_{t=0}=0$ 的特解．

【解】 $\qquad \dfrac{\mathrm{d}x}{\mathrm{d}t}=-kC_1\sin kt+kC_2\cos kt \qquad\qquad\qquad\qquad (1)$

$$\frac{\mathrm{d}^2 x}{\mathrm{d}t^2} = -k^2 C_1 \cos kt - k^2 C_2 \sin kt = -k^2 \left(C_1 \cos kt + C_2 \sin kt \right)$$

将 $\dfrac{\mathrm{d}^2 x}{\mathrm{d}t^2}$ 和 x 的表达式代入原微分方程，得

$$-k^2 \left(C_1 \cos kt + C_2 \sin kt \right) + k^2 \left(C_1 \cos kt + C_2 \sin kt \right) \equiv 0$$

故 $x = C_1 \cos kt + C_2 \sin kt$ 是微分方程 $\dfrac{\mathrm{d}^2 x}{\mathrm{d}t^2} + k^2 x = 0$ 的解.

把条件 $x|_{t=0} = A$ 和 $x'|_{t=0} = 0$ 分别代入 $x = C_1 \cos kt + C_2 \sin kt$ 和 (1) 式中，可得

$$C_1 = A，\quad C_2 = 0$$

因此，所求特解为 $x = A \cos kt$.

习题 7-1

1. 说明下列各题中给出的微分方程的阶数.

(1) $x \left(y' \right)^2 - 2yy' + x = 0$;   (2) $xy''' + 2y'' + x^2 y = 0$;

(3) $L \dfrac{\mathrm{d}^2 Q}{\mathrm{d}t^2} + R \dfrac{\mathrm{d}Q}{\mathrm{d}t} + \dfrac{Q}{C} = 0$;   (4) $\left(7x - 6y \right) \mathrm{d}x + \left(x + y \right) \mathrm{d}y = 0$.

2. 说明下列各题中给出的函数是否为所给微分方程的解.

(1) $xy' = 2y$ ， $y = 5x^2$;

(2) $y'' + y = 0$ ， $y = 3 \sin x - 4 \cos x$;

(3) $y'' - 2y' + y = 0$ ， $y = x^2 \mathrm{e}^x$;

(4) $y'' - \left(\lambda_1 + \lambda_2 \right) y' + \lambda_1 \lambda_2 y = 0$ ， $y = C_1 \mathrm{e}^{\lambda_1 x} + C_2 \mathrm{e}^{\lambda_2 x}$.

3. 确定下列各题中的常数 C_1 和 C_2 .

(1) $y = C_1 \cos x + C_2 \sin x$ ， $y|_{x=0} = 1$ ， $y'|_{x=0} = 3$;

(2) $y = \left(C_1 + C_2 x \right) \mathrm{e}^{2x}$ ， $y|_{x=0} = 0$ ， $y'|_{x=0} = 1$.

4. 求微分方程 $y' = 3x^2$ 通过点 $(1,1)$ 的积分曲线.

第 2 节　一阶微分方程

一阶微分方程的一般形式为 $F \left(x, y, y' \right) = 0$ 或 $y' = f \left(x, y \right)$.

下面介绍几种简单形式的一阶微分方程及它们的解法.

一、$\dfrac{\mathrm{d}y}{\mathrm{d}x} = f(x) g(y)$ 型

定义　可化为 $\dfrac{\mathrm{d}y}{\mathrm{d}x} = f(x) g(y)$ 形式的一阶微分方程，称为可分离变量的微分方程.

可分离变量的微分方程的特点是它可以化成 $\dfrac{\mathrm{d}y}{\mathrm{d}x} = f(x)g(y)$ 的形式,该形式的特点是微分方程的右边为两个连续函数的乘积,一个仅与变量 x 有关,另一个仅与变量 y 有关. 例如 $y' = y\mathrm{e}^x$,$\mathrm{d}x + xy\mathrm{d}y = y^2\mathrm{d}x + y\mathrm{d}y$,$\left(1 + \mathrm{e}^x\right)yy' = \mathrm{e}^x$ 等.

可分离变量的微分方程的解法如下.

(1) 分离变量:将微分方程中的变量 x ,y 完全分离,即将原微分方程表示为

$$\frac{1}{g(y)}\mathrm{d}y = f(x)\mathrm{d}x$$

(2) 在微分方程的两边同时求不定积分(简述为在方程两边同时积分),得

$$\int \frac{1}{g(y)}\mathrm{d}y = \int f(x)\mathrm{d}x$$

如果函数 $G(y)$,$F(x)$ 分别为 $\dfrac{1}{g(y)}$,$f(x)$ 的原函数,则 $G(y) = F(x) + C$ 是微分方程 $\dfrac{\mathrm{d}y}{\mathrm{d}x} = f(x)g(y)$ 的通解.

【例 1】求微分方程 $\dfrac{\mathrm{d}y}{\mathrm{d}x} = 2xy$ 的通解.

【解】微分方程 $\dfrac{\mathrm{d}y}{\mathrm{d}x} = 2xy$ 是可分离变量的微分方程.

分离变量,得

$$\frac{1}{y}\mathrm{d}y = 2x\mathrm{d}x$$

在方程两边同时积分,得

$$\int \frac{1}{y}\mathrm{d}y = \int 2x\mathrm{d}x$$

即

$$\ln|y| = x^2 + C_1 ,$$

从而得

$$y = \pm\mathrm{e}^{C_1}\mathrm{e}^{x^2} .$$

因为 $\pm\mathrm{e}^{C_1}$ 是任意非零常数,又因为 $y = 0$ 也是微分方程的解,所以微分方程 $\dfrac{\mathrm{d}y}{\mathrm{d}x} = 2xy$ 的通解为

$$y = C\mathrm{e}^{x^2} \quad \left(C \text{是任意常数}\right)$$

为简化叙述,在一般情况下,不再说明 C 是任意常数.

【例 2】求微分方程 $y' = \sqrt{y}$ 的通解.

【解】分离变量,得

$$\frac{\mathrm{d}y}{\sqrt{y}} = \mathrm{d}x$$

在方程两边同时积分,得微分方程的通解为

$$2\sqrt{y} = x + C$$

或
$$y = \frac{1}{4}(x+C)^2 \quad (x+C \geqslant 0)$$

【例 3】 一曲线在点 $M(x, y)$ 处的切线与直线 OM 垂直，O 为坐标原点，求该曲线的方程.

【解】 设曲线方程为 $y = y(x)$，它在点 $M(x, y)$ 处的切线斜率为 $k_1 = \dfrac{dy}{dx}$. 直线 OM 的斜率为 $k_2 = \dfrac{y-0}{x-0} = \dfrac{y}{x}$. 根据题意可得

$$\frac{dy}{dx} \cdot \left(\frac{y}{x}\right) = -1$$

分离变量，得

$$y\,dy = -x\,dx$$

在方程两边同时积分，得

$$\int y\,dy = -\int x\,dx$$

故所求曲线方程为

$$y^2 = -x^2 + C$$

二、$\dfrac{dy}{dx} = \varphi\left(\dfrac{y}{x}\right)$ 型

定义 形如 $\dfrac{dy}{dx} = \varphi\left(\dfrac{y}{x}\right)$ 的一阶微分方程称为齐次微分方程.

齐次微分方程的特点是方程右边函数中的变量以 $\dfrac{y}{x}$ 这种整体的形式出现. 例如

$$y' = \frac{y}{x} + e^{\frac{y}{x}}, \quad y' = \frac{y}{x}\ln\frac{y}{x}, \quad \frac{dy}{dx} = \frac{1+\left(\dfrac{y}{x}\right)^2}{1-\dfrac{2y}{x}} \text{ 等.}$$

齐次微分方程的解法如下.

令 $u = \dfrac{y}{x}$，则 $y = xu$，$\dfrac{dy}{dx} = u + x\dfrac{du}{dx}$，齐次微分方程 $\dfrac{dy}{dx} = \varphi\left(\dfrac{y}{x}\right)$ 可以化为下述可分离变量的微分方程

$$\frac{du}{\varphi(u)-u} = \frac{dx}{x}$$

在方程两边同时积分，得

$$\int \frac{du}{\varphi(u)-u} = \int \frac{dx}{x}$$

求出积分后，再将 $u = \dfrac{y}{x}$ 代回，即可得齐次微分方程的通解.

【**例4**】求方程 $\dfrac{\mathrm{d}y}{\mathrm{d}x}=\dfrac{y}{x}+\mathrm{e}^{\frac{y}{x}}$ 的通解.

【**解**】令 $u=\dfrac{y}{x}$，得

$$y=xu，\quad \frac{\mathrm{d}y}{\mathrm{d}x}=u+x\frac{\mathrm{d}u}{\mathrm{d}x}$$

原方程变为

$$u+x\frac{\mathrm{d}u}{\mathrm{d}x}=u+\mathrm{e}^{u}$$

即

$$\mathrm{e}^{-u}\mathrm{d}u=\frac{\mathrm{d}x}{x}$$

在方程两边同时积分，得

$$-\mathrm{e}^{-u}=\ln|x|+C_1$$

再将 $u=\dfrac{y}{x}$ 代入上式，得方程的通解为

$$\ln|x|=C-\mathrm{e}^{-\frac{y}{x}}\quad\left(C=-C_1\right)$$

【**例5**】求方程 $\dfrac{\mathrm{d}y}{\mathrm{d}x}=\dfrac{xy}{x^2-y^2}$ 满足初始条件 $y|_{x=0}=1$ 的特解.

【**解**】原方程可变形为 $\dfrac{\mathrm{d}y}{\mathrm{d}x}=\dfrac{\dfrac{y}{x}}{1-\left(\dfrac{y}{x}\right)^2}$，这是齐次微分方程.

令 $u=\dfrac{y}{x}$，则 $\qquad y=xu，\ \dfrac{\mathrm{d}y}{\mathrm{d}x}=u+x\dfrac{\mathrm{d}u}{\mathrm{d}x}$

原方程变为

$$u+x\frac{\mathrm{d}u}{\mathrm{d}x}=\frac{u}{1-u^2}$$

即

$$\frac{1-u^2}{u^3}\mathrm{d}u=\frac{\mathrm{d}x}{x}$$

在方程两边同时积分，得

$$-\frac{1}{2u^2}-\ln|u|=\ln|x|+C_1$$

即

$$ux=C\mathrm{e}^{-\frac{1}{2u^2}}\quad\left(C=\pm\mathrm{e}^{-C_1}\right)$$

再将 $u=\dfrac{y}{x}$ 代入上式，得方程的通解为

$$y=C\mathrm{e}^{-\frac{x^2}{2y^2}}$$

由初始条件 $y\big|_{x=0}=1$，解得 $C=1$．因此，原方程满足初始条件 $y\big|_{x=0}=1$ 的特解为

$$y=\mathrm{e}^{-\frac{x^2}{2y^2}}$$

三、$\dfrac{\mathrm{d}y}{\mathrm{d}x}+P(x)y=Q(x)$ 型

定义　形如 $\dfrac{\mathrm{d}y}{\mathrm{d}x}+P(x)y=Q(x)$ 的一阶微分方程称为一阶线性微分方程．

一阶线性微分方程的特点是"线性"，也就是 y 和 y' 的指数均为 1．

若 $Q(x)=0$，则称 $\dfrac{\mathrm{d}y}{\mathrm{d}x}+P(x)y=0$ 为一阶齐次线性微分方程，简称为齐次方程．显然，一阶齐次线性微分方程是可分离变量的微分方程．

若 $Q(x)\neq 0$，则称 $\dfrac{\mathrm{d}y}{\mathrm{d}x}+P(x)y=Q(x)$ 为一阶非齐次线性微分方程，简称为非齐次方程．例如 $y'+2xy=\mathrm{e}^x$，$y'+2y=5$，$y'-y\cot x=2x\sin x$ 等．

1. 求微分方程 $\dfrac{\mathrm{d}y}{\mathrm{d}x}+P(x)y=0$ 的通解

对微分方程 $\dfrac{\mathrm{d}y}{\mathrm{d}x}+P(x)y=0$ 分离变量，得

$$\frac{\mathrm{d}y}{y}=-P(x)\mathrm{d}x$$

在方程两边同时积分，得

$$\ln|y|=-\int P(x)\mathrm{d}x+C_1$$

得到微分方程 $\dfrac{\mathrm{d}y}{\mathrm{d}x}+P(x)y=0$ 通解为

$$y=C\mathrm{e}^{-\int P(x)\mathrm{d}x}\quad\left(C=\pm\mathrm{e}^{C_1}\right)$$

2. 求微分方程 $\dfrac{\mathrm{d}y}{\mathrm{d}x}+P(x)y=Q(x)$ 的通解

可以用**常数变易法**求非齐次方程 $\dfrac{\mathrm{d}y}{\mathrm{d}x}+P(x)y=Q(x)$ 的通解．这种方法是把对应的齐次方程 $\dfrac{\mathrm{d}y}{\mathrm{d}x}+P(x)y=0$ 通解中的 C 换成 x 的函数 $u(x)$，即设

$$y=u(x)\mathrm{e}^{-\int P(x)\mathrm{d}x}$$

为 $\dfrac{\mathrm{d}y}{\mathrm{d}x}+P(x)y=Q(x)$ 的通解，然后确定未知函数 $u(x)$．

因为

$$y'=u'(x)\mathrm{e}^{-\int P(x)\mathrm{d}x}+u(x)\left[-P(x)\right]\mathrm{e}^{-\int P(x)\mathrm{d}x}$$

所以将 y，y' 代入方程可得

$$u'(x)\mathrm{e}^{-\int P(x)\mathrm{d}x}+u(x)\left[-P(x)\right]\mathrm{e}^{-\int P(x)\mathrm{d}x}+u(x)P(x)\mathrm{e}^{-\int P(x)\mathrm{d}x}=Q(x)$$

化简得

$$u'(x) = Q(x)e^{\int P(x)dx}$$

在方程两边同时积分，得

$$u(x) = \int Q(x)e^{\int P(x)dx}dx + C$$

把上式代回 $y = u(x)e^{-\int P(x)dx}$，便得到 $\dfrac{dy}{dx} + P(x)y = Q(x)$ 的通解

$$y = e^{-\int P(x)dx}\left[\int Q(x)e^{\int P(x)dx}dx + C\right]$$

可以把上式右边改写成两项之和

$$y = Ce^{-\int P(x)dx} + e^{-\int P(x)dx}\int Q(x)e^{\int P(x)dx}dx$$

上式右面的第一项是 $\dfrac{dy}{dx} + P(x)y = Q(x)$ 对应的一阶齐次线性微分方程 $\dfrac{dy}{dx} + P(x)y = 0$ 的通解，第二项是 $\dfrac{dy}{dx} + P(x)y = Q(x)$ 的一个特解．由此可知，一阶非齐次线性微分方程的**通解等于对应的一阶齐次线性微分方程的通解与一阶非齐次线性微分方程的一个特解之和．**

【例 6】求微分方程 $\dfrac{dy}{dx} - \dfrac{2y}{x+1} = (x+1)^{\frac{5}{2}}$ 的通解．

【解法 1】（常数变易法）　先求对应的齐次方程 $\dfrac{dy}{dx} - \dfrac{2y}{x+1} = 0$ 的通解．

分离变量，得

$$\frac{dy}{y} = \frac{2}{x+1}dx$$

在方程两边同时积分，得

$$\ln|y| = 2\ln|x+1| + C_1$$

所以，齐次方程的通解为

$$y = C_2(x+1)^2 \quad (C_2 = \pm e^{C_1})$$

用常数变易法，令 $y = u \cdot (x+1)^2$，代入所给的非齐次方程，得

$$u' \cdot (x+1)^2 + 2u \cdot (x+1) - \frac{2}{x+1} \cdot u \cdot (x+1)^2 = (x+1)^{\frac{5}{2}}$$

即

$$u' = (x+1)^{\frac{1}{2}},$$

在方程两边同时积分，得

$$u = \frac{2}{3}(x+1)^{\frac{3}{2}} + C$$

再把上式代入 $y = u \cdot (x+1)^2$ 中，即得所求方程的通解为

$$y = (x+1)^2\left[\frac{2}{3}(x+1)^{\frac{3}{2}} + C\right]$$

【解法 2】（公式法） 把 $P(x) = -\dfrac{2}{x+1}$，$Q(x) = (x+1)^{\frac{5}{2}}$ 代入公式，得所求方程的通解为

$$
\begin{aligned}
y &= e^{\int \frac{2}{x+1} dx} \left[\int (x+1)^{\frac{5}{2}} e^{-\int \frac{2}{x+1} dx} dx + C \right] \\
&= (x+1)^2 \left[\int (x+1)^{\frac{5}{2}} (x+1)^{-2} dx + C \right] \\
&= (x+1)^2 \left[\frac{2}{3}(x+1)^{\frac{3}{2}} + C \right]
\end{aligned}
$$

一阶线性微分方程是微分方程中最常出现的形式，在分析微分方程时，我们通常习惯于判断方程是否是关于 y 的一阶线性方程，而忽略了判断方程是否是关于 x 的一阶线性微分方程，例如 $\dfrac{dy}{dx} = \dfrac{1}{x+y}$，$y \ln y dx + (x - \ln y) dy = 0$ 等就是关于 x 的一阶线性微分方程.

【例 7】 解微分方程 $\dfrac{dy}{dx} = \dfrac{1}{x+y}$.

【解法 1】 在方程两边同时取倒数，移项得 $\dfrac{dx}{dy} - x = y$.

这是关于 x 的一阶线性非齐次微分方程，其中 $P(y) = -1$，$Q(y) = y$，因此方程的通解为

$$
\begin{aligned}
x &= e^{\int dy} \left(\int y e^{-\int dy} dy + C \right) \\
&= e^y \left(\int y e^{-y} dy + C \right) \\
&= C e^y - y - 1
\end{aligned}
$$

【解法 2】 采用变量代换，令 $u = x + y$，则 $y = u - x$，$\dfrac{dy}{dx} = \dfrac{du}{dx} - 1$，从而原方程可化为

$\dfrac{du}{dx} - 1 = \dfrac{1}{u}$，即 $\dfrac{du}{dx} = \dfrac{u+1}{u}$.

分离变量，得 $\qquad\qquad \dfrac{u}{u+1} du = dx$.

在方程两边同时积分，得 $\quad u - \ln|u+1| = x + C_1$.

以 $u = x + y$ 代入上式，得 $\quad y - \ln|x+y+1| = C_1$，

或 $\qquad\qquad\qquad\qquad x = C e^y - y - 1 \quad \left(C = \pm e^{-C_1} \right)$.

习题 7-2

1. 求下列微分方程的通解.

(1) $xy' - y \ln y = 0$；

(2) $3x^2 + 5x - 5y' = 0$；

(3) $y dx + (x^2 - 4x) dy = 0$；

(4) $\dfrac{dy}{dx} = 10^{x+y}$.

2. 求下列齐次微分方程的通解.

(1) $xy' - y - \sqrt{y^2 - x^2} = 0$;

(2) $x\dfrac{\mathrm{d}y}{\mathrm{d}x} = y\ln\dfrac{y}{x}$;

(3) $\left(x^2 + y^2\right)\mathrm{d}x - xy\mathrm{d}y = 0$;

(4) $\left(x^3 + y^3\right)\mathrm{d}x - 3xy^2\mathrm{d}y = 0$.

3. 求下列非齐次微分方程的通解.

(1) $\dfrac{\mathrm{d}y}{\mathrm{d}x} + y = \mathrm{e}^{-x}$;

(2) $\left(x^2 - 1\right)y' + 2xy - \cos x = 0$;

(3) $y' + y\tan x = \sin 2x$;

(4) $\dfrac{\mathrm{d}y}{\mathrm{d}x} + 2xy = 4x$.

4. 求下列微分方程满足所给初始条件的特解.

(1) $y' = \mathrm{e}^{2x-y}$, $y\big|_{x=0} = 0$;

(2) $x\mathrm{d}y + 2y\mathrm{d}x = 0$, $y\big|_{x=2} = 1$;

(3) $\left(y^2 - 3x^2\right)\mathrm{d}y + 2xy\mathrm{d}x = 0$, $y\big|_{x=0} = 1$;

(4) $y' = \dfrac{x}{y} + \dfrac{y}{x}$, $y\big|_{x=1} = 2$;

(5) $\dfrac{\mathrm{d}y}{\mathrm{d}x} + \dfrac{y}{x} = \dfrac{\sin x}{x}$, $y\big|_{x=\pi} = 1$;

(6) $\dfrac{\mathrm{d}y}{\mathrm{d}x} + 3y = 8$, $y\big|_{x=0} = 2$.

5. 已知曲线上任一点 $M\left(x, y\right)$ 处的切线在 x 轴上的截距等于点 M 横坐标的一半, 曲线通过点 $(2, 1)$, 求此曲线方程.

6. 用变量代换的方法求下列微分方程的通解.

(1) $\dfrac{\mathrm{d}y}{\mathrm{d}x} = \left(x + y\right)^2$;

(2) $\dfrac{\mathrm{d}y}{\mathrm{d}x} = \dfrac{1}{x-y} + 1$.

第 3 节　二阶微分方程

一、可降阶的二阶微分方程

可降阶的二阶微分方程就是利用变量代换可以将其化成一阶微分方程来求解的微分方程. 下面介绍三种容易降阶的二阶微分方程的求解方法.

1. $y'' = f\left(x\right)$ 型

将 $y'' = f\left(x\right)$ 表示为

$$\left(y'\right)' = f\left(x\right)$$

令 $y' = p\left(x\right)$, 那么上式可化为 $p' = f\left(x\right)$, 在方程两边同时积分得

$$p = \int f\left(x\right)\mathrm{d}x + C_1$$

即

$$y' = \int f\left(x\right)\mathrm{d}x + C_1.$$

在方程两边再同时积分，可得方程的通解为

$$y = \int \left[\int f(x) \mathrm{d}x + C_1 \right] \mathrm{d}x + C_2$$
$$= \int \left[\int f(x) \mathrm{d}x \right] \mathrm{d}x + C_1 x + C_2$$

推广　求解 $y^{(n)} = f(x)$ 型的微分方程时，在方程两边连续同时积分 n 次，便可得到含有 n 个任意常数的方程的通解.

【例1】 求微分方程 $y'' = \mathrm{e}^{2x} - \cos x$ 的通解.

【解】 在方程两边连续同时积分两次，得

$$y' = \frac{1}{2}\mathrm{e}^{2x} - \sin x + C_1$$
$$y = \frac{1}{4}\mathrm{e}^{2x} + \cos x + C_1 x + C_2$$

2.　$y'' = f(x, y')$ 型

方程 $y'' = f(x, y')$ 中不显含未知函数 y. 设 $y' = p(x)$，则 $y'' = p'(x)$，代入原方程可得

$$p' = f(x, p)$$

设方程 $p' = f(x, p)$ 的通解为 $p = \varphi(x, C_1)$，则

$$y' = \varphi(x, C_1)$$

在方程两边同时积分，得原方程的通解为

$$y = \int \varphi(x, C_1) \mathrm{d}x + C_2$$

【例2】 求微分方程 $(1 + x^2) y'' = 2xy'$ 满足初始条件 $y|_{x=0} = 1$，$y'|_{x=0} = 3$ 的特解.

【解】 设 $y' = p(x)$，则 $y'' = p'(x)$，代入原方程可得

$$(1 + x^2) p' = 2xp$$

分离变量，有

$$\frac{\mathrm{d}p}{p} = \frac{2x}{1 + x^2} \mathrm{d}x$$

在方程两边同时积分，得

$$\ln|p| = \ln(x^2 + 1) + C$$

即　　　　　　　　$p = y' = C_1(1 + x^2) \quad (C_1 = \pm \mathrm{e}^C)$

将 $y'|_{x=0} = 3$ 代入上式，得 $C_1 = 3$.

因此　　　　　　　$y' = 3(1 + x^2)$

在方程两边同时积分，得

$$y = x^3 + 3x + C_2$$

又由条件 $y|_{x=0} = 1$，得 $C_2 = 1$.

于是得到所求方程满足初始条件的特解为

$$y = x^3 + 3x + 1$$

3. $y'' = f(y, y')$ 型

方程 $y'' = f(y, y')$ 中不显含自变量 x. 设 $y' = p(y)$，则 $y'' = \dfrac{\mathrm{d}p}{\mathrm{d}x} = \dfrac{\mathrm{d}p}{\mathrm{d}y} \cdot \dfrac{\mathrm{d}y}{\mathrm{d}x} = p\dfrac{\mathrm{d}p}{\mathrm{d}y}$，代入原方程可得

$$p\frac{\mathrm{d}p}{\mathrm{d}y} = f(y, p)$$

设方程 $p\dfrac{\mathrm{d}p}{\mathrm{d}y} = f(y, p)$ 的通解为 $y' = p = \varphi(y, C_1)$，分离变量并积分，得原方程的通解为

$$\int \frac{\mathrm{d}y}{\varphi(y, C_1)} = x + C_2$$

【例 3】求微分方程 $yy'' - y'^2 = 0$ 的通解.

【解】设 $y' = p(y)$，则 $y'' = p\dfrac{\mathrm{d}p}{\mathrm{d}y}$，代入原方程可得

$$yp\frac{\mathrm{d}p}{\mathrm{d}y} - p^2 = 0$$

当 $y \neq 0$，$p \neq 0$ 时，有

$$\frac{\mathrm{d}p}{p} = \frac{1}{y}\mathrm{d}y$$

在方程两边同时积分，得

$$p = C_1 y$$

即

$$\frac{\mathrm{d}y}{\mathrm{d}x} = C_1 y .$$

分离变量，得

$$\frac{\mathrm{d}y}{y} = C_1 \mathrm{d}x$$

在方程两边同时积分，得原方程的通解为

$$\ln|y| = C_1 x + C_2$$

即

$$y = C_3 \mathrm{e}^{C_1 x} \quad (C_3 = \pm \mathrm{e}^{C_2}) .$$

当 $C_3 = 0$ 时，$y = 0$ 满足方程 $yy'' - y'^2 = 0$；当 $C_1 = 0$ 时，$p = 0$，$y =$ 常数，它也满足方程 $yy'' - y'^2 = 0$，故方程 $yy'' - y'^2 = 0$ 通解可表示为

$$y = C_3 \mathrm{e}^{C_1 x}$$

二、二阶线性微分方程解的结构

在自然科学与工程技术问题中，经常遇到高阶线性微分方程，其中应用最广泛的是二阶线性微分方程. 下面介绍这类微分方程的解法.

定义　形如

$$y'' + P(x)y' + Q(x)y = f(x)$$

的方程称为二阶线性微分方程，其特点是 y''，y'，y 的指数均为 1.

1. 二阶齐次线性微分方程解的结构

定义 微分方程

$$y'' + P(x)y' + Q(x)y = 0 \tag{1}$$

称为二阶齐次线性微分方程.

下面对方程 $y'' + P(x)y' + Q(x)y = 0$ 的解进行讨论.

定理 1 如果函数 $y_1(x)$ 与 $y_2(x)$ 是方程(1)的两个解，那么 $y = C_1 y_1(x) + C_2 y_2(x)$ 也是方程(1)的解，其中 C_1 和 C_2 是任意常数.

证明 因为函数 $y_1(x)$ 与 $y_2(x)$ 是方程(1)的两个解，所以

$$y_1'' + P(x)y_1' + Q(x)y_1 = 0 \ , \quad y_2'' + P(x)y_2' + Q(x)y_2 = 0$$

将 $y = C_1 y_1(x) + C_2 y_2(x)$ 代入方程的左边，得

$$\left[C_1 y_1'' + C_2 y_2'' \right] + P(x)\left[C_1 y_1' + C_2 y_2' \right] + Q(x)[C_1 y_1 + C_2 y_2]$$

$$= C_1 \left[y_1'' + P(x)y_1' + Q(x)y_1 \right] + C_2 \left[y_2'' + P(x)y_2' + Q(x)y_2 \right]$$

$$= C_1 \cdot 0 + C_2 \cdot 0$$

$$= 0$$

因此， $y = C_1 y_1(x) + C_2 y_2(x)$ 也是方程(1)的解，但此解不一定是方程(1)的通解.

例如，函数 $y_1(x) = \sin 2x$，$y_2(x) = 2\sin 2x$ 都是方程 $y'' + 4y = 0$ 的解，按照定理 1 可知

$$y = C_1 y_1 + C_2 y_2 = (C_1 + 2C_2)\sin 2x = C\sin 2x$$

也是方程 $y'' + 4y = 0$ 的解，但 C_1 与 C_2 可以合并为一个任意常数 C，即 C_1 与 C_2 不相互独立，因此 $y = C_1 y_1 + C_2 y_2$ 不是方程 $y'' + 4y = 0$ 的通解.

若 C_1 与 C_2 相互独立，则 $y = C_1 y_1(x) + C_2 y_2(x)$ 就是方程(1)的通解了. 那么具备什么条件， C_1 与 C_2 才相互独立呢？这取决于函数 $y_1(x)$ 与 $y_2(x)$ 的线性相关性.

下面介绍判断两个函数是否线性相关的方法.

函数 $y_1(x)$ 与 $y_2(x)$ 线性相关的充要条件是 $\dfrac{y_1(x)}{y_2(x)}$ 恒为常数；

函数 $y_1(x)$ 与 $y_2(x)$ 线性无关的充要条件是 $\dfrac{y_1(x)}{y_2(x)}$ 不恒为常数.

定理 2 如果函数 $y_1(x)$ 与函数 $y_2(x)$ 是方程(1)的两个线性无关的解，那么 $y = C_1 y_1(x) + C_2 y_2(x)$ 是方程(1)的通解，其中 C_1 与 C_2 是两个任意的常数.

【例 4】 验证函数 $y_1 = \cos x$，$y_2 = \sin x$ 是方程 $y'' + y = 0$ 的线性无关解，并写出其通解.

【解】 因为

$$y_1'' + y_1 = -\cos x + \cos x = 0$$

$$y_2'' + y_2 = -\sin x + \sin x = 0$$

所以 $y_1 = \cos x$ 与 $y_2 = \sin x$ 都是微分方程 $y'' + y = 0$ 的解.

因为 $\dfrac{\cos x}{\sin x}$ 不恒为常数，所以 $y_1 = \cos x$，$y_2 = \sin x$ 是方程 $y'' + y = 0$ 的两个线性无关的解，所以方程 $y'' + y = 0$ 的通解为

$$y = C_1 \cos x + C_2 \sin x$$

　　推论　如果函数 $y_1(x)$，$y_2(x)$，$\cdots$，$y_n(x)$ 是 n 阶齐次线性微分方程

$$y^{(n)} + a_1(x) y^{(n-1)} + \cdots + a_{n-1}(x) y' + a_n(x) y = 0$$

的 n 个线性无关的解，那么，此方程的通解为

$$y = C_1 y_1(x) + C_2 y_2(x) + \cdots + C_n y_n(x)$$

其中 C_1，C_2，$\cdots$，C_n 为任意常数.

　　2. 二阶非齐次线性微分方程解的结构

　　定义　方程

$$y'' + P(x) y' + Q(x) y = f(x) \quad \left(f(x) \neq 0 \right) \tag{2}$$

称为二阶非齐次线性微分方程.

　　下面对方程 $y'' + P(x) y' + Q(x) y = f(x)$ 的解进行讨论.

　　定理 3　设函数 $y^*(x)$ 是方程 (2) 的一个特解，函数 $Y(x)$ 是它对应的齐次方程 (1) 的通解，那么 $y = Y(x) + y^*(x)$ 是方程 (2) 的通解.

　　证明　因为函数 $y^*(x)$ 是方程 (2) 的一个特解，所以

$$y^{*\prime\prime} + P(x) y^{*\prime} + Q(x) y^* = f(x)$$

又因为函数 $Y(x)$ 是方程 (2) 对应的齐次方程 (1) 的通解，所以

$$Y'' + P(x) Y' + Q(x) Y = 0$$

将 $y = Y(x) + y^*(x)$ 代入方程 (2) 的左边，得

$$\begin{aligned}
& \left(Y'' + y^{*\prime\prime} \right) + P(x) \left(Y' + y^{*\prime} \right) + Q(x) \left(Y + y^* \right) \\
&= \left[Y'' + P(x) Y' + Q(x) Y \right] + \left[y^{*\prime\prime} + P(x) y^{*\prime} + Q(x) y^* \right] \\
&= 0 + f(x) \\
&= f(x)
\end{aligned}$$

　　因此 $y = Y(x) + y^*(x)$ 是方程 (2) 的解. 因为对应的齐次方程 (1) 的通解 $Y(x)$ 中含有两个独立的任意常数，所以 $y = Y(x) + y^*(x)$ 也含有两个独立的任意常数，因此可知，$y = Y(x) + y^*(x)$ 是方程 (2) 的通解.

　　例如，$Y(x) = C_1 \cos x + C_2 \sin x$ 是齐次方程 $y'' + y = 0$ 的通解，$y^*(x) = x^2 - 2$ 是非齐次方程 $y'' + y = x^2$ 的一个特解，因此 $y = C_1 \cos x + C_2 \sin x + x^2 - 2$ 是方程 $y'' + y = x^2$ 的通解.

　　定理 4（解的叠加原理）　设函数 $y_1^*(x)$ 是方程 $y'' + P(x) y' + Q(x) y = f_1(x)$ 的一个特解，而函数 $y_2^*(x)$ 是方程 $y'' + P(x) y' + Q(x) y = f_2(x)$ 的一个特解，那么 $y = y_1^*(x) + y_2^*(x)$ 是方程

$$y'' + P(x)y' + Q(x)y = f_1(x) + f_2(x)$$

的一个特解.

证明　将 $y = y_1^*(x) + y_2^*(x)$ 代入方程的左边，得

$$\left(y_1^* + y_2^*\right)'' + P(x)\left(y_1^* + y_2^*\right)' + Q(x)\left(y_1^* + y_2^*\right)$$

$$= \left[y_1^{*''} + P(x)y_1^{*'} + Q(x)y_1^*\right] + \left[y_2^{*''} + P(x)y_2^{*'} + Q(x)y_2^*\right]$$

$$= f_1(x) + f_2(x)$$

因此 $y = y_1^*(x) + y_2^*(x)$ 是方程 $y'' + P(x)y' + Q(x)y = f_1(x) + f_2(x)$ 的一个特解.

三、二阶常系数齐次线性微分方程

定义　形如

$$y'' + py' + qy = 0 \tag{3}$$

的微分方程，称为二阶常系数齐次线性微分方程，其中 p、q 均为常数.

由定理 2 可知，要想求出微分方程 $y'' + py' + qy = 0$ 的通解，只需求出它的两个线性无关的解 $y_1(x)$ 和 $y_2(x)$ 即可. 因为微分方程(3)中 y''、y'、y 之间只相差常数，因此我们猜想 y''、y'、y 是同类函数，而 $y = \mathrm{e}^{rx}$（r 为常数）满足这一特性，我们不妨设想 $y = \mathrm{e}^{rx}$ 是微分方程(3)的一个解，下面我们来确定待定系数 r.

将 $y = \mathrm{e}^{rx}$ 代入微分方程(3)，得

$$\left(r^2 + pr + q\right)\mathrm{e}^{rx} = 0$$

因为 $\mathrm{e}^{rx} \neq 0$，所以可得到关于 r 的一元二次方程

$$r^2 + pr + q = 0 \tag{4}$$

我们称方程(4)为微分方程(3)的**特征方程**，方程(4)两个根为 $r_{1,2} = \dfrac{-p \pm \sqrt{p^2 - 4q}}{2}$（把这两个根称为微分方程(3)的**特征根**），它们分为以下三种情况.

1. 方程(4)有两个不相等的实根

设 r_1，r_2 是方程(4)的两个不相等的实根，则由 $\dfrac{y_1}{y_2} = \dfrac{\mathrm{e}^{r_1 x}}{\mathrm{e}^{r_2 x}} = \mathrm{e}^{(r_1 - r_2)x}$ 不恒为常数，可得 $y_1 = \mathrm{e}^{r_1 x}$、$y_2 = \mathrm{e}^{r_2 x}$ 是微分方程(3)的两个线性无关的解，因此微分方程(3)的通解为

$$y = C_1 \mathrm{e}^{r_1 x} + C_2 \mathrm{e}^{r_2 x}$$

2. 方程(4)有两个相等的实根

当 $r_1 = r_2$ 是方程(4)的两个相等的实根时，函数 $y_1 = \mathrm{e}^{r_1 x}$ 是微分方程(3)的解，还需求出另一个线性无关的解 y_2. 设 $y_2 = u(x)\mathrm{e}^{r_1 x}$，代入微分方程(3)，得

$$\mathrm{e}^{r_1 x}\left[\left(u'' + 2r_1 u' + r_1^2 u\right) + p\left(u' + r_1 u\right) + qu\right] = 0$$

由 $\mathrm{e}^{r_1 x} \neq 0$，得到

$$u'' + (2r_1 + p)u' + (r_1^2 + pr_1 + q)u = 0$$

由于 r_1 是方程(4)的二重根，因此 $r_1^2 + pr_1 + q = 0$，$2r_1 + p = 0$，于是得到 $u'' = 0$. 不妨取 $u = x$，由此可得 $y_2 = xe^{r_1 x}$，因此微分方程(3)的通解为

$$y = (C_1 + C_2 x)e^{r_1 x}$$

3. 方程(4)有一对共轭复根

当方程(4)有一对共轭复根时，设 $r_{1,2} = \alpha \pm i\beta$，$\beta \neq 0$，函数 $y_1 = e^{(\alpha + i\beta)x}$，$y_2 = e^{(\alpha - i\beta)x}$ 是微分方程(3)的两个线性无关的复数形式的解. 根据欧拉公式 $e^{i\theta} = \cos\theta + i\sin\theta$，把 y_1、y_2 改写为

$$y_1 = e^{(\alpha + i\beta)x} = e^{\alpha x}e^{i\beta x} = e^{\alpha x}(\cos\beta x + i\sin\beta x)$$

$$y_2 = e^{(\alpha - i\beta)x} = e^{\alpha x}e^{-i\beta x} = e^{\alpha x}(\cos\beta x - i\sin\beta x)$$

由解的叠加原理可知

$$y_1^* = \frac{1}{2}(y_1 + y_2) = e^{\alpha x}\cos\beta x$$

$$y_2^* = \frac{1}{2i}(y_1 - y_2) = e^{\alpha x}\sin\beta x$$

也是方程的解，且 $\dfrac{y_2^*}{y_1^*} = \tan\beta x$ 不恒为常数，因此方程(3)的通解为

$$y = e^{\alpha x}(C_1\cos\beta x + C_2\sin\beta x)$$

综合以上叙述，得到求微分方程 $y'' + py' + qy = 0$ 通解的步骤如下.

(1) 列出特征方程 $r^2 + pr + q = 0$；

(2) 求出特征根 r_1，r_2；

(3) 根据特征根的不同情况，按表 7-3-1 所示，写出微分方程 $y'' + py' + qy = 0$ 的通解.

表 7-3-1　微分方程 $y'' + py' + qy = 0$ 的通解

特征根的情况	通　解
两个不相等的实根：$r_1 \neq r_2$	$y = C_1 e^{r_1 x} + C_2 e^{r_2 x}$
两个相等的实根：$r_1 = r_2$	$y = (C_1 + C_2 x)e^{r_1 x}$
一对共轭复根： $r_1 = \alpha + i\beta$，$r_2 = \alpha - i\beta$ $\alpha = -\dfrac{p}{2}$，$\beta = \dfrac{\sqrt{4q - p^2}}{2}$	$y = e^{\alpha x}(C_1\cos\beta x + C_2\sin\beta x)$

【例 5】求微分方程 $y'' - 2y' - 3y = 0$ 的通解.

【解】微分方程 $y'' - 2y' - 3y = 0$ 的特征方程为

$$r^2 - 2r - 3 = 0$$

其根 $r_1 = -1$，$r_2 = 3$ 是两个不相等的实根，因此所给微分方程的通解为

$$y = C_1 e^{-x} + C_2 e^{3x}$$

【例6】求微分方程 $y'' + 2y' + y = 0$ 满足初始条件 $y|_{x=0} = 4$，$y'|_{x=0} = -2$ 的特解.

【解】微分方程 $y'' + 2y' + y = 0$ 的特征方程为

$$r^2 + 2r + 1 = 0$$

其根 $r_1 = r_2 = -1$ 是两个相等的实根，因此所给微分方程的通解为

$$y = (C_1 + C_2 x) e^{-x}$$

将初始条件 $y|_{x=0} = 4$ 代入通解，得 $C_1 = 4$，从而得

$$y = (4 + C_2 x) e^{-x}$$
$$y' = (C_2 - 4 - C_2 x) e^{-x}$$

将 $y'|_{x=0} = -2$ 代入上式，得 $C_2 = 2$，因此所给微分方程满足初始条件的特解为

$$y = (4 + 2x) e^{-x}$$

【例7】求微分方程 $y'' - 2y' + 5y = 0$ 的通解.

【解】微分方程 $y'' - 2y' + 5y = 0$ 的特征方程为

$$r^2 - 2r + 5 = 0$$

其根 $r_{1,2} = 1 \pm 2i$ 为一对共轭复根，因此所给微分方程的通解为

$$y = e^x (C_1 \cos 2x + C_2 \sin 2x)$$

推广 $p_1, p_2, \cdots, p_n$ 都是常数，n 阶常系数齐次线性微分方程

$$y^{(n)} + p_1 y^{(n-1)} + \cdots + p_{n-1} y' + p_n y = 0$$

对应的特征方程为

$$r^n + p_1 r^{n-1} + \cdots + p_{n-1} r + p_n = 0$$

微分方程 $y^{(n)} + p_1 y^{(n-1)} + \cdots + p_{n-1} y' + p_n y = 0$ 的通解中对应特征根 r 的项如表 7-3-2 所示.

表 7-3-2　n 阶常系数齐次线性微分方程的通解中对应特征根 r 的项

特征根 r 的情况	通解中对应 r 的项
单实根 r	Ce^{rx}
k 重实根 r	$(C_1 + C_2 x + \cdots + C_k x^{k-1}) e^{rx}$
单共轭复根 $r_1 = \alpha + i\beta$，$r_2 = \alpha - i\beta$	$e^{\alpha x} (C_1 \cos \beta x + C_2 \sin \beta x)$
k 重共轭复根 $r_1 = \alpha + i\beta$，$r_2 = \alpha - i\beta$	$e^{\alpha x} \left[(C_1 + C_2 x + \cdots + C_k x^{k-1}) \cos \beta x + (D_1 + D_2 x + \cdots + D_k x^{k-1}) \sin \beta x \right]$

【例8】求微分方程 $y^{(4)} - 2y''' + 5y'' = 0$ 的通解.

【解】微分方程 $y^{(4)} - 2y''' + 5y'' = 0$ 的特征方程为

$$r^4 - 2r^3 + 5r^2 = 0$$

其根是 $r_1 = r_2 = 0$ 和 $r_{3,4} = 1 \pm 2\mathrm{i}$，因此所给微分方程的通解为

$$y = C_1 + C_2 x + \mathrm{e}^x \left(C_3 \cos 2x + C_4 \sin 2x \right)$$

四、二阶常系数非齐次线性微分方程

定义　若 $f(x) \neq 0$，形如

$$y'' + py' + qy = f(x) \tag{5}$$

的微分方程，称为二阶常系数非齐次线性微分方程，其中 p、q 均为常数，它对应的齐次方程为微分方程(3).

由定理 3 可知，微分方程(5)的通解为对应的齐次方程的通解和方程(5)的一个特解之和，而求解齐次方程通解的问题已经解决，所以这里只讨论微分方程(5)的一个特解 y^* 的求法.

下面只讨论两种特殊类型微分方程 $y'' + py' + qy = f(x)$ 的求解方法.

1. $f(x) = P_m(x)\mathrm{e}^{\lambda x}$ 型

这里给出的 $f(x) = P_m(x)\mathrm{e}^{\lambda x}$ 中的 λ 是常数，$P_m(x)$ 是 x 的一个 m 次多项式. 因为一个多项式与指数函数乘积的导数仍然是一个多项式与指数函数的乘积，因此，设想 $y^* = Q(x)\mathrm{e}^{\lambda x}$ 是方程(5)的一个特解，其中 $Q(x)$ 是某个多项式，将

$$y^* = Q(x)\mathrm{e}^{\lambda x}$$
$$y^{*\prime} = \mathrm{e}^{\lambda x}\left[\lambda Q(x) + Q'(x) \right]$$
$$y^{*\prime\prime} = \mathrm{e}^{\lambda x}\left[\lambda^2 Q(x) + 2\lambda Q'(x) + Q''(x) \right]$$

代入微分方程(5)并消去 $\mathrm{e}^{\lambda x}$，得

$$Q''(x) + (2\lambda + p)Q'(x) + \left(\lambda^2 + p\lambda + q \right)Q(x) = P_m(x) \tag{6}$$

微分方程(5)对应的齐次方程的特征方程为

$$r^2 + pr + q = 0 \tag{7}$$

下面分三种情况讨论.

(1) λ 不是方程(7)的根(即 λ 不是特征根)，则 $\lambda^2 + p\lambda + q \neq 0$，这时只要取

$$Q(x) = Q_m(x) = b_0 x^m + b_1 x^{m-1} + \cdots + b_{m-1}x + b_m$$

代入(6)式，求出 b_0，b_1，$\cdots$，b_m，即可得到微分方程(5)的一个特解 $y^* = Q_m(x)\mathrm{e}^{\lambda x}$.

(2) λ 是方程(7)的某一个单根(即 λ 是某一个单特征根)，则 $\lambda^2 + p\lambda + q = 0$，$2\lambda + p \neq 0$，这时只要取

$$Q(x) = xQ_m(x)$$

用同样的方法可确定 $Q_m(x)$ 的系数，得到微分方程(5)的一个特解 $y^* = xQ_m(x)\mathrm{e}^{\lambda x}$.

(3) λ 是方程(7)的重根(即 λ 是重特征根)，则 $\lambda^2 + p\lambda + q = 0$，$2\lambda + p = 0$，这时只要取

$$Q(x) = x^2 Q_m(x)$$

用同样的方法可确定 $Q_m(x)$ 的系数，得到微分方程(5)的一个特解 $y^* = x^2 Q_m(x)\mathrm{e}^{\lambda x}$.

综上所述，可得如下结论.

二阶常系数非齐次线性微分方程 $y'' + py' + qy = P_m(x)e^{\lambda x}$ 有形如

$$y^* = x^k Q_m(x)e^{\lambda x}$$

的一个特解，其中 $Q_m(x)$ 与 $P_m(x)$ 是同次（m 次）多项式，而 k 按 λ 不是微分方程(5)的特征根，是微分方程(5)的某一个单特征根，或是微分方程(5)的重特征根分别取为 0、1 或 2，如表 7-3-3 所示.

表 7-3-3 微分方程 $y'' + py' + qy = P_m(x)e^{\lambda x}$ 的一个特解的情况

特征根 r_1，r_2 的情况	$y'' + py' + qy = P_m(x)e^{\lambda x}$ 的一个特解
$\lambda \neq r_1$，$\lambda \neq r_2$	$y^* = Q_m(x)e^{\lambda x}$
$\lambda = r_1$，$\lambda \neq r_2$	$y^* = xQ_m(x)e^{\lambda x}$
$\lambda = r_1 = r_2$	$y^* = x^2 Q_m(x)e^{\lambda x}$

【例 9】求微分方程 $y'' - 2y' - 3y = 3x + 1$ 的通解.

【解】$f(x) = P_m(x)e^{\lambda x} = 3x + 1$，其中 $\lambda = 0$，$P_m(x) = 3x + 1$.

微分方程 $y'' - 2y' - 3y = 3x + 1$ 对应的齐次方程的特征方程为

$$r^2 - 2r - 3 = 0$$

特征根为 $r_1 = -1$，$r_2 = 3$，因此齐次方程 $y'' - 2y' - 3y = 0$ 的通解为

$$Y = C_1 e^{-x} + C_2 e^{3x}$$

由于 $\lambda = 0$ 不是特征根，所以应设特解为

$$y^* = b_0 x + b_1$$

于是有 $(y^*)' = b_0$，$(y^*)'' = 0$.

把它们代入微分方程 $y'' - 2y' - 3y = 3x + 1$，得

$$-3b_0 x - 2b_0 - 3b_1 = 3x + 1$$

比较上式两边 x 同次幂的系数，得

$$\begin{cases} -3b_0 = 3 \\ -2b_0 - 3b_1 = 1 \end{cases}$$

求得 $b_0 = -1$，$b_1 = \dfrac{1}{3}$，因此可求得微分方程 $y'' - 2y' - 3y = 3x + 1$ 的一个特解为

$$y^* = -x + \frac{1}{3}$$

故所求微分方程的通解为

$$y = C_1 e^{-x} + C_2 e^{3x} - x + \frac{1}{3}$$

【例 10】求微分方程 $y'' - 5y' + 6y = xe^{2x}$ 的通解.

【解】$f(x) = P_m(x)e^{\lambda x} = xe^{2x}$，其中 $\lambda = 2$，$P_m(x) = x$.

微分方程 $y'' - 5y' + 6y = xe^{2x}$ 对应的齐次方程的特征方程为

$$r^2 - 5r + 6 = 0$$

特征根为 $r_1 = 2$，$r_2 = 3$，因此齐次方程 $y'' - 5y' + 6y = 0$ 的通解为
$$Y = C_1 e^{2x} + C_2 e^{3x}$$

由于 $\lambda = 2$ 是单特征根，所以应设特解为
$$y^* = x\left(b_0 x + b_1\right) e^{2x}$$

把它代入微分方程 $y'' - 5y' + 6y = xe^{2x}$，得
$$-2b_0 x + 2b_0 - b_1 = x$$

比较上式两边 x 同次幂的系数，得
$$\begin{cases} -2b_0 = 1 \\ 2b_0 - b_1 = 0 \end{cases}$$

求得 $b_0 = -\dfrac{1}{2}$，$b_1 = -1$. 因此可求得微分方程 $y'' - 5y' + 6y = xe^{2x}$ 的一个特解为
$$y^* = x\left(-\frac{1}{2}x - 1\right) e^{2x}$$

故所求微分方程的通解为
$$y = C_1 e^{2x} + C_2 e^{3x} - \frac{1}{2}\left(x^2 + 2x\right)e^{2x}$$

2. $f(x) = e^{\lambda x}\left[P_l(x)\cos \omega x + P_n(x)\sin \omega x\right]$ 型

应用欧拉公式
$$\cos \theta = \frac{1}{2}\left(e^{i\theta} + e^{-i\theta}\right), \quad \sin \theta = \frac{1}{2i}\left(e^{i\theta} - e^{-i\theta}\right)$$

把 $f(x)$ 表示成复变量指数函数的形式，得到
$$\begin{aligned}
f(x) &= e^{\lambda x}\left[P_l(x)\cos \omega x + P_n(x)\sin \omega x\right] \\
&= e^{\lambda x}\left[P_l(x)\frac{e^{i\omega x} + e^{-i\omega x}}{2} + P_n(x)\frac{e^{i\omega x} - e^{-i\omega x}}{2i}\right] \\
&= \left(\frac{P_l}{2} + \frac{P_n}{2i}\right)e^{(\lambda + i\omega)x} + \left(\frac{P_l}{2} - \frac{P_n}{2i}\right)e^{(\lambda - i\omega)x} \\
&= P(x)e^{(\lambda + i\omega)x} + \overline{P(x)}e^{(\lambda - i\omega)x}
\end{aligned}$$

其中 $P(x) = \dfrac{P_l}{2} + \dfrac{P_n}{2i} = \dfrac{P_l}{2} - \dfrac{P_n}{2}i$ 和 $\overline{P(x)} = \dfrac{P_l}{2} - \dfrac{P_n}{2i} = \dfrac{P_l}{2} + \dfrac{P_n}{2}i$ 是互为共轭的 m 次多项式(即它们对应项的系数是共轭复数)，设 $m = \max\{l, n\}$.

应用上面提到的 $f(x) = P_m(x)e^{\lambda x}$ 型的结果，设 $y'' + py' + qy = P(x)e^{(\lambda + i\omega)x}$ 一个特解为
$$y_1^* = x^k Q_m(x)e^{(\lambda + i\omega)x}$$

由于 $\overline{P(x)}e^{(\lambda - i\omega)x}$ 与 $P(x)e^{(\lambda + i\omega)x}$ 共轭，所以与 y_1^* 共轭的函数 $y_2^* = x^k \overline{Q_m(x)}e^{(\lambda - i\omega)x}$ 必然是方程 $y'' + py' + qy = \overline{P(x)}e^{(\lambda - i\omega)x}$ 的一个特解.

根据定理 4，方程 $y'' + py' + qy = e^{\lambda x}\left[P_l(x)\cos \omega x + P_n(x)\sin \omega x\right]$ 有形如

$$y^* = x^k Q_m(x) e^{(\lambda + i\omega)x} + x^k \overline{Q_m(x)} e^{(\lambda - i\omega)x}$$

$$= x^k e^{\lambda x} \left[Q_m(x) \cdot (\cos \omega x + i \sin \omega x) + \overline{Q_m(x)} \cdot (\cos \omega x - i \sin \omega x) \right]$$

$$= x^k e^{\lambda x} \left[R_m^{(1)}(x) \cos \omega x + R_m^{(2)}(x) \sin \omega x \right]$$

的一个特解，其中 $R_m^{(1)}(x)$ 与 $R_m^{(2)}(x)$ 均为 m 次多项式.

综上所述，可得如下结论.

方程 $y'' + py' + qy = e^{\lambda x} \left[P_l(x) \cos \omega x + P_n(x) \sin \omega x \right]$ 有形如

$$y^* = x^k e^{\lambda x} \left[R_m^{(1)}(x) \cos \omega x + R_m^{(2)}(x) \sin \omega x \right]$$

的一个特解，其中 $R_m^{(1)}(x)$ 与 $R_m^{(2)}(x)$ 均是 m 次多项式，$m = \max\{l, n\}$，而 k 按 $\lambda \pm i\omega$ 不是特征根或是特征根分别取 0 或 1，如表 7-3-4 所示.

表 7-3-4　微分方程 $y'' + py' + qy = e^{\lambda x} \left[P_l(x) \cos \omega x + P_n(x) \sin \omega x \right]$ 的一个特解的情况

特征根 r_1，r_2 的情况	$y'' + py' + qy = e^{\lambda x} \left[P_l(x) \cos \omega x + P_n(x) \sin \omega x \right]$ 的一个特解
$r_{1,2} \neq \lambda \pm i\omega$	$y^* = e^{\lambda x} \left[R_m^{(1)}(x) \cos \omega x + R_m^{(2)}(x) \sin \omega x \right]$
$r_{1,2} = \lambda \pm i\omega$	$y^* = x e^{\lambda x} \left[R_m^{(1)}(x) \cos \omega x + R_m^{(2)}(x) \sin \omega x \right]$

【例 11】求微分方程 $y'' + y = x \cos 2x$ 的通解.

【解】$f(x) = x \cos 2x$，其中 $\lambda = 0$，$\omega = 2$，$P_l(x) = x$，$P_n(x) = 0$.

微分方程 $y'' + y = x \cos 2x$ 对应的齐次方程 $y'' + y = 0$ 的特征方程为

$$r^2 + 1 = 0$$

特征根为 $r_{1,2} = \pm i$，因此齐次方程 $y'' + y = 0$ 的通解为

$$Y = C_1 \cos x + C_2 \sin x$$

由于 $\lambda + i\omega = 2i$ 不是特征方程的根，所以应设特解为

$$y^* = (ax + b) \cos 2x + (cx + d) \sin 2x$$

把它代入微分方程 $y'' + y = x \cos 2x$，得

$$(-3ax - 3b + 4c) \cos 2x - (3cx + 3d + 4a) \sin 2x = x \cos 2x$$

比较上式两边同类项的系数，得

$$\begin{cases} -3a = 1 \\ -3b + 4c = 0 \\ -3c = 0 \\ -4a - 3d = 0 \end{cases}$$

求得 $a = -\dfrac{1}{3}$，$b = 0$，$c = 0$，$d = \dfrac{4}{9}$，因此可求得微分方程 $y'' + y = x \cos 2x$ 的一个特解为

$$y^* = -\frac{1}{3} x \cos 2x + \frac{4}{9} \sin 2x$$

故所求微分方程的通解为

$$y = C_1 \cos x + C_2 \sin x - \frac{1}{3} x \cos 2x + \frac{4}{9} \sin 2x$$

习题 7-3

1. 求下列各微分方程的通解.

(1) $(1 + x^2) y'' = 1$；

(2) $y'' = x e^x$；

(3) $y'' = y' + x$；

(4) $y'' = (y')^2 + 1$；

(5) $y^3 y'' - 1 = 0$；

(6) $xy'' + y' = 0$.

2. 求下列各微分方程满足所给初始条件的特解.

(1) $y^3 y'' + 1 = 0$，$y|_{x=1} = 1$，$y'|_{x=1} = 0$；

(2) $y'' = e^{2y}$，$y|_{x=0} = y'|_{x=0} = 0$；

(3) $y'' + (y')^2 = 1$，$y|_{x=0} = y'|_{x=0} = 0$.

3. 若微分方程 $y'' = x$ 的积分曲线经过点 $M(0,1)$，且在点 M 处与直线 $y = \frac{x}{2} + 1$ 相切，求积分曲线对应的函数的表达式.

4. 求微分方程 $yy'' + (y')^2 = 1$ 的积分曲线所对应的函数表达式，该曲线与另一曲线 $y = e^{-x}$ 相切于点 $M(0,1)$.

5. 下列各函数组在其定义区间内哪些是线性无关的？

(1) x，x^2；

(2) $2x$，x；

(3) e^x，e^{-x}；

(4) $\sin 2x$，$\cos x \sin x$；

(5) $\ln x$，$x \ln x$；

(6) e^{ax}，e^{bx} $(a \neq b)$.

6. 验证 $y_1 = e^{x^2}$ 及 $y_2 = x e^{x^2}$ 都是方程 $y'' - 4xy' + (4x^2 - 2) y = 0$ 的解，并写出该方程的通解.

7. 验证下列结论.

(1) $y = C_1 e^x + C_2 e^{2x} + \frac{1}{12} e^{5x}$ （C_1，C_2 是任意常数）为方程 $y'' - 3y' + 2y = e^{5x}$ 的通解；

(2) $y = C_1 x^2 + C_2 x^2 \ln x$ （C_1，C_2 是任意常数）为方程 $x^2 y'' - 3xy' + 4y = 0$ 的通解；

(3) $y = C_1 x^5 + \frac{C_2}{x} - \frac{x^2}{9} \ln x$ （C_1，C_2 是任意常数）为方程 $x^2 y'' - 3xy' - 5y = x^2 \ln x$ 的通解.

8. 求下列各微分方程的通解.

(1) $y'' + y' - 2y = 0$；

(2) $y'' - 4y' = 0$；

(3) $y'' + y = 0$；

(4) $y'' + 6y' + 13y = 0$；

(5) $y'' - 6y' + 9y = 0$；

(6) $y'' + y' + y = 0$；

(7) $y^{(4)} - y = 0$ ；　　　　　　　　　　(8) $y^{(4)} - 2y''' + y'' = 0$.

9. 求下列各微分方程满足所给初始条件的特解.

(1) $y'' - 4y' + 3y = 0$, $y\big|_{x=0} = 6$, $y'\big|_{x=0} = 10$ ；

(2) $4y'' + 4y' + y = 0$, $y\big|_{x=0} = 2$, $y'\big|_{x=0} = 0$ ；

(3) $y'' + 25y = 0$, $y\big|_{x=0} = 2$, $y'\big|_{x=0} = 5$.

10. 求下列各微分方程的通解.

(1) $2y'' + y' - y = 2e^x$ ；　　　　　　(2) $2y'' + 5y' = 5x^2 - 2x - 1$ ；

(3) $y'' - 2y' + 5y = e^x \sin 2x$ ；　　　(4) $y'' + 4y = x \cos x$.

11. 求下列各微分方程满足所给初始条件的特解.

(1) $y'' - 3y' + 2y = 5$, $y\big|_{x=0} = 1$, $y'\big|_{x=0} = 2$ ；

(2) $y'' - y = 4xe^x$, $y\big|_{x=0} = 0$, $y'\big|_{x=0} = 1$.

12. 设函数 $\varphi(x)$ 连续，且满足

$$\varphi(x) = e^x + \int_0^x t\varphi(t)\,dt - x\int_0^x \varphi(t)\,dt$$

求 $\varphi(x)$.